U0351049

电流型全桥单级 APFC 变换器及其关键技术

孟　涛　著

科学出版社

北　京

内 容 简 介

本书对一种适合中、大功率领域应用的电流型全桥单级有源功率因数校正(APFC)变换器及其关键技术进行了系统的分析与研究,介绍了该类单相、三相 APFC 变换器的拓扑结构与工作原理,在此基础上,揭示了该类变换器电压尖峰、起动、变压器偏磁以及输出电压纹波问题的产生机理。针对其电压尖峰问题,在对有源箝位方法进行深入研究的基础上,相继提出并实现了无源箝位的抑制方法、基于无源缓冲方式的抑制方法以及基于磁集成无源辅助环节的抑制方法;针对其起动问题,相继提出并实现了有损起动方法、基于 Buck 模式的单相 APFC 变换器起动方法以及基于 Flyback 模式的单相、三相 APFC 变换器起动方法;针对其变压器偏磁问题,提出并设计了一种基于死区调节的偏磁抑制方法;针对其输出电压纹波问题,提出并设计了一种基于辅助环节的单相 APFC 变换器输出电压纹波抑制策略。

本书可作为高等院校电力电子技术等相关专业硕士生、博士生的科研参考书,也可供从事开关电源相关产品研究开发的工程技术人员参考。

图书在版编目 (CIP) 数据

电流型全桥单级 APFC 变换器及其关键技术/孟涛著. —北京:科学出版社,2017.7
  ISBN 978-7-03-053109-4

  Ⅰ. ①电… Ⅱ. ①孟… Ⅲ. ①单级－功率变换器－研究
Ⅳ. ①TM761

中国版本图书馆 CIP 数据核字(2017)第 124054 号

责任编辑:王 哲 邢宝钦 / 责任校对:郭瑞芝
责任印制:张 倩 / 封面设计:迷底书装

科学出版社 出版
北京东黄城根北街 16 号
邮政编码:100717
http://www.sciencep.com

三河市骏走印刷有限公司 印刷
科学出版社发行 各地新华书店经销

*

2017 年 7 月第 一 版 开本:720×1 000 1/16
2017 年 7 月第一次印刷 印张:15 1/2
字数:310 000
定价:89.00 元
(如有印装质量问题,我社负责调换)

前　　言

有源功率因数校正（Active Power Factor Correction，APFC）技术是抑制谐波电流、提高功率因数的有效方法。与传统的两级 APFC 相比，单级 APFC 具有结构简单、功率密度高、效率高等优点，是电力电子技术领域中的一项重要课题。目前，单级 APFC 技术在小功率领域的研究相对比较成熟，而在中、大功率领域的研究仍处于发展阶段。

电流型全桥单级 APFC 技术适合中、大功率领域应用。然而，目前该类 APFC 技术尚未得到广泛应用，主要是由于其电路本身存在以下问题：①桥臂电压尖峰大；②无法正常起动；③变压器偏磁；④输出电压纹波相对较大。其中，问题①、②是该类 APFC 变换器的共性问题，问题③、④通常只在该类单相 APFC 变换器中相对突出。

本书以电流型全桥单级 APFC 变换器的研究为主要内容，在介绍其基本工作原理的基础上，主要围绕该类变换器存在各种关键问题（上述问题①～④）的产生机理与解决方法进行深入的研究。

全书共 8 章，各章的主要内容概况如下。

第 1 章对电流型全桥单级 APFC 技术的研究意义与研究现状进行综述。

第 2 章主要介绍单相、三相电流型全桥单级 APFC 变换器的拓扑结构与基本工作原理。针对该类单相变换器，分别介绍其工作于电流连续模式（Continuous Current Mode，CCM）与电流断续模式（Discontinuous Current Mode，DCM）时的 PFC 实现机理，分析并给出其升压电感电流的断续条件以及工作于 CCM 时的占空比变化规律；针对该类三相变换器，介绍其 PFC 实现机理与升压电感电流的断续条件，并对其输入电流的谐波与抑制策略进行分析。

第 3～5 章主要针对电流型全桥单级 APFC 变换器的电压尖峰抑制问题进行分析，其中，第 3 章首先对该类变换器变压器原边电压尖峰的产生机理进行分析，推导并得出该电压尖峰的定量表达，在此基础上，依次介绍两种该类变换器电压尖峰的抑制方法，即有源箝位和无源箝位方法；第 4 章依次介绍三种基于无源缓冲方式的电压尖峰抑制方法，即单 LC 谐振无源缓冲、双 LC 谐振无源缓冲与改进型单 LC 谐振无源缓冲方法；第 5 章依次介绍三种基于磁集成无源辅助环节的电压尖峰抑制方法，即基于耦合电感的双 LC 谐振无源缓冲电路、基于耦合电感的多级无源箝位电路以及基于变压器集成的反激式无源辅助环节。

第 6 章首先以三相电路为例，对该类变换器的起动过程进行分析，在此基础上，介绍一种适合该类变换器的有损起动方法；然后以单相电路为例，介绍一种基于

Buck 模式的无损起动方法；最后依次介绍两种分别适合该类单相、三相变换器的基于 Flyback 模式的无损起动方法。

第 7 章在对该类单相变换器变压器偏磁机理进行分析的基础上，以基于有源箝位电路的单相变换器为例，提出并设计一种基于死区调节的偏磁抑制策略。

第 8 章对该类单相变换器的输出电压纹波进行研究，结合箝位技术提出并实现一种基于反激式辅助环节的输出电压纹波抑制策略。

本书所述各项研究内容得到了国家自然科学基金青年项目(51107017，三单体组合电流型全桥单级 PFC 及其磁件集成方法与设计理论研究)、国家自然科学基金面上项目(51377036，基于辅助环节的三相单级全桥 PFC 及其在电网不平衡时的运行机理与控制方法研究)、中国博士后科学基金面上项目(2012M510954，基于辅助能量变换环节的电流型全桥单级 PFC 技术研究)、台达电力电子科教发展计划(DREO2006010，一种三相软开关高功率因数 AC/DC 功率变换技术研究)以及黑龙江大学杰出青年科学基金项目(JCL201604，三相电流型全桥单级 APFC 变换器关键技术及其应用基础研究)的资助。

在本书的撰写过程中，得到了哈尔滨工业大学贲洪奇教授的支持和指导；在所述相关科研工作的过程中，得到了博士研究生王大庆、王雪松，硕士研究生鲁志本、王书强、刘青移、孙莹莹、朱良梅、于帅、杨霖赫的支持与帮助。在此，致以诚挚的谢意。

本书的出版得到了科学出版社的大力支持，王哲编辑为本书的出版做了大量的工作，特此致谢。

孟 涛

于黑龙江大学

2017 年 6 月

目　　录

第 1 章 绪 论

1.1 引 言

随着科学技术的发展，电力电子装置在国民生产、生活中得到了越来越广泛的关注和应用。其中，常规的用于电力电子设备前端的整流装置普遍采用的是电容滤波型桥式结构，当电路达到稳态后，晶闸管或二极管整流器件的导通角远小于 180°，造成虽然交流侧输入电压是正弦的，但输入电流却发生了严重的失真，波形畸变为幅度很大的窄脉冲电流。测试表明，这种畸变的电流含有丰富的谐波成分，谐波的存在就会使功率因数降低到 0.6 左右[1-3]。

大量的谐波成分造成了电网的"污染"，并主要表现在以下几个方面[4]。

(1) 谐波电流的"二次效应"，即电流流过线路阻抗造成的谐波压降反过来使电网电压波形也发生畸变。

(2) 谐波电流引起电路故障，损坏设备，如使线路和配电设备过热，引起电网 LC 谐振，或者高次谐波电流流过电网的高压电容，使之过热而损坏。

(3) 三相四线制电路中，三次谐波在中线中的电流同相位，合成中线电流很大，可能超过相电流，中线又无保护装置，使中线因过热而引起火灾并损坏电气设备。

(4) 谐波电流对自身及同一系统中的其他电子设备产生恶劣的影响，如引起电子设备误操作、电话网噪声和照明设备故障等。

针对谐波的危害，从 1992 年起国际上开始以立法的形式限制高次谐波。一些世界性的学术组织或国家相继颁布或实施了一些对输入电流谐波的限制标准，如 IEC555-2、IEEE519、IEC1000-3-2 等。我国国家质量监督检验检疫总局在 1993 年颁布了国家标准 GB/T 14549—1993《电能质量 公用电网谐波》。国际电工委员会 (International Electrotechnical Commission，IEC) 于 1998 年对谐波标准 IEC555-2 进行修正，另外制定 IEC61000-3-2 标准，对不同的用电设备制定了相应的谐波限制标准。这些标准要求用电设备必须满足其谐波要求，将用电设备对电网的污染限制在能够接受的范围内[5-8]。

解决用电设备谐波污染的主要途径有两种：①增设电网补偿装置(有源滤波器和无源滤波器)以补偿电力电子设备、装置产生的谐波；②改造电力电子装置本身，使之不产生或产生很小的谐波，即功率因数校正(Power Factor Correction，PFC)。二者相比较而言，后者是更积极的方式[9,10]。

PFC 技术包括无源和有源两种类型[11,12]。

无源功率因数校正(Passive Power Factor Correction，PPFC)技术是通过在二极管整流电路中增加电感和电容等无源元件，对用电设备的输入电流进行移相和整形，以降低其电流谐波含量，提高功率因数。PPFC 技术具有简单可靠、无须控制和电磁干扰(Electro Magnetic Interference，EMI)小的优点。然而，随着人们对谐波抑制装置要求的不断提高，该技术的缺点也日渐突出，主要表现在[13]：①采用低频电感和电容进行输入滤波，体积较大，而且难以得到很高的功率因数(一般可提高到 0.9 左右)，在有些场合无法满足现行谐波标准的限制；②抑制效果随工作条件(如工作频率、负载、输入电压等)的变化而变化；③如产生的谐波超过设计参数的情况时，会造成滤波器过载或损坏；④滤波电容上的电压是后级 DC/DC 变换器的输入电压，它随输入交流电压和输出负载的变化而变化，这个变化影响了 DC/DC 变换器的性能。因此，PPFC 技术主要应用于功率等级相对较小、对体积和重量要求不高的场合。

随着电力电子技术的发展，PFC 技术已经从早期的由大容量电感、电容组成的 PPFC 技术发展到有源功率因数校正(Active Power Factor Correction，APFC)技术。APFC 技术从 20 世纪 80 年代中后期开始成为电力电子领域的研究热点，自 20 世纪 90 年代以来得到了迅速推广。它直接采用有源开关或 AC/DC 变换技术，使输入电流成为和电网电压同相位的正弦波，这种方法可以得到较高的功率因数(接近 1)，总谐波畸变小。APFC 电路工作于高频开关状态，可以在较宽的输入电压范围内和宽带下工作，具有体积小、重量轻、输出电压恒定等优点，并且效率明显高于 PPFC 电路[14-16]。目前 APFC 技术已经成为电力电子技术领域的一个重要课题和研究方向[17-20]。

APFC 技术按电路结构不同可以分为两级型和单级型。两级型 APFC 的第一级为 PFC 电路，第二级是 DC/DC 变换器，这种方式的 PFC 效果好，但电路复杂、效率相对较低；单级 APFC 将 PFC 环节和 DC/DC 变换环节集成，共用一个控制器，具有结构简单、成本低、效率高等优点，符合电力电子技术的发展要求[21]。目前，单级 APFC 技术主要应用于小功率领域，而在中、大功率领域的应用还有待其在拓扑结构和控制策略等方面获得进一步的发展与突破[22]。

基于以上分析，为了有效地提高电网电能质量和电能利用率，加强适合于中、大功率领域应用的单级 APFC 技术的研究是十分必要的。

1.2　APFC 技术的分类

1.2.1　APFC 技术的分类方式

APFC 技术的分类方式有多种，其中最基本的分类方式为以下四种[23-29]。

（1）按不同电路拓扑结构来分类。理论上各种 DC/DC 变换器的拓扑形式都可以用来作为 APFC 的主电路，但根据不同的拓扑形式，其用于 APFC 电路的特点不同，典型的 APFC 主电路拓扑主要有升压（Boost）型、降压（Buck）型和反激（Flyback）式三种。

（2）按电网供电方式不同来分类，可分为单相 APFC 和三相 APFC。

（3）按电路结构不同来分类，可分为两级 APFC 和单级 APFC。

（4）按工作原理不同来分类，可分为乘法器型 APFC 和电压跟随器型 APFC。

除了以上四种基本的分类方式，常用的还有以下的一些分类方式。

根据电路软开关特性的不同，APFC 技术可分为两类，即零电流开关（Zero Current Switch，ZCS）APFC 技术和零电压开关（Zero Voltage Switch，ZVS）APFC 技术。如按实现软开关的具体方法，每一种 APFC 技术还可以进一步分为并联谐振型、串联谐振型以及准谐振型[30,31]。

按照控制方式的不同，APFC 技术一般可分为电压跟踪控制和直接电流控制两大类，其中，直接电流控制是目前应用最为广泛、技术最为成熟的 APFC 控制技术。如按输入电流控制方式的不同，采用直接电流控制的 APFC 还可以进一步分为峰值电流控制、滞环电流控制和平均电流控制三种模式[32-36]。近年来，随着 APFC 技术的快速发展，各种新型控制方式层出不穷，如单周期控制、空间矢量调制、无差拍控制、滑模变结构控制等，已陆续地应用于 APFC 技术中，并取得了一定的效果[37-49]。

另外，还有磁放大 APFC 技术、三电平 APFC 技术和不连续电容电压模式 APFC 技术等。

1.2.2　两级 APFC 与单级 APFC

典型的两级结构 APFC 变换器（这里以单相变换器为例）的结构如图 1.1（a）所示，它由 PFC 电路和 DC/DC 功率变换器级联而成。第一级的 PFC 电路可采用 Boost 或 Buck-Boost 等拓扑形式，中间母线电压一般稳定在 400V 左右（就单相 APFC 变换器而言）；第二级完成输出电压的隔离、电压变换（一般为降压）和稳定作用，与第一级电路相对独立，可以根据需要采用 DC/DC 变换器的各种拓扑形式。这种结构具有各级可以单独分析、设计和控制以及通用性较好等优点，但由于它是以附加功率级为条件换取了高功率因数，并且其功率级需处理全部的负载能量，所以这种结构的缺点是元件多、成本高、效率低。但由于第二级可由若干个不同的 DC/DC 变换器模块构成，所以适合在分布式电源系统中应用。

图 1.1（b）所示为单级结构 APFC 变换器（以单相变换器为例），图中的 DC/DC 变换器可以采用 Boost、Buck-Boost 等各种电路拓扑形式。因为 PFC 和输出电压变换全部由一级电路完成，所以具有结构简单、效率高等优点。单级 APFC 电路控制简单、成本较低，但就功率因数和谐波特性来说，目前不如两级 APFC 电路好[50-55]。

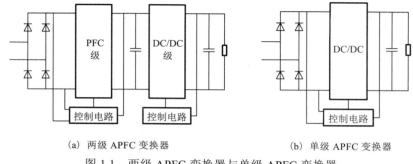

（a）两级 APFC 变换器　　　　（b）单级 APFC 变换器

图 1.1　两级 APFC 变换器与单级 APFC 变换器

1.3　典型的单级 APFC 变换器拓扑

1.3.1　单相单级 APFC 变换器拓扑

20 世纪 90 年代初，美国科罗拉多大学的研究人员将两级 APFC 的功率级 Boost 电路和 DC/DC 变换级的反激（Flyback）或正激（Forward）电路的开关管共用，两级电路被整合为一级，提出了基于正激式或反激式结构的单相单级 APFC 变换器。与传统的单相两级 APFC 变换器相比，单相单级 APFC 变换器的整个系统结构更加简单[56]。

随着相关研究的不断深入，其他 DC/DC 变换电路逐渐被应用于单级 APFC 技术中，并出现了许多新的单相单级 APFC 变换器的结构。典型的结构如：基于 Cuk 结构的单相单级 APFC 变换器、基于半桥结构的单相单级 APFC 变换器、基于全桥结构的单相单级 APFC 变换器等[57-60]。

1. 正激式单相单级 APFC 变换器

正激式单相单级 APFC 变换器是结合传统 DC/DC 变换中的正激式电路与基于 Boost 的 APFC 电路提出的，如图 1.2 所示。该电路具有较高的功率因数，电路结构简单，并且效率较高[61]。

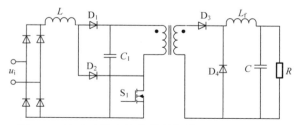

图 1.2　基于正激式结构的单相单级 APFC 变换器

然而，正激式单相单级 APFC 变换器存在一些缺点限制了它的应用：在不使用其他辅助措施的前提下，其开关管的开关方式为硬开关，影响了系统的效率；当开关管关断时，其高频变压器磁芯具有剩磁，因此必须添加磁复位电路来防止变压器磁芯饱和；电路中变压器的磁芯单向磁化，磁芯利用率低，在中、大功率领域的应用受到限制。因此，正激式单相单级 APFC 变换器一般只应用于小功率领域。

　　在实际应用中，可以对图 1.2 中的正激式单相单级 APFC 变换器进行改进，进一步提高其性能，如增加有源箝位电路来为高频变压器提供磁复位，并且能够辅助主电路开关管实现软开关。

　　2.　反激式单相单级 APFC 变换器

　　反激式单相单级 APFC 变换器是结合传统 DC/DC 变换中的反激式电路与基于 Boost 的 APFC 电路提出的，典型的反激式单相单级 APFC 变换器如图 1.3 所示。

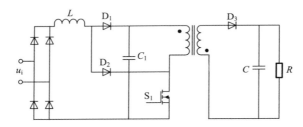

图 1.3　基于反激式结构的单相单级 APFC 变换器

　　反激式单相单级 APFC 变换器具有较高的功率因数，电路结构简单，且效率较高，与传统的反激式 DC/DC 变换器相同，反激式单相单级 APFC 变换器同样能够用于多路输出的场合[62-64]。

　　然而，反激式单相单级 APFC 变换器存在的一些缺点限制了它的应用：开关管承受的电压应力较大；高频变压器工作在第一象限，磁芯利用率低，限制了变换器功率等级的提高；在不使用其他辅助措施的前提下，其开关管为硬开关，开关损耗较大；此外，由于结构上的限制不能空载运行，且输出电压纹波较大，反激式单相单级 APFC 变换器与正激式单相单级 APFC 变换器类似，一般仅适合小功率场合应用[65, 66]。

　　3.　隔离型 Cuk 单相单级 APFC 变换器

　　基于隔离型 Cuk 结构的单相单级 APFC 变换器是结合传统 DC/DC 变换中的 Cuk 电路与基于 Boost 的 APFC 电路提出的，其典型结构如图 1.4 所示。基于隔离型 Cuk 结构的单相单级 APFC 变换器是在 Cuk 电路的基础上通过增加隔离变压器来实现单级功率因数校正。该变换器与 Cuk 型 DC/DC 变换电路相同：由于输入、输出端都具有电感，所以能够实现输入、输出电流连续；变换器中的隔直电容能够有效抑制变压器的偏磁问题[67]。

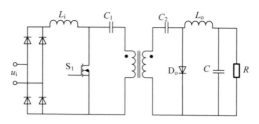

图 1.4　基于隔离型 Cuk 结构的单相单级 APFC 变换器

但是该结构中隔直电容数量较多,并且电容需要承受较大的纹波电流。当变压器原边电流较大时,隔直电容容值的选取存在一定的问题。如果隔直电容较小,则能够较快地阻断变压器原边电流,对整个系统的性能影响较小,但是这将导致隔直电容两端的电压较高,增加了开关管的电压应力;如果选取较大的隔直电容,则变压器原边电流变化缓慢,影响系统的最大占空比、开关频率。所以隔直电容的使用限制了这种变换器应用功率等级的提高。此外,这种类型的电容成本高,可靠性也较差。另外,该结构中开关管的电压应力较大,在不增加辅助电路的情况下,主电路开关管的工作方式为硬开关,影响了系统的可靠性。因此,基于隔离型 Cuk 结构的单相单级 APFC 变换器的应用受到了一定的限制[68]。

4. 半桥式单相单级 APFC 变换器

基于半桥式结构的单相单级 APFC 变换器是结合传统 DC/DC 变换中的半桥式变换电路与基于 Boost 的 APFC 电路提出的,其结构如图 1.5 所示。

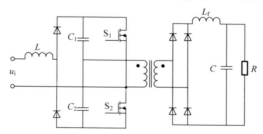

图 1.5　基于半桥式结构的单相单级 APFC 变换器

该变换器中的开关管电压应力较低,变压器双端磁化,与变压器单端励磁的 APFC 变换器相比,磁芯利用率比较高,在同等功率条件下,其变压器的体积仅为正激式变换器中变压器的一半,适合应用于中等功率场合,另外,可以通过不对称控制实现开关管的零电压开通[69-71]。

然而,基于半桥式结构的单相单级 APFC 变换器的输入电压利用率较低,开关管的电流应力较大,影响了应用功率等级的提高,致使其在大功率领域的应用受到限制,所以该变换器通常只应用于中等功率等级[72]。

5. 全桥式单相单级 APFC 变换器

为了实现中、大功率领域的应用，全桥式电路被引入单级 APFC 技术中。基于 Boost 全桥结构的单级 APFC 变换器使用一级电路较好地实现了功率因数校正与 DC/DC 变换，能够使输入、输出之间具有的电气隔离，高频变压器双端励磁，适用于中、大功率领域应用。因此，在中、大功率领域且要求输入、输出具有电气隔离的场合，基于 Boost 结构的全桥式单相单级 APFC 变换器是较好的选择[73-76]。

基于全桥式结构的单相单级 APFC 变换器结构如图 1.6 所示。该变换器的主电路使用 4 只开关管，与其他单相单级 APFC 变换器相比，虽然使用的开关管相对较多，但是具有以下优点[77,78]：①整个主电路仅使用了一只电感和一只滤波电容，有利于提高系统的功率密度；②变压器双端励磁，磁芯的利用率高，更适合用于中、大功率领域；③开关管的电流应力较低，其他结构开关管的电流应力通常为 PFC 变换电流与 DC/DC 变换电流之和，而全桥结构的单相单级 APFC 变换器的电流应力取 PFC 变换电流与 DC/DC 变换电流之间的最大值即可；④可以通过控制开关管的开通时序，在不过多增加变换器复杂程度的基础上实现开关管的软开关，有利于提高系统的效率。

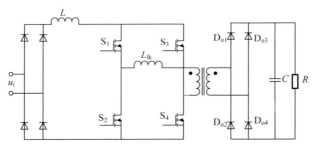

图 1.6 基于全桥式结构的单相单级 APFC 变换器

除上述典型拓扑外，随着研究的深入，不断有新的适用于单相单级 APFC 技术的电路拓扑被提出，同时一些新技术也不断被应用到传统的单相单级 APFC 变换器中，以适应不同的应用领域[27,29,79,80]。例如，文献[81]提出的一种基于 LLC 谐振技术的单相单级 APFC 变换器，文献[82]将全桥电路与双向 Buck 电路相结合提出的一种新型适用于照明电源的单相单级 APFC 变换器等，此处不再详细介绍。

1.3.2 三相单级 APFC 变换器拓扑

两级型 APFC 的第一级为 PFC 电路，第二级为 DC/DC 变换器。在三相 APFC 中，目前研究较为成熟的三相单开关 Boost 型 APFC 变换器和三相六开关 Boost 型 APFC 变换器都属于这种类型。该类型变换器的 PFC 效果较好，但一般存在着输入、输出侧没有电气隔离的问题，由于 APFC 变换器本身输出电压较高，调节性差，在实际使用时一般需增加一级 DC/DC 变换器对输出电压进行调节，所以该类电路具有结构复杂、效率较低的缺点。三相单级 APFC 使用一级功率变换电路，同时实现 PFC 和 DC/DC 变换，以高效率、高性能、高功率密度为目标，符合电力电子技术发展趋势和要求[66,83]。

目前，研究较为广泛的三相单级 APFC 拓扑主要有：反激式结构、能量双向流通式结构、三电平结构、全桥式结构。另外，类似于两级 APFC 变换器，由技术较成熟的单相单级 APFC 变换器组合构成的三相单级 APFC 变换器也具备一定的优势[84]。

1. 反激式三相单级 APFC 变换器

典型的反激式三相单级 APFC 变换器结构如图 1.7 所示。该变换器工作于电流断续模式，当开关导通时，变压器原边电感储能，电感电流峰值正比于相应相的输入电压；当开关关断时，变压器副边电感向负载释放能量。

反激式三相单级 APFC 变换器不仅具有较高的功率因数，而且能够提高变换器的效率，限制中间储能电容的电压，同时还具有结构简单的优点。

然而，该变换器的开关管承受的电压应力较大，高频下开关损耗较大。另外，高频变压器工作在单向磁化状态，通常需要增加气隙，虽然铁心损耗较小，但气隙的增加会增大励磁电流，增加变压器的铜损，使磁芯利用率降低，这就限制了变压器的功率等级。因此，反激式三相单级 APFC 变换器一般仅适合小功率场合[85-88]。

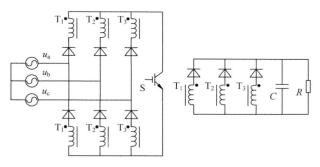

图 1.7　反激式三相单级 APFC 变换器

2. 能量双向流通式三相单级 APFC 变换器

能量双向流通式三相单级 APFC 变换器结构如图 1.8 所示。该变换器采用可控整流，将整流环节与 PFC 环节结合到一起，与通常的 APFC 变换器相比，减少了不可控整流环节，但增加了开关管的数量(功率开关管是由两只开关管反向串联组成的双向开关)，高频变压器副边同样使用双向开关进行可控整流，因此，该结构能够实现能量双向流通。该变换器的 PFC 效果较好，能够实现解耦，结构中不含中线，但使用的开关器件较多，成本较高，控制电路复杂。能量双向流通式三相单级 APFC 变换器主要应用于需要能量双向流动的大功率场合[20,27]。

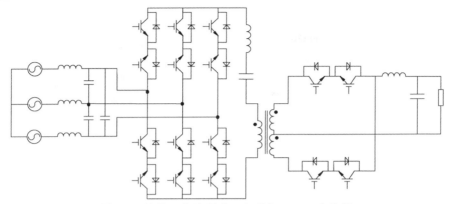

图 1.8 能量双向流通式三相单级 APFC 变换器

3. 三电平三相单级 APFC 变换器

可实现零电压开关(ZVS)和零电流开关(ZCS)的三电平三相单级 APFC 变换器的结构如图 1.9 所示。该变换器采用两个电容串联来产生三个电平，采用移相的控制方式，可以充分利用功率开关管的寄生电容、变压器的漏感来实现各开关管的软开关工作，从而降低开关损耗。该变换器中的三电平结构可以解决直流母线电压过高的问题，但通常需要引入中线，而且该结构需要的电解电容较多，影响变换器的体积、功率密度以及变换器的寿命[89-94]。

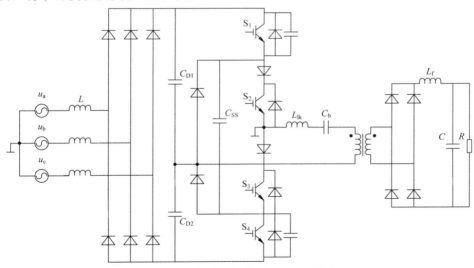

图 1.9 三电平三相单级 APFC 变换器

4. 全桥式三相单级 APFC 变换器

基本全桥式三相单级 APFC 变换器的结构如图 1.10 所示。该变换器将移相全桥电路的控制技术应用到三相 APFC 变换器中，既可以实现 PFC，又可以实现输出电压的调节。该变换器工作于电流断续模式，使用的元器件较少，能很好地提高功率因数。另外，该变换器直流母线上并联的滤波电容能够很好地吸收当电路状态转换时由变压器漏感产生的桥臂电压尖峰。然而，由于该变换器输入侧需要中线，所以只能在三相四线制供电系统中应用，失去了典型三相 APFC 变换器因不需要中线而具有的优势[95,96]。

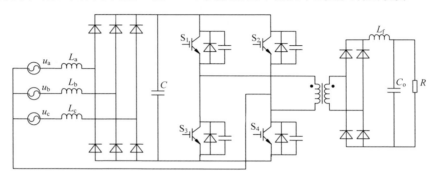

图 1.10　全桥式三相单级 APFC 变换器

　　除了上述四种典型的三相单级 APFC 变换器，近年来国内外出现了一些其他结构的三相单级 APFC 变换器。

　　文献[97]介绍的电路采用正激式结构进行三相 APFC，该变换器工作于电流断续模式，输入电流形状为锯齿波（传统的工作于电流断续模式的 APFC 输入电流的形状一般为三角波），因此通过输入滤波器滤除高频谐波后，输入电流的低频谐波较少，PFC 效果优于传统的三相单级 APFC 变换器。但该变换器的开关管工作于硬开关状态，而且高频变压器工作于第一象限，需要考虑磁复位的问题。受结构限制，该变换器仅适合中、小功率场合应用。

　　文献[98]中提出的基于正激/反激式结构的 APFC 变换器结构简单，仅需要三只功率开关就能实现三相 APFC，因此控制简单，不需要复杂的脉冲宽度调制（Pulse Width Modulation，PWM）策略。但开关管也工作于硬开关状态，也仅适用于中、小功率场合应用。

　　文献[99]提出了一种双开关三相单级 APFC 变换器。该变换器将一个工作于电流断续模式的三相 Boost 变换器和软开关的 PWM 变换器结合在一起，结构简单，只用两个开关管就实现了功率变换，并且合理地利用了变压器原边的漏感。该变换器无须对输入电流进行控制，PFC 效果较好。然而，与三相单开关 Boost 型 APFC 变换器一样，该变换器拓扑本身决定了其不适合在中、大功率场合应用。

　　目前，对于三相单级 APFC 技术的研究主要集中在中、小功率领域，该技术在中、大功率领域的应用还有待其在拓扑结构和控制策略等方面获得进一步发展与突破[1,100]。

1.4　电流型全桥 Boost 拓扑的研究概况

1.4.1　电流型全桥 Boost 拓扑及其特点

与其他电流型电路拓扑类似，电流型全桥 Boost 拓扑本身具有能实现多路输出、过流和短路保护的能力。将该拓扑应用于隔离 DC/DC 变换器、单相与三相单级 APFC 变换器、电动车的辅助能源系统以及蓄电池充电等方面具有较大的优势，主要表现在以下几个方面[59,101]。

(1) 实现了电路输入与输出侧的电气隔离。

(2) 通过隔离变压器变比的设计，实现了输出电压等级的调整。

(3) 不存在桥臂开关直通、短路的危险。

(4) 实现了主电路开关管的软开关。

目前，关于该类拓扑较常见的应用电路为隔离 DC/DC 变换器和单相、三相单级 APFC 变换器，如图 1.11 所示[51,102]。三种变换器的工作原理类似，都是利用桥臂开关管的直通(某一桥臂开关管同时导通，或者所有开关管全部导通)来实现升压电感 L 的充电，利用桥臂开关管的对臂导通来实现升压电感 L 的放电以及能量由输入侧向输出侧的传递，因此无须设置防止桥臂直通、短路的死区时间。其中，隔离 DC/DC 变换器和单相单级 APFC 变换器既可工作于电流连续模式，又可工作于电流断续模式，三相单级 APFC 变换器只能工作于电流断续模式。

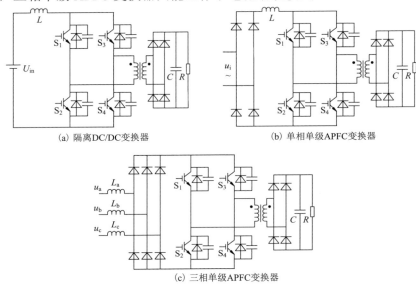

(a) 隔离DC/DC变换器　　　　　　　　(b) 单相单级APFC变换器

(c) 三相单级APFC变换器

图 1.11　电流型全桥 Boost 拓扑的应用电路

1.4.2　电流型全桥 Boost 拓扑存在的问题及其解决方法

电流型全桥 Boost 拓扑虽然具有很多优点，但其结构本身也存在着一些问题，尤其是当它应用于单级 APFC 变换器时通常存在 4 个典型问题：桥臂电压尖峰大、起动过程过压过流、高频变压器偏磁以及输出电压纹波较大。其中，前面 2 个问题在单相、三相电流型全桥单级 APFC 变换器中都存在，而后面 2 个问题一般只在单相电流型全桥单级 APFC 变换器中较为突出。

下面对电流型全桥单级 APFC 变换器的 4 个典型问题进行介绍。

1. 桥臂电压尖峰问题

对于电流型全桥单级 APFC 变换器，无论单相还是三相结构，当变换器由各开关管的直通状态切换至对臂导通状态时，升压电感中的电流全部流过变压器。由于变压器原边存在漏感，漏感上的电流发生突变，将在变压器原边产生较大的电压尖峰，变换器出现较大的桥臂电压尖峰[103,104]。

变换器换流过程中的桥臂电压尖峰会导致开关管的电压应力升高，容易造成开关管损坏；此外，较大的电压尖峰还会使开关管的开关损耗上升，影响变换器的效率；同时，还会产生严重的电磁干扰，影响系统的可靠性。总之，较大的桥臂电压尖峰影响了电流型全桥单级 APFC 变换器在中、大功率场合的应用[105]。

通常抑制桥臂电压尖峰的有效手段是增加电阻-电容-二极管（RCD）缓冲电路，来吸收桥臂电压尖峰。如图 1.12 所示，RCD 缓冲电路由二极管 D_C、吸收电容 C_C 以及电阻 R_c 构成，其中，缓冲电路吸收的能量被电阻 R_c 消耗掉。

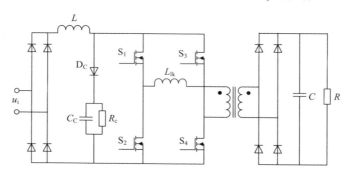

图 1.12　采用 RCD 缓冲电路的单相电流型全桥单级 APFC 变换器

RCD 缓冲电路为有损缓冲电路，通常情况使用 RCD 缓冲电路会影响系统的效率。文献[106]在降低变压器漏感后使用有损缓冲电路来吸收桥臂电压尖峰，由于该文献的高频变压器为升压变压器，比较容易降低漏感，通过优化变压器结构设计可以使变压器漏感很小，同时在桥臂上增加 RCD 缓冲电路吸收电压尖峰。由于此时变压器漏感很小，所以缓冲电路的损耗较低，对整个系统效率影响较小。但是该方案对变压器结构设计的要求较高，通常用于升压场合，在降压场合很难将变压器漏感降低到理想范围，所以该方案的应用受到限制。

综上所述，有必要对电流型全桥单级 APFC 变换器桥臂电压尖峰的抑制问题进行研究，并提出有效的解决方案以提高该类 APFC 变换器的可靠性。

2. 起动问题

单相或者三相电流型全桥单级 APFC 变换器在起动过程中，输出滤波电容上的电压较低，在桥臂开关管直通的过程中，升压电感中的电流线性升高；在桥臂开关管对臂导通的过程中，由于此时输出电压较低，折算至变压器一次侧的电压值 nU_o 小于输入电压，所以该阶段升压电感电流同样上升。起动过程中无论在桥臂开关管直通还是对臂导通状态，升压电感中的电流都会增加，通过控制系统的占空比不能控制输入电流的大小。起动过程中升压电感存储的能量不断积累，升压电感中的电流不断增加，经过几个开关周期后，将形成很大的冲击电流，导致电感能量无法释放会很快饱和。若不采取措施，则容易损坏功率开关管[107]。

因此，需要采取有效的起动措施以确保变换器进入正常工作模式前在输出滤波电容上建立一个初始电压。当初始电压建立以后，变换器进入正常工作模式，此时输入电流可控，实现变换器的正常起动。

针对该类变换器的起动问题，文献[107]介绍了在隔离 DC/DC 变换器中引入 RCD 缓冲电路的方法，如图 1.13 所示；文献[108]、[109]介绍了在隔离 DC/DC 变换器的升压电感上增加反激式绕组的方法，如图 1.14 所示。前者利用与桥臂并联的 RCD 缓冲电路来吸收变换器起动与关机时升压电感的多余能量，其结构本身决定了变换器具有稳态效率低、起动时间长的缺陷，然而 RCD 缓冲电路的采用必然能解决变换器的起动问题，该方法除了可以在隔离 DC/DC 变换器中使用之外，还适用于单相与三相单级 APFC 电路；后者通过相应的控制策略利用反激式绕组实现了变换器的正常起动，这种方法的基本思想也适用于单相和三相电流型全桥单级 APFC 变换器。

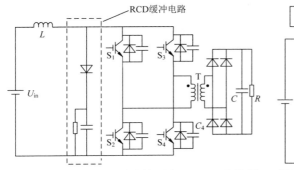

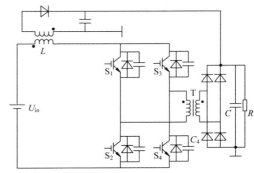

图 1.13　采用 RCD 缓冲的隔离 DC/DC 变换器　图 1.14　带反激式绕组的隔离 DC/DC 变换器

3.　变压器偏磁问题

全桥电路中的高频变压器双向励磁，理想情况下正、负对称的脉冲分别加在变压器两端，正、负向的伏秒积平衡，变压器磁芯的磁化曲线工作的中心点在原点位置，整个磁化曲线在饱和磁化曲线以内，变压器正常工作。

但实际工作中正、负脉冲的伏秒积很难完全相等，许多因素导致变压器原边绕组上所加的电压波形正、负脉冲的宽度不相等或者正、负脉冲的幅值不相等，即加在变压器两端的伏秒积不平衡，进而导致变压器磁芯磁化曲线中心点发生偏移，引起偏磁，偏磁积累到一定程度致使磁化曲线超出饱和磁化曲线，高频变压器饱和[110]。

对于单相电流型全桥单级 APFC 变换器，除了具有传统的偏磁机理，由于特有的工作方式，其高频变压器还存在其独特的偏磁机理，必须加以抑制。

高频变压器磁芯的磁化曲线是非线性的，偏磁积累到一定程度致使磁化曲线超出饱和磁化曲线，磁化曲线进入饱和区，这时磁芯的磁导率会急剧下降，高频变压器饱和。磁芯饱和会导致高频变压器原边的单向磁化电流迅速增大，变压器原边的电流随之增加，容易造成功率器件损坏，影响变换器的正常工作[111,112]。

传统的变压器偏磁抑制方法通常采用增加变压器磁芯气隙、采用电流型控制以及在变压器原边串联隔直电容等方式。

增加变压器磁芯的气隙会增加磁路的磁阻，提高变压器的抗饱和能力，从而消除偏磁带来的影响。但是该方法降低了变压器磁芯的利用率，不利于提高系统的功率密度，同时增加磁路的磁阻会导致励磁电流上升，变压器损耗增加，影响系统的效率[113]。

采用电流型控制（如采用峰值电流或者平均电流型控制）能够抑制高频变压器偏磁。电流型控制对变压器原边电流进行采样，根据变压器原边电流的变化情况调整占空比，使变压器原边正、负向电流的峰值相同，从而使变压器正、负向励磁电流的峰值也相同。但是该方案通常可用在电流型控制的 DC/DC 变换器中，并不能直接用于电流型全桥单级 APFC 变换器中。

在变压器原边串联隔直电容，利用隔直电容消除变压器原边的直流分量，能够较好地解决高频变压器偏磁。使用隔直电容来抑制偏磁的方法简单可靠、容易实现，但是同样存在一些缺点[114]：①增加了变换器主电路的复杂程度；②隔直电容的引入影响了变换器的性能，例如，增加隔直电容后，桥臂开关管的最大占空比受到较大的限制；③当变压器原边电流较大时，隔直电容的选取将存在一定的问题，如果隔直电容容值取值较小，能够较快地阻断变压器原边电流，则对整个系统的性能影响较小，但是导致隔直电容两端的电压较高，增加了开关管的电压应力，如果选取较大的隔直电容，变压器原边电流变化缓慢，则对系统的最大占空比、开关频率的提高产生影响；④隔直电容通过的交流电流较大，在一个工作周期内隔直电容电压的正、负极性发生变化，其工作状况不同于传统的滤波电容，随着开关频率的提高以及系统功率等级的提升，隔直电容的损耗将增加，严重影响系统的效率及可靠性。所以，利用隔直电容虽然能够解决高频变压器偏磁的问题，但是同样带来一些不可避免的缺点，影响了其应用范围。

此外，为抑制单相电流型全桥单级 APFC 变换器中的变压器偏磁，近年来也有新的方法被提出。例如，文献[114]提出了利用数字控制技术来抑制高频变压器偏磁，通过使用数字补偿算法调整系统的占空比，消除了正、负向励磁伏秒积的差异，较好地抑制了高频变压器偏磁，但该方法仅适用于数字控制，不能用于传统的模拟控制中。因此有必要针对单相电流型全桥单级 APFC 变换器的变压器偏磁问题进行研究。

4. 输出电压纹波问题

单级 APFC 变换器使用一级电路同时实现 PFC 与 DC/DC 变换的功能，通常在其输出侧存在较大的二倍工频纹波（对于单相 APFC 变换器）[115]。假设 APFC 变换器的效率为 100%，功率因数为 1，则 APFC 变换器的输入、输出关系如图 1.15 所示。

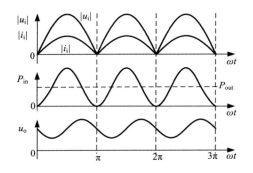

图 1.15　单级 APFC 变换器的输入、输出关系

在单相 APFC 变换器系统中，实现功率因数校正后的输入电流为正弦波且与输入电压同相位，输入功率按照二倍工频的正弦规律波动，而变换器的负载、输出电压恒定，输出功率近似恒定。在单相电流型全桥单级 APFC 变换器中只使用了输出滤波电容进行滤波，所以其输出滤波电容上不可避免地存在较大的二倍工频的纹波。

APFC 变换器输出电压纹波的大小受输出滤波电容及负载的影响，该纹波由电路的结构特性决定，依靠控制系统无法改变输出纹波的大小。因此单级 APFC 变换器通常存在输出电压纹波相对较大的问题，影响系统的输出特性[116]。

此外，输出电压纹波会被引入控制电路中，在不使用任何措施的情况下会使输入电流受输出电压纹波的影响而产生一定的畸变，影响功率因数校正效果。在控制电路中单纯使用滤波方式能够消除输出电压纹波对功率因数校正效果的影响，但是会影响系统的动态响应速度[117,118]。所以，有必要采取一定的措施解决单级 APFC 变换器的输出电压纹波大的问题。

　　传统方式通过增加输出滤波电容的容量来降低输出电压纹波，但是增加电解电容的容量不仅影响系统的功率密度，还降低了系统的动态响应速度[119]。

　　文献[61]、[120]在高频变压器上增加辅助绕组，可以降低单相单级 APFC 变换器的输出电压纹波。但是该策略要求其高频变压器单端励磁，所以仅适用于在反激式和正激式等变压器单端励磁的单级 APFC 变换器中采用，不适用于电流型全桥单级 APFC 变换器。

　　文献[121]使用单相单级 APFC 变换器组合并联构成三相单级 APFC 变换器，通过并联策略能够降低输出纹波，但该方法仅适用于三相 APFC 变换器，不能应用于单相 APFC 变换器中。

　　所以，有必要研究既能降低输出纹波，又不影响系统动态响应特性的解决方案，从而使单级 APFC 技术能够实现在中、大功率领域的应用。

1.5　本书内容概述

　　本书共 8 章，除了本章的绪论部分，其他 7 章所述的主要内容概况如下。

　　第 2 章主要介绍单相与三相电流型全桥单级 APFC 变换器的拓扑结构与基本工作原理。针对单相电流型全桥单级 APFC 变换器，分别介绍该变换器工作于电流断续模式以及电流连续模式时的功率因数校正实现机理，分析并给出其升压电感电流的断续条件以及工作于电流连续模式时的占空比变化规律；针对三相电流型全桥单级 APFC 变换器，介绍该变换器的功率因数校正实现机理与升压电感电流的断续条件，在此基础上，对该变换器输入电流的谐波及其抑制策略进行分析，最后进行仿真与实验验证。

　　第 3~5 章主要针对电流型全桥单级 APFC 变换器的桥臂电压尖峰抑制问题进行分析。

　　第 3 章首先对电流型全桥单级 APFC 变换器变压器原边电压尖峰的产生机理进行详细的分析，推导并得出该电压尖峰的定量表达，为其抑制方法的提出提供理论依据；在此基础上，介绍两种该类变换器电压尖峰的抑制方法，即有源箝位方法和无源箝位方法，并分别对采用有源箝位电路与无源箝位电路的电流型全桥单级 APFC 变换器的工作原理及其相关特性进行分析；最后，通过实验研究依次证明所述方法与相关分析的正确性。

　　在第 3 章的基础上，第 4 章依次介绍三种基于无源缓冲方式的电压尖峰抑制方法，即单 LC 谐振无源缓冲、双 LC 谐振无源缓冲与改进型单 LC 谐振无源缓冲方法。在对采用上述三种缓冲电路的 APFC 变换器工作过程进行分析的基础上，归纳三种缓冲电路关键参数的设计原则，并通过实验结果进行验证。

　　在第 4 章介绍的双 LC 谐振无源缓冲方法的基础上，第 5 章依次介绍三种基于磁集成无源辅助环节的 APFC 变换器电压尖峰抑制方法。首先，介绍一种基于耦合电感的双 LC 谐振无源缓冲电路，解决原双 LC 谐振无源缓冲电路中电压、电流振荡的问题；其次，介绍一种基于耦合电感的多级无源箝位电路，在实现辅助环节中电压、电流同步变化的基础上，还解决了无源缓冲电路在单相电流型全桥单级 APFC 变换器中应用时参数设计受限的问题；最后，介绍一种基于变压器集成的反激式无源辅助环节，解决了无源缓冲电路在三相电流型全桥单级 APFC 变换器中应用时电压、电流变化不同步以及参数设计受限的问题。本章对采用上述三种无源辅助环节的 APFC 变换器的工作过程进行分析，归纳各集成磁件的作用机理与设计要素，给出辅助环节关键电路参数的设计原则，并通过实验研究进行验证。

第 6 章首先以三相 APFC 变换器为例，对电流型全桥单级 APFC 变换器的起动过程进行分析，在此基础上，介绍一种适合该类 APFC 变换器的有损起动方法；然后以单相 APFC 变换器为例，介绍一种基于 Buck 模式的无损起动方法；最后依次介绍两种分别适合单相和三相 APFC 变换器的基于 Flyback 模式的无损起动方法。通过对各种起动方法工作原理的分析，归纳相关起动方法的实现机制以及关键参数的设计原则，并通过仿真与实验研究进行验证。

第 7 章在对单相电流型全桥单级 APFC 变换器变压器偏磁机理进行分析的基础上，以基于有源箝位电路的单相 APFC 变换器为例，介绍一种基于死区调节的变压器偏磁抑制策略。在变压器的正、负向的励磁过程中分别添加死区，通过调节正、负向死区时间的大小来确保变压器的伏秒积平衡，消除偏磁。

第 8 章对单相电流型全桥单级 APFC 变换器的输出电压纹波进行研究，结合箝位技术介绍一种基于反激式辅助环节的输出电压纹波抑制策略。该结构利用箝位电容吸收变压漏感在变换器开关状态转换过程中产生的桥臂电压尖峰，并通过辅助环节将箝位电容的能量释放到负载侧，通过控制辅助环节输出电流的大小以及相位来抑制 APFC 变换器的输出电压纹波，从而解决单相电流型全桥单级 APFC 变换器输出电压纹波过大的问题。该纹波抑制策略能够在不影响系统动态响应特性的基础上降低输出电压纹波。

第 2 章 电流型全桥单级 APFC 变换器 拓扑结构与工作原理

2.1 引　言

电流型全桥单级 APFC 变换器主要包括单相和三相两种电路拓扑。其中，单相电流型全桥单级 APFC 变换器可以工作在升压电感电流断续、连续两种模式，而三相电流型全桥单级 APFC 变换器只能工作在升压电感电流断续模式。

本章分别对单相、三相电流型全桥单级 APFC 变换器的拓扑结构与工作原理进行介绍。针对单相电流型全桥单级 APFC 变换器，分别介绍该变换器工作于电流断续、连续模式时的功率因数校正实现机理，分析并给出其升压电感电流的断续条件以及工作于电流连续模式时的占空比变化规律；针对三相电流型全桥单级 APFC 变换器，介绍该变换器的功率因数校正实现机理与升压电感电流的断续条件，在此基础上，对该变换器输入电流的谐波及其抑制策略进行分析，最后进行仿真与实验验证。

2.2 单相电流型全桥单级 APFC 变换器

2.2.1 变换器拓扑结构与基本工作原理

单相电流型全桥单级 APFC 变换器的拓扑结构如图 2.1(a) 所示，该变换器主要由单相输入电源、单相输入整流部分、移相桥、高频变压器以及输出整流滤波环节构成。其中，L 是升压电感；二极管 $D_{S1} \sim D_{S4}$ 和电容 $C_{S1} \sim C_{S4}$ 为开关管 $S_1 \sim S_4$ 的寄生器件；n 和 L_{lk} 分别为高频功率变压器 T 的原、副边绕组匝数比和原边等效漏感值。

在图 2.1(a) 所示的变换器中，开关管 S_1 与 S_3 的导通状态互补，开关管 S_2 与 S_4 的导通状态互补，开关管 $S_1 \sim S_4$ 的导通比都固定在 50%，但开关管 S_1、S_3 对开关管 S_2、S_4 的导通相位是可控的，各开关管的开关时序如图 2.1(b) 所示。该变换器与传统的 DC/DC 全桥变换器以及移相软开关全桥变换器的工作过程是不同的，在移相的过程中允许桥臂开关管直通，不需要设置死区时间，通过调整桥臂开关管直通的时间就可以达到调节输出电压的目的。

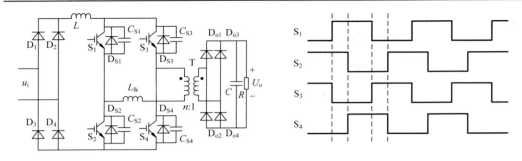

(a) 单相 APFC 变换器的拓扑结构　　　　　(b) 各开关管的开关时序

图 2.1　单相 APFC 变换器的拓扑结构及其各开关管的开关时序

单相电流型全桥单级 APFC 变换器在运行时，利用桥臂开关管直通来实现升压电感的充电，利用桥臂开关管对臂导通来实现升压电感的放电以及能量向负载的传递。根据升压电感电流是否连续，单相电流型全桥单级 APFC 变换器通常有两种工作模式：电流断续模式（Discontinuous Current Mode，DCM）和电流连续模式（Continuous Current Mode，CCM）。相比之下，工作于 CCM 时，该 APFC 变换器具有功率因数校正效果好，电流应力小的优势；工作于 DCM 时，该 APFC 变换器具有控制简单的优势。由于全桥型变换器一般应用于中、大功率领域，所以单相电流型全桥单级 APFC 变换器通常更多地工作于 CCM。

为了保证电路原理的完整性，本章将分别介绍该变换器工作于 DCM 和 CCM 的工作原理。

定义单相输入电压表达式为

$$u_i = U_i \sin \omega t \tag{2.1}$$

在单相输入电压的工频正、负半周内，APFC 变换器的工作状况相似。下面主要以输入电压的正半周（$u_i > 0$）为例对变换器的各种特性进行分析（若无特别说明，则本书均在此时间段内对单相 APFC 变换器进行分析）。

为了便于分析，做出如下假设。

(1) 变换器中的各元器件均为理想元件。

(2) 输出滤波电容值（C）足够大，可使输出直流电压保持恒定。

(3) 变换器的开关频率远高于输入电压的频率（工频），在升压电感的一个充放电周期（T）内，可认为输入电压基本保持不变。

2.2.2　DCM 时的工作原理

1. 功率因数校正实现机理

单相电流型全桥单级 APFC 变换器工作于 DCM 时，在升压电感的一个充放电周期(该周期为开关周期的一半)内,变换器主要分为 3 个工作阶段,各阶段的等效电路如图 2.2 所示,其中,C' 和 R' 是输出滤波电容 C 和负载 R 折算到变压器原边的等效电容和等效负载。

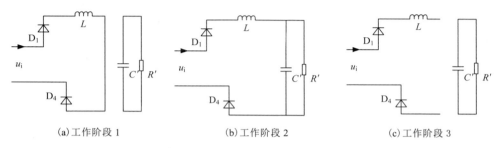

(a) 工作阶段 1　　　　　　　(b) 工作阶段 2　　　　　　　(c) 工作阶段 3

图 2.2　DCM 时各阶段的等效电路

工作阶段 1($t_0 \sim t_1$):桥臂开关管直通(开关管 S_1 和 S_2 导通,S_3 和 S_4 截止;或者开关管 S_3 和 S_4 导通,S_1 和 S_2 截止),单相输入电压通过升压电感、导通的两只开关管和导通的整流二极管短路,输入电流以与输入电压成正比的方式由零开始线性上升,升压电感储能增加,负载电流仅由输出滤波电容放电维持。本阶段输入电流表达式为

$$i_i(t) = \frac{|u_i|}{L}(t - t_0) \tag{2.2}$$

工作阶段 2($t_1 \sim t_2$):桥臂开关管由直通转变为对臂导通(开关管 S_1 和 S_4 导通,S_2 和 S_3 截止;或者开关管 S_2 和 S_3 导通,S_1 和 S_4 截止),升压电感向输出滤波电容和负载放电,升压电感电流的下降由输入电压、输出直流电压以及升压电感的电感量决定,并在本阶段结束时下降到零。本阶段输入电流表达式为

$$i_i(t) = \frac{|u_i|}{L}(t_1 - t_0) - \frac{nU_o - |u_i|}{L}(t - t_1) \tag{2.3}$$

工作阶段 3($t_2 \sim T$):本阶段各开关管的导通状态不变,升压电感电流保持为零,负载电流仅由输出滤波电容放电维持。

由以上分析可知,单相电流型全桥单级 APFC 变换器工作于 DCM 时,在一个工频周期内保持占空比恒定,则其输入电流的峰值与输入电压成正比,只要电路周期性地重复上述过程,即可使输入电流峰值的包络线按正弦规律变化,并保持和输入电压同相位,如图 2.3 所示。只要在电网和 APFC 变换器之间加一个很小的无源滤波器即可获得高质量输入电流波形,进而达到功率因数校正的目的。

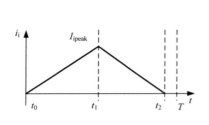

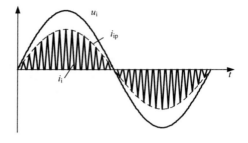

(a) 输入电流波形（一个充放电周期内）　　　　　(b) 输入电压、电流波形（工频周期内）

图 2.3　单相电流型全桥单级 APFC 变换器工作于 DCM 时的输入电压、电流波形图

2. 升压电感电流断续条件

在一个充放电周期内，单相电流型全桥单级 APFC 变换器升压电感的电流波形如图 2.3（a）所示。定义单相电流型全桥单级 APFC 变换器的占空比为一个充放电周期内桥臂开关管直通时间与整个开关周期的比值，即

$$D = \frac{t_1 - t_0}{T} \tag{2.4}$$

由式（2.3）可以得出，只有当式（2.5）成立时，该变换器才能工作于 DCM：

$$\frac{|u_i|}{L}DT \leqslant \frac{nU_o - |u_i|}{L}(1-D)T \tag{2.5}$$

将式（2.1）代入式（2.5），经整理可得

$$D \leqslant 1 - \frac{1}{M}|\sin \omega t| \tag{2.6}$$

$$M = \frac{nU_o}{U_i} \tag{2.7}$$

其中，M 为该单相 APFC 变换器的升压比。

由式（2.6）可以得出：当 $\sin\omega t = \pm 1$ 时，该 APFC 变换器最难实现 DCM 工作；当 $\sin\omega t = 0$ 时，该 APFC 变换器最容易实现 DCM 工作。在一个工频（$0 \leqslant \omega t \leqslant 2\pi$）内，变换器最难实现 DCM 工作的时刻依次是 $\omega t = \pi/2$ 和 $3\pi/2$；变换器最容易实现 DCM 工作的时刻依次是 $\omega t = 0$、π 和 2π。也就是说，变换器最难实现 DCM 工作的时刻是输入交流电压达到最大值的时刻，变换器最容易实现 DCM 工作的时刻是输入交流电压为零的时刻。

因此，对于不同的占空比 D 和升压比 M，该 APFC 变换器将有以下三种工作模式，如图 2.4 所示。

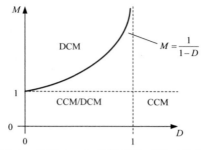

图 2.4　单相 APFC 变换器的三种工作模式

（1）变换器在整个工频周期内工作于 DCM，满足

$$D \leqslant 1 - \frac{1}{M} \tag{2.8}$$

（2）变换器在整个工频周期内工作于 DCM 与 CCM 的混合模式，满足

$$1 - \frac{1}{M} \leqslant D \leqslant 1 \tag{2.9}$$

（3）变换器在整个工频周期内工作于 CCM，满足

$$D \geqslant 1 \tag{2.10}$$

在实际中，式（2.10）的情况是不存在的，该式以及图 2.4 的相应位置只是为了此处分析的完整而给出的。由上述分析可以看出，为了保证单相 APFC 变换器在整个工频周期内完全工作于 DCM，式（2.8）必须成立。

2.2.3　CCM 时的工作原理

1.　功率因数校正实现机理

单相电流型全桥单级 APFC 变换器工作于 CCM 时，在升压电感的一个充放电周期（该周期为开关周期的一半）内，变换器主要分为 2 个工作阶段，各阶段的等效电路如图 2.5 所示，其中，C' 和 R' 是输出滤波电容 C 和负载 R 折算到变压器原边的等效电容和等效负载。

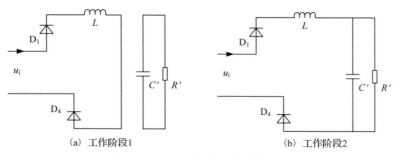

（a）工作阶段1　　　　　　　　　　（b）工作阶段2

图 2.5　CCM 时各阶段的等效电路

工作阶段 1($t_0 \sim t_1$)：桥臂开关管直通(开关管 S_1 和 S_2 导通，S_3 和 S_4 截止；或者开关管 S_3 和 S_4 导通，S_1 和 S_2 截止)，单相输入电压通过升压电感、导通的两只开关管和导通的整流二极管短路，输入电流线性上升，升压电感储能增加，负载电流仅由输出滤波电容放电维持。本阶段输入电流表达式为

$$i_i(t) = i_i(t_0) + \frac{|u_i|}{L}(t - t_0) \tag{2.11}$$

工作阶段 2($t_1 \sim T$)：桥臂开关管由直通转变为对臂导通(开关管 S_1 和 S_4 导通，S_2 和 S_3 截止；或者开关管 S_2 和 S_3 导通，S_1 和 S_4 截止)，升压电感向输出滤波电容和负载放电，升压电感电流的下降由输入电压、输出直流电压以及升压电感的电感量决定。本阶段输入电流表达式为

$$i_i(t) = i_i(t_1) - \frac{nU_o - |u_i|}{L}(t - t_1) \tag{2.12}$$

由以上分析可知，单相电流型全桥单级 APFC 变换器工作于 CCM 时，需要对其输入电流进行控制(如采用峰值电流控制、平均电流控制等)，使其输入电流按正弦规律变化，并跟踪输入电压，如图 2.6 所示，进而实现功率因数校正的目的。

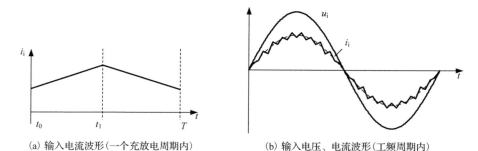

(a) 输入电流波形(一个充放电周期内)　　　　(b) 输入电压、电流波形(工频周期内)

图 2.6　单相电流型全桥单级 APFC 变换器工作于 CCM 时的输入电压、电流波形图

2. 占空比变化规律

APFC 变换器升压电感的充放电频率远大于其输入侧的电网频率，因此，当 APFC 变换器工作于 CCM 时，在一个充放电周期内，可以近似认为升压电感电流在开关管直通期间的增加量等于在开关管对臂导通期间的减少量，有

$$\frac{|u_i|}{L}DT = \frac{nU_o - |u_i|}{L}(1 - D)T \tag{2.13}$$

由式 (2.13) 可以得到，CCM 下 APFC 变换器的占空比在整个工频周期内的变化规律为

$$D = 1 - \frac{1}{M} |\sin \omega t| \tag{2.14}$$

由此可以得到，在理想情况下，单相 APFC 变换器工作于 CCM 时，其占空比在一个工频周期内的变化规律如图 2.7 所示。

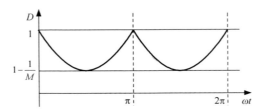

图 2.7　单相 APFC 变换器工作于 CCM 时占空比的变化规律

由式 (2.14) 与图 2.7 可以看出，当单相 APFC 变换器工作于 CCM 时，占空比在一个工频周期内是变化的，其最大值为 1（在实际中 APFC 变换器的最大占空比不可能等于 1，应该为一个接近于 1 的数值），最小值为 $(M-1)/M$。

2.3　三相电流型全桥单级 APFC 变换器

2.3.1　变换器拓扑结构与基本工作原理

三相电流型全桥单级 APFC 变换器的拓扑结构如图 2.8 (a) 所示，该变换器主要由三相三线制输入电源、三相输入整流部分、移相桥、高频变压器以及输出整流滤波环节构成。其中，L_a、L_b、L_c（$L_a = L_b = L_c = L$）是三相升压电感；二极管 $D_{S1} \sim D_{S4}$ 和电容 $C_{S1} \sim C_{S4}$ 为开关管 $S_1 \sim S_4$ 的寄生器件；n 和 L_{lk} 分别为高频功率变压器 T 的原、副边绕组匝数比和原边等效漏感值。

在图 2.8 (a) 所示的变换器中，开关管 S_1 与 S_3 的导通状态互补，开关管 S_2 与 S_4 的导通状态互补，开关管 $S_1 \sim S_4$ 的导通比都固定在 50%，但开关管 S_1、S_3 对开关管 S_2、S_4 的导通相位是可控的，各开关管的开关时序如图 2.8 (b) 所示。该变换器与传统的 DC/DC 全桥变换器以及移相软开关全桥变换器的工作过程是不同的，在移相的过程中允许桥臂开关管直通，不需要设置死区时间，通过调整桥臂开关管直通的时间就可以达到调节输出电压的目的。

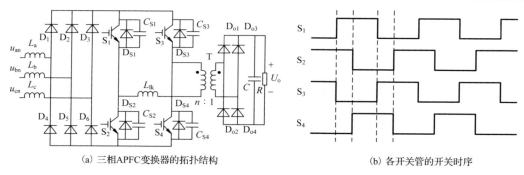

(a) 三相APFC变换器的拓扑结构　　　　　　　(b) 各开关管的开关时序

图 2.8　三相 APFC 变换器的拓扑结构及其各开关管的开关时序

2.3.2　功率因数校正机理与电流断续条件

1. 分析区间与假设

定义三相输入电压表达式为

$$\begin{cases} u_{an} = U \sin \omega t \\ u_{bn} = U \sin(\omega t - 2\pi / 3) \\ u_{cn} = U \sin(\omega t + 2\pi / 3) \end{cases} \tag{2.15}$$

三相输入电压波形如图 2.9 所示。在三相输入电压的工频周期内共有 12 个不同的时间段(每段区间为 π/6),按照对称性原理,在任何时间段内对变换器进行的分析可扩展到整个工频周期。下面主要以 $0 \leq \omega t \leq \pi / 6$ 的时间段为例对变换器的各种特性进行分析(若无特别说明,则本书均在此时间段内对三相 APFC 变换器进行分析),在此阶段中三相输入电压的关系为: $u_{bn} \leq 0 \leq u_{an} \leq u_{cn}$ 。

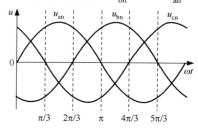

图 2.9　三相输入电压波形

为了便于分析,做出如下假设。

(1)变换器中的各元器件均为理想元件。

(2)变换器的输入电压为理想正弦波,并且三相严格对称,三相升压电感的电感值完全相等,即 $L_a = L_b = L_c = L$ 。

(3)输出滤波电容值(C)足够大,可使输出直流电压保持恒定。

（4）变换器的开关频率远高于三相输入电压的频率（工频），在升压电感的一个充放电周期（T）内，可认为输入电压基本保持不变。

2. 功率因数校正实现机理

三相电流型全桥单级 APFC 变换器工作于 DCM，利用桥臂开关管直通来实现升压电感的充电，利用桥臂开关管对臂导通来实现升压电感的放电以及能量向负载的传递。在升压电感的一个充放电周期（该周期为开关周期的一半）内，变换器主要分为 4 个工作阶段，各工作阶段的等效电路如图 2.10 所示，其中，C' 和 R' 是输出滤波电容 C 和负载 R 折算到变压器原边的等效电容和等效负载。

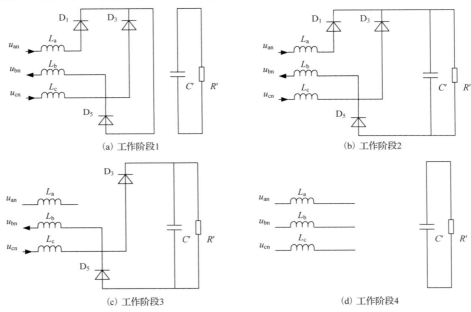

图 2.10　各工作阶段的等效电路

工作阶段 1（$t_0 \sim t_1$）：桥臂开关管直通（开关管 S_1 和 S_2 导通，S_3 和 S_4 截止；或者开关管 S_3 和 S_4 导通，S_1 和 S_2 截止），三相输入电压通过升压电感、导通的两只开关管和导通的整流二极管短路，各相升压电感电流以与各自相电压成正比的方式由零开始线性上升，升压电感储能增加，负载电流仅由输出滤波电容放电维持。本阶段有如下关系：

$$\begin{cases} u_{an} - L\dfrac{di_{La}}{dt} + L\dfrac{di_{Lb}}{dt} = u_{bn} \\[2mm] u_{cn} - L\dfrac{di_{Lc}}{dt} + L\dfrac{di_{Lb}}{dt} = u_{bn} \\[2mm] u_{an} + u_{bn} + u_{cn} = 0 \\[2mm] i_{La} + i_{Lb} + i_{Lc} = 0 \end{cases} \quad (2.16)$$

解方程组(2.16)可得本阶段各相电流的表达式为

$$
\begin{cases}
i_{La}(t) = \dfrac{u_{an}}{L}(t - t_0) \\[2mm]
i_{Lb}(t) = \dfrac{u_{bn}}{L}(t - t_0) \\[2mm]
i_{Lc}(t) = \dfrac{u_{cn}}{L}(t - t_0)
\end{cases}
\tag{2.17}
$$

工作阶段 2$(t_1 \sim t_2)$：桥臂开关管由直通转变为对臂导通(开关管 S_1 和 S_4 导通，S_2 和 S_3 截止；或者开关管 S_2 和 S_3 导通，S_1 和 S_4 截止)，三相升压电感向输出滤波电容和负载放电，升压电感电流的下降由三相输入电压、输出直流电压以及升压电感的电感量决定。本阶段有如下关系：

$$
\begin{cases}
u_{an} - L\dfrac{di_{La}}{dt} - nU_o + L\dfrac{di_{Lb}}{dt} = u_{bn} \\[2mm]
u_{cn} - L\dfrac{di_{Lc}}{dt} - nU_o + L\dfrac{di_{Lb}}{dt} = u_{bn} \\[2mm]
u_{an} + u_{bn} + u_{cn} = 0 \\[2mm]
i_{La} + i_{Lb} + i_{Lc} = 0
\end{cases}
\tag{2.18}
$$

其中，U_o 为三相 APFC 变换器的输出电压。

解方程组(2.18)可得本阶段各相电流的表达式为

$$
\begin{cases}
i_{La}(t) = \dfrac{u_{an}}{L}(t_1 - t_0) - \dfrac{nU_o - 3u_{an}}{3L}(t - t_1) \\[2mm]
i_{Lb}(t) = \dfrac{u_{bn}}{L}(t_1 - t_0) + \dfrac{2nU_o + 3u_{bn}}{3L}(t - t_1) \\[2mm]
i_{Lc}(t) = \dfrac{u_{cn}}{L}(t_1 - t_0) - \dfrac{nU_o - 3u_{cn}}{3L}(t - t_1)
\end{cases}
\tag{2.19}
$$

工作阶段 3$(t_2 \sim t_3)$。本阶段各开关管的导通状态不变，三相升压电感电流中绝对值最小的一相下降为零，即 $i_{La} = 0$。本阶段有如下关系：

$$
\begin{cases}
u_{cn} - L\dfrac{di_{Lc}}{dt} - nU_o + L\dfrac{di_{Lb}}{dt} = u_{bn} \\[2mm]
i_{Lb} + i_{Lc} = 0
\end{cases}
\tag{2.20}
$$

解方程组(2.20)可得本阶段各相电流的表达式为

$$
\begin{cases}
i_{La}(t) = 0 \\[2mm]
i_{Lb}(t) = -i_{Lc} = \dfrac{u_{bn} + nU_o - u_{cn}}{2L}(t - t_2) + I_{br}
\end{cases}
\tag{2.21}
$$

其中，I_{br} 为 B 相升压电感电流在 $t = t_2$ 时刻的值，这里不再给出。

工作阶段 4($t_3 \sim T$)：本阶段各开关管的导通状态不变，三相升压电感电流全部下降到零，负载电流仅由输出滤波电容放电维持。

由以上分析可知，三相电流型全桥单级 APFC 变换器工作于 DCM，在一个工频周期内保持占空比恒定，则其升压电感电流峰值与各自相电压成正比，只要电路周期性地重复上述过程，即可使三相升压电感电流峰值的包络线按正弦规律变化，并保持和输入电压同相位，如图 2.11 所示。只要在电网和 APFC 变换器之间加一个很小的无源滤波器即可获得高质量输入电流波形，进而达到功率因数校正的目的。

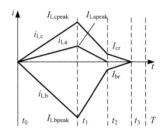 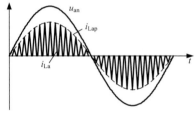

　(a)　三相升压电感电流波形(一个充放电周期内)　　　(b)　A 相电压电流波形(工频周期内)

图 2.11　三相电流型全桥单级 APFC 变换器输入电压、电流波形图

3. 升压电感电流断续条件

在一个充放电周期内，三相电流型全桥单级 APFC 变换器升压电感的电流波形如图 2.11(a)所示。这里定义 $t_{on}=t_1-t_0$ 为桥臂开关管直通，三相升压电感的充电阶段，$t_{off1}=t_2-t_1$、$t_{off2}=t_3-t_2$ 为桥臂开关管对臂导通，三相升压电感的放电阶段。该变换器的占空比定义为

$$D = \frac{t_{on}}{T} \tag{2.22}$$

由式(2.19)可计算 t_{off1}、I_{br}、I_{cr} 为

$$t_{off1} = \frac{3u_{an}}{nU_o - 3u_{an}} DT \tag{2.23}$$

$$I_{br} = -I_{cr} = \frac{u_{bn}}{L} DT + \frac{t_{off1}}{3L}(2nU_o + 3u_{bn}) \tag{2.24}$$

其中，I_{cr} 为 C 相升压电感电流在 $t=t_2$ 时刻的值。

由式(2.21)和式(2.24)可计算 t_{off2} 为

$$t_{off2} = \frac{-2LI_{br}}{u_{bn} + nU_o - u_{cn}} \tag{2.25}$$

由图 2.11(a)可知，只有当式(2.26)成立时，该变换器才能工作于 DCM。

$$t_{on} + t_{off1} + t_{off2} \leq T \tag{2.26}$$

将式(2.22)、式(2.23)和式(2.25)代入式(2.26)中，经整理可得

$$D \leqslant 1 - \frac{1}{M}\cos\omega t \tag{2.27}$$

$$M = \frac{nU_{\text{o}}}{\sqrt{3}U} \tag{2.28}$$

其中，M 为该三相 APFC 变换器的升压比。

以上分析是在工频周期的 $0 \leqslant \omega t \leqslant \pi/6$ 时间段进行的，在此段时间内，$\cos\omega t$ 在 $[\sqrt{3}/2,1]$ 区间中变化。由式(2.27)可以看出：在 $\omega t = 0$ 时刻，即 $\cos\omega t = 1$ 时，该 APFC 变换器最难实现 DCM 工作；在 $\omega t = \pi/6$ 时刻，即 $\cos\omega t = \sqrt{3}/2$ 时，该 APFC 变换器最容易实现 DCM 工作。由三相输入电压的对称性可知，在一个工频（$0 \leqslant \omega t \leqslant 2\pi$）内，变换器最难实现 DCM 工作的时刻依次是 $\omega t = 0$、$\pi/3$、$2\pi/3$、π、$4\pi/3$、$5\pi/3$ 和 2π；变换器最容易实现 DCM 工作的时刻依次是 $\omega t = \pi/6$、$\pi/2$、$5\pi/6$、$7\pi/6$、$3\pi/2$、$11\pi/6$。由图 2.9 可以看出：在工频周期的各时间段中，变换器最难实现 DCM 工作的时刻即是三相输入的某一线电压绝对值达到最大值的时刻，变换器最易实现 DCM 工作的时刻即是三相输入的某一线电压绝对值达到最小值的时刻。

如果考虑升压电感电流 i_{Lb} 和 i_{Lc}（由于 i_{La} 最小，这里不加以考虑）在各充放电周期内的断续和连续状况，那么对于不同的占空比 D 和升压比 M，该 APFC 变换器将有以下三种工作模式，如图 2.12 所示。

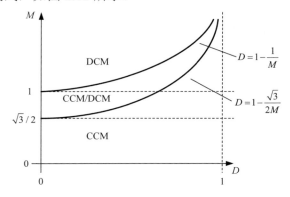

图 2.12　三相 APFC 变换器的三种工作模式

(1)变换器在整个工频周期内工作于 DCM，满足

$$D \leqslant 1 - \frac{1}{M} \tag{2.29}$$

(2)变换器在整个工频周期内工作于 DCM 与 CCM 的混合模式，满足

$$1 - \frac{1}{M} \leqslant D \leqslant 1 - \frac{\sqrt{3}}{2M} \tag{2.30}$$

（3）变换器在整个工频周期内工作于 CCM，满足

$$D \geqslant 1 - \frac{\sqrt{3}}{2M} \tag{2.31}$$

因此，为了保证三相 APFC 变换器在整个工频周期内完全工作于 DCM，式(2.29) 必须成立。

在升压电感的一个充放电周期内，变换器向负载传输的能量可表示为

$$W_{\mathrm{T}} = \int_0^T u_{\mathrm{R}} i \mathrm{d}t \tag{2.32}$$

其中，u_{R}、i 为该变换器三相整流桥的输出电压、电流。

在 $0 \leqslant \omega t \leqslant \pi / 6$ 阶段内有 $i = -i_{\mathrm{Lb}}$；在升压电感充电期间，$u_{\mathrm{R}} = 0$，升压电感放电期间，u_{R} 的平均值为 nU_{o}，因此，若考虑变换器在一个充放电周期内传输的能量等于输出能量，则由图 2.11(a) 可以得出

$$W_{\mathrm{T}} = -nU_{\mathrm{o}} \left(\frac{I_{\mathrm{Lbpeak}} + I_{\mathrm{br}}}{2} t_{\mathrm{off1}} + \frac{I_{\mathrm{br}}}{2} t_{\mathrm{off2}} \right) = \frac{U_{\mathrm{o}}^2}{R} T \tag{2.33}$$

为了简化分析，选取该变换器最难实现 DCM 工作的时刻来计算，即将 $\omega t = 0$ 代入式(2.33)中，则得到变换器工作于 DCM 的第二个限制条件为

$$R \geqslant \frac{4L}{n^2 D (1-D)^2 T} \tag{2.34}$$

2.3.3 输入电流的谐波分析与抑制策略

1. 输入电流谐波的影响因素

在升压电感的一个充放电周期内，三相电流型全桥单级 APFC 变换器升压电感的电流波形如图 2.11(a) 所示。其中，$t_0 \sim t_1$ 段为桥臂开关管直通，三相升压电感电流上升阶段，由式(2.17)可知，在该段时间内，三相升压电感电流与各自相的电压成正比，因此，该段时间为输入电流平均值与输出电压瞬时值的线性阶段；$t_1 \sim T$ 段为桥臂开关管对臂导通，三相升压电感电流下降的阶段，由式(2.19)和式(2.21)可知，在该段时间内，三相升压电感电流不再与各自相的电压成正比，而是由各相的输入电压和变换器的输出电压共同决定，因此，该段时间为输入电流平均值与输入电压瞬时值的非线性阶段。

由图 2.11(a) 可得到该 APFC 变换器各相升压电感电流有如下关系：

$$\int_0^T i_{\mathrm{La}} \mathrm{d}t = \frac{I_{\mathrm{Lapeak}}}{2} (t_{\mathrm{on}} + t_{\mathrm{off1}}) \tag{2.35}$$

$$\int_0^T i_{\mathrm{Lb}} \mathrm{d}t = \frac{I_{\mathrm{Lbpeak}}}{2} t_{\mathrm{on}} + \frac{I_{\mathrm{Lbpeak}} + I_{\mathrm{br}}}{2} t_{\mathrm{off1}} + \frac{I_{\mathrm{br}}}{2} t_{\mathrm{off2}} \tag{2.36}$$

$$\int_0^T i_{Lc} dt = \frac{I_{Lcpeak}}{2} t_{on} + \frac{I_{Lcpeak} + I_{cr}}{2} t_{off1} + \frac{I_{cr}}{2} t_{off2} \tag{2.37}$$

其中，t_{on}、t_{off1}、t_{off2}、I_{br}、I_{cr} 的计算参见式(2.22)～式(2.25)；I_{Lapeak}、I_{Lbpeak}、I_{Lcpeak} 分别为一个充放电周期内三相升压电感的电流峰值，即图 2.11 (a) 中 t_1 时刻的各相电流值，其表达式为

$$\begin{cases} I_{Lapeak} = \dfrac{t_{on}}{L} u_{an} \\[2mm] I_{Lbpeak} = \dfrac{t_{on}}{L} u_{bn} \\[2mm] I_{Lcpeak} = \dfrac{t_{on}}{L} u_{cn} \end{cases} \tag{2.38}$$

因此，由式(2.35)可以计算出在升压电感的一个充放电周期内，该变换器 A 相升压电感电流的平均值为

$$I_{Laavg} = \frac{D^2 T n U_o}{2L} \frac{\sin \omega t}{\sqrt{3} M - 3 \sin \omega t} \tag{2.39}$$

由于三相电流型全桥单级 APFC 变换器升压电感的充放电频率远大于其输入侧的电网频率，如不考虑电流波形中高频分量，可以近似地将式(2.39)所表示的一个充放电周期内 A 相升压电感电流的平均值作为在工频周期 $0 \leqslant \omega t \leqslant \pi/6$ 阶段内 A 相升压电感电流的瞬时值表达式。同理，在工频周期的 $\pi/6 \leqslant \omega t \leqslant \pi/3$ 阶段和 $\pi/3 \leqslant \omega t \leqslant \pi/2$ 阶段内，电感电流 i_{La} 分别相当于 $0 \leqslant \omega t \leqslant \pi/6$ 阶段中的 i_{Lc} 和 $-i_{Lb}$，因此，可以分别利用式(2.36)和式(2.37)推导出电感电流 i_{La} 在 $\pi/6 \leqslant \omega t \leqslant \pi/3$ 阶段和 $\pi/3 \leqslant \omega t \leqslant \pi/2$ 阶段内的瞬时值表达式，如式(2.40)所示。由于其他时间段的电流瞬时值表达式与 $0 \leqslant \omega t \leqslant \pi/2$ 阶段内的表达式类似，这里不再给出；电感电流 i_{Lb} 和 i_{Lc} 的表达式只是在时间上分别滞后 i_{La} 120° 和 240°，因此这里也不再给出。

$$\begin{cases} i_{La\left[0, \frac{\pi}{6}\right]}(t) = \dfrac{D^2 T n U_o}{2L} \dfrac{\sin \omega t}{\sqrt{3} M - 3 \sin \omega t} \\[4mm] i_{La\left[\frac{\pi}{6}, \frac{\pi}{3}\right]}(t) = \dfrac{D^2 T n U_o}{4L} \dfrac{2M \sin \omega t + \sin\left(2\omega t - \dfrac{2\pi}{3}\right)}{\left[\sqrt{3} M - 3 \sin\left(\omega t + \dfrac{2\pi}{3}\right)\right]\left[M - \sin\left((\omega t + \dfrac{\pi}{6})\right)\right]} \\[6mm] i_{La\left[\frac{\pi}{3}, \frac{\pi}{2}\right]}(t) = \dfrac{D^2 T n U_o}{2L} \dfrac{M \sin \omega t + \sin\left(2\omega t - \dfrac{\pi}{3}\right)}{\left[\sqrt{3} M + 3 \sin\left(\omega t + \dfrac{2\pi}{3}\right)\right]\left[M - \sin\left(\omega t + \dfrac{\pi}{6}\right)\right]} \end{cases} \tag{2.40}$$

由式(2.40)可以看出,三相电流型全桥单级 APFC 变换器与工作在 DCM 的单相 Boost APFC 变换器一样,输入侧的功率因数校正效果与变换器的升压比 M 密切相关,升压比 M 越高,输入电流波形越接近正弦,功率因数校正效果越好。由图 2.11(a) 可以看出,升压比 M 越高即表明变换器的输出电压越高,则三相升压电感电流的下降速度也就越快,这样在升压电感电流波形中输入电流平均值与输入电压瞬时值的非线性阶段就越短,因此升压电感电流波形越接近正弦。那么,由式(2.40)可得出,在 $0 \leqslant \omega t \leqslant \pi / 2$ 阶段内,当变换器的升压比 M 趋近于无穷大(即 $U_\circ$ 趋近于无穷大)时,A 相升压电感的电流极限如式(2.41)所示(其他时间段的表达式与其类似,这里不再给出)。可以看出当 M 趋近于无穷大时,该 APFC 变换器升压电感的电流波形为与输入电压波形同相位的标准的正弦波。

$$\lim_{M \to \infty} i_{\text{La}\left[0, \frac{\pi}{2}\right]}(t) = \frac{D^2 T}{2L} U \sin \omega t \tag{2.41}$$

2. 输入电流的谐波抑制策略

三相电流型全桥单级 APFC 变换器交流侧采用的是无中线的三相三线制输入,3 次谐波及 3 的倍数次谐波为零序电流,只能在中线中流通,无中线时这些谐波就不再存在。由于变换器的输入电压为正弦波并且正、负半周波形对称,所以输入波形中不存在偶次谐波。该 APFC 变换器升压电感电流中存在的低频谐波次数(不包括升压电感充放电频率及其以上的高频谐波成分)为 $(6n \pm 1)$(n 为自然数),即基波成分之外的谐波次数由低到高依次为 5 次、7 次、11 次、13 次、17 次、19 次、23 次、25 次等。

由前面的分析可知,要想抑制该 APFC 变换器输入侧电流的谐波分量、提高功率因数值,采用增加变换器升压比的方法将十分有效。然而,升压比的增加必然导致变换器各开关管以及变压器原边电压的增加,在实际工作时,为了防止各开关管因过压而毁坏,该变换器的升压比不能随意增加。因此,需采取其他措施来抑制电流谐波。

一般情况下,抑制此种类型变换器的输入电流谐波(主要是 5 次、7 次谐波)的方法有以下两种。

(1)在交流输入侧设置 5 次谐波滤波器法。由于滤波器由一些低频电感和容量较大的交流电容所组成,体积和重量较大,并带来一些功率损耗,影响系统效率,但抑制 5 次谐波是可以实现的。此方案一般不作为首选方案。

(2)调节变换器占空比的方法。按 6 次谐波相应的变化规律,随时适量地调节占空比,抑制三相整流桥输出侧的每周期 6 次的电流脉动。进一步,还可以按另一种 6 次谐波相应的变化规律,在三相整流桥输出侧产生相位符合三相交流电源侧相电压、相电流相位的每周期 6 次的适量电流脉动，从而减小三相交流侧的 5 次谐波电流脉动。

下面分析一种在该 APFC 变换器的占空比中注入 6 次谐波的方式来抑制输入电流的谐波。该方法在不增加输出电压的前提下，只需增加少量的元件就可完成 6 次谐波注入，实现输入电流中 5 次谐波的抑制。

采用 6 次谐波注入后的占空比可表示为

$$D(t) = D\left[1 + m\sin\left(6\omega t + \frac{3\pi}{2}\right)\right] \tag{2.42}$$

其中，m 为调制比，$0 < m < 1$。

在该 APFC 变换器的输入电流谐波中，5 次谐波占主导地位，则三相电流可近似表示为

$$\begin{cases} i_{La} = I_1\sin\omega t + I_5\sin(5\omega t + \pi) \\ i_{Lb} = I_1\sin\left(\omega t - \frac{2\pi}{3}\right) + I_5\sin\left(5\omega t - \frac{\pi}{3}\right) \\ i_{Lc} = I_1\sin\left(\omega t - \frac{4\pi}{3}\right) + I_5\sin\left(5\omega t + \frac{\pi}{3}\right) \end{cases} \tag{2.43}$$

其中，I_1 为基波电流；I_5 为 5 次谐波电流。

将式 (2.42) 代入式 (2.40) 中，作傅里叶分析，若忽略 m^2（$m^2 \ll 1$）和高于 7 次的谐波，则得

$$\begin{cases} i_{La} = I_1\sin\omega t + (I_5 - mI_1)\sin(5\omega t + \pi) - mI_1\sin 7\omega t \\ i_{Lb} = I_1\sin\left(\omega t - \frac{2\pi}{3}\right) + (I_5 - mI_1)\sin\left(5\omega t - \frac{\pi}{3}\right) - mI_1\sin\left(7\omega t - \frac{2\pi}{3}\right) \\ i_{Lc} = I_1\sin\left(\omega t - \frac{4\pi}{3}\right) + (I_5 - mI_1)\sin\left(5\omega t + \frac{\pi}{3}\right) - mI_1\sin\left(7\omega t - \frac{4\pi}{3}\right) \end{cases} \tag{2.44}$$

由式 (2.44) 可以看出，在占空比中注入 6 次谐波可以减小输入电流的 5 次谐波，但同时也增大了 7 次谐波。分别用式 (2.43) 和式 (2.44) 来计算输入电流的 THD（总谐波畸变）后可以看出，经过 6 次谐波注入后，输入电流的 THD 明显减小，如

$$\text{THD} = \sqrt{\frac{(I_5 - mI_1)^2 + (mI_1)^2}{I_1^2}} < \frac{I_5}{I_1} \tag{2.45}$$

图 2.13 (a) 所示为典型的 6 次谐波注入电路，图 2.13 (b) 为 U_d 与 U_{inj} 的波形。将图 2.13 (a) 中的谐波注入信号 U_{inj}（一个与三相整流输出电压交流分量的反相信号成正比的电压信号）注入 PWM 调制器中，调整变换器的占空比使得输入电流的 5 次谐

波减小。实际上，占空比的变量 $d(t)$ 与 U_{inj} 成正比，因此，在一个工频周期内，调制的占空比可以描述为

$$D(t) = D[1 + d(t)] \tag{2.46}$$

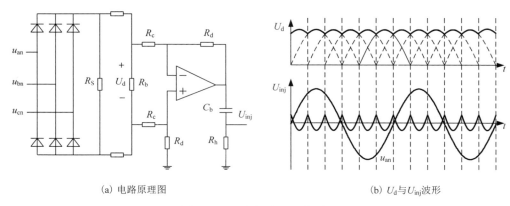

（a）电路原理图　　　　　　　　　　（b）U_d 与 U_{inj} 波形

图 2.13　6 次谐波注入的原理

对周期函数 $d(t)$ 作傅里叶分析为

$$d(t) = \sum_{k=1}^{+\infty} m_k \cos(6k\omega t) \tag{2.47}$$

其中，m_k 为 $6k$ 次谐波的调制比。

由式（2.47）可知，注入的信号不只含有 6 次谐波，还含有如 12 次、18 次等 6 的倍数次（$6k$ 次）的谐波。由前边的分析可以得出，向占空比中注入 $6k$ 次谐波将有助于改善输入侧电流中（$6k±1$）次谐波的含量，因此这些 6 的倍数次谐波的注入比仅注入 6 次谐波的效果要好。

2.3.4　仿真与实验验证

为了验证本节的相关分析，对如图 2.8（a）所示三相电流型全桥单级 APFC 变换器进行仿真分析，并搭建了小功率的实验电路进行实验验证。该变换器仿真与实验的具体参数为：升压电感 $L_a=L_b=L_c=170\mu H$，输出滤波电容 $C=470\mu F$，变压器变比 $n=5.65$，漏感 $L_{lk}=16\mu H$，开关频率为 20kHz，最大占空比 $D_{max}=40\%$。

1.　仿真结果及分析

图 2.14 所示为该三相 APFC 变换器输入侧电压电流的仿真结果。其中，图 2.14（a）、（b）分别为 A 相输入电压与升压电感电流波形以及三相升压电感电流波形，可以看出升压电感电流峰值的包络线为与输入电压同相位的正弦波，具有很好的功率因数校正效果；图 2.14（c）、（d）分别为在工频周期的 $\omega t=0$ 和 $\omega t=\pi/6$ 时刻

附近，三相升压电感电流波形的展开图，可以看出，在相同的条件下，变换器于 $\omega t=0$ 时刻比 $\omega t=\pi/6$ 时刻更加难实现 DCM 工作；图 2.14（e）为该变换器占空比超过 40%（本实验变换器设计的最大占空比）时三相升压电感电流波形，可以看出随着占空比的增加，变换器开始向 CCM 转变，功率因数校正效果开始变差，在一个工频周期内的 $\omega t=0$、$\pi/3$、$2\pi/3$ 等时刻，该变换器最先进入 CCM。

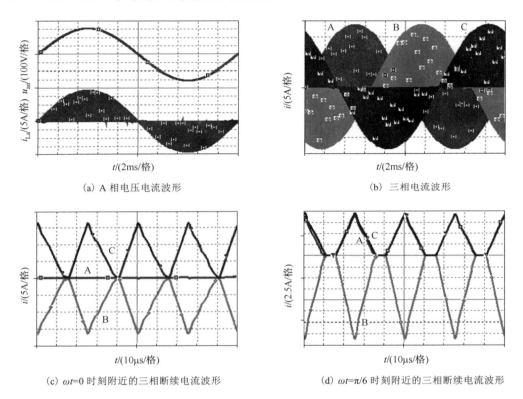

（a）A 相电压电流波形　　　　　　　　　　（b）三相电流波形

（c）$\omega t=0$ 时刻附近的三相断续电流波形　　　（d）$\omega t=\pi/6$ 时刻附近的三相断续电流波形

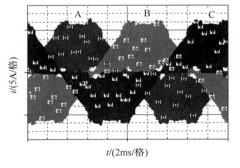

（e）$D>40\%$时的三相电流波形

图 2.14　输入侧的仿真结果

图 2.15 和图 2.16 所示为三相 APFC 变换器输入侧功率因数校正效果的仿真结果。其中，图 2.15 为当变换器的升压比 $M=1.9$ 时，A 相升压电感电流的谐波分量与基波的比值情况，可以看出，升压电感电流的谐波中以 5 次谐波含量最大，由于开关频率及其以上的谐波容易滤除，这里不加以考虑；图 2.16(a)、(b) 分别为输入侧的功率因数值以及 THD 值随变换器升压比 M 的变化曲线，可以看出变换器输入侧的功率因数值随着升压比 M 的增加而增加，而 THD 值随着升压比 M 的增加而降低。仿真结果与之前的分析相吻合。

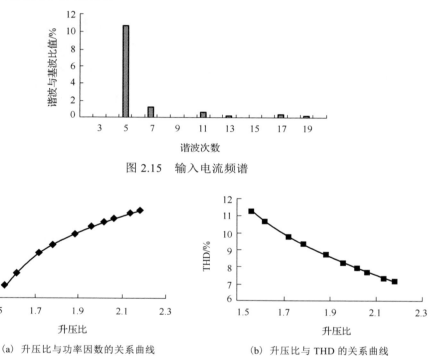

图 2.15 输入电流频谱

(a) 升压比与功率因数的关系曲线　　(b) 升压比与 THD 的关系曲线

图 2.16 升压比 M 与功率因数校正效果

2. 实验结果及分析

为了进一步验证本节理论分析的正确性，在仿真分析的基础上搭建了小功率的实验电路进行实验研究。

三相电流型全桥单级 APFC 变换器工作在 DCM，其升压电感电流峰值自动跟踪输入电压，无须对输入电流进行控制，因此该变换器的控制电路相对简单。本实验电路选择 TL494 作为 PWM 控制芯片，采用其单端输出的工作模式，通过将输出电压检测信号与电压给定信号比较来控制输出的 PWM 波形；移相分配电路由两个 D 触发器组成，将 TL494 输出的 PWM 波形以及其反向后的波形分别作为两个 D 触发器的时钟输入，而触发器的 4 路输出经过采用脉冲变压器隔离的驱动电路后即成为主电路开关 $S_1 \sim S_4$ 的驱动信号。

图 2.17 所示为各开关管的驱动波形，其中，图 2.17(a) 为开关管 S_1(上) 与 S_2(下) 的驱动波形，图 2.17(b) 为开关管 S_1(上) 与 S_3(下) 的驱动波形，可以看出开关 S_1 与 S_3 的工作时序是相反的(由于原理相同，开关 S_2 与 S_4 的驱动波形不再给出)，开关 S_1 与 S_2 的工作时序之间存在一个可控的相位差。

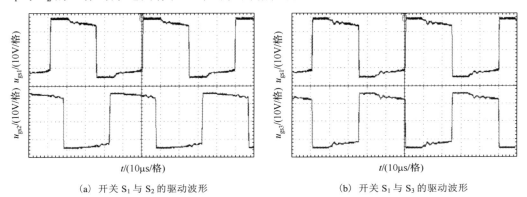

(a) 开关 S_1 与 S_2 的驱动波形　　　　　(b) 开关 S_1 与 S_3 的驱动波形

图 2.17　各开关管的驱动波形

图 2.18 为该变换器输入电压电流的实验结果，其中图 2.18(a) 为断续模式的 A 相升压电感电流波形，图 2.18(b) 为 A 相电压与电流波形。可以看出变换器工作于 DCM，升压电感电流峰值的包络线跟踪输入电压，与仿真结果吻合。

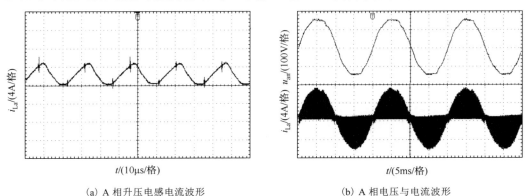

(a) A 相升压电感电流波形　　　　　　(b) A 相电压与电流波形

图 2.18　变换器的输入侧波形

图 2.19 和图 2.20 为该变换器采用 6 次谐波注入的方式来抑制谐波电流的实验结果。其中，图 2.19 为控制电路的反馈信号中注入的谐波信号，该信号与三相整流输出电压交流分量的反相信号成正比；图 2.20 为变换器采用 6 次谐波注入方式前后，

输入侧的 5 次及 7 次谐波含量的对比，可以看出采用 6 次谐波注入后，5 次谐波电流的含量明显降低，而输入侧的 THD 值也有所减小（由仿真结果可以看出，与 5 次和 7 次谐波电流含量相比，7 次以上的谐波电流成分非常少，对输入侧的 THD 值影响不大，因此这里只测量了 5 次和 7 次谐波电流的变化）。

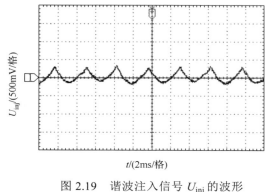

图 2.19　谐波注入信号 U_{inj} 的波形

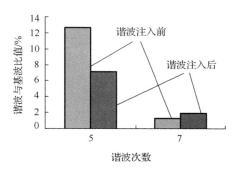

图 2.20　输入电流 5、7 次谐波对比

2.4　本　章　小　结

本章主要介绍了单相、三相电流型全桥单级 APFC 变换器的拓扑结构与工作原理，分别对该类单相、三相 APFC 变换器在 CCM 和 DCM 下工作时的功率因数校正机理、升压电感电流断续条件以及占空比变化规律等问题进行了讨论，分析了三相电流型全桥单级 APFC 变换器输入电流谐波的影响因素以及抑制策略，并通过仿真与实验研究进行了验证。

本章介绍的各项内容是本书后续各章节所述内容的分析基础。

第3章 变压器原边电压尖峰的产生机理及其箝位方法

3.1 引 言

变压器原边存在漏感,在开关状态转换的过程中,电流型全桥单级 APFC 变换器存在较大的变压器原边电压尖峰。该电压尖峰的出现导致了桥臂电压以及各开关管电压应力的升高,造成了变换器可靠性的下降,严重时将使得各功率器件因过压而损坏。因此,必须采取有效的措施对该电压尖峰加以抑制。

本章首先对电流型全桥单级 APFC 变换器变压器原边电压尖峰的产生机理进行详细的分析,推导并得出该电压尖峰的定量表达式,为其抑制方法的提出提供理论依据。在此基础上,本章介绍了两种该类变换器电压尖峰的抑制方法,即有源箝位方法和无源箝位方法,并分别对采用有源箝位电路与无源箝位电路的电流型全桥单级 APFC 变换器的工作原理及其相关特性进行分析。最后,通过实验研究依次证明了本章所述方法与相关分析的正确性。

3.2 变压器原边电压尖峰的产生机理

3.2.1 电压尖峰产生机理分析

由第 2 章的分析可知,电流型全桥单级 APFC 变换器的各开关管只在桥臂开关管对臂导通的状态下承受电压,该电压等于此时变压器的原边电压。在理想条件下,开关管处于对臂导通的状态时,变压器原边电压为

$$U_p = nU_o \qquad (3.1)$$

而在实际电路中,变压器原边存在漏感,当变换器由开关管直通状态向对臂导通状态转换时,由于漏感电流不能突变,所以漏感上必然有电压产生。由此可见,在分析该变压器原边电压时,必须要考虑变压器漏感的影响。由于单相和三相电流型全桥单级 APFC 变换器的开关状态转换机制相同,所以,由漏感造成的变压器电压尖峰的产生机理也基本相同。下面以三相电流型全桥单级 APFC 变换器为例,对该类变换器电压尖峰的产生机理进行分析。

　　图 2.11(a) 所示为在一个充放电周期内，三相电流型全桥单级 APFC 变换器升压电感的电流波形。在 t_1 时刻，桥臂开关管由直通状态转变为对臂管导通状态，三相升压电感电流已经上升至一个充放电周期内的最大值，并开始对负载放电，此时变换器的等效电路如图 3.1 所示。其中，升压电感等效为恒流源 $I = -i_{Lb}(t_1)$；C_e 为此时对臂关断的两个开关管寄生电容的并联等效值；L_{lk} 是变压器原边的等效漏感；二极管 D 相当于 APFC 变换器的输出整流二极管 $D_{o1} \sim D_{o4}$，当 C_e 两端电压低于 C' 电压时，二极管 D 截止，阻止能量反向流动；R'、C' 为原电路中的 R、C 折算到变压器原边的值。

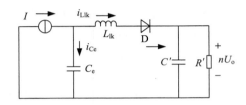

图 3.1　桥臂开关管对臂导通瞬间 APFC 变换器的等效电路

　　在 t_1 时刻，C_e 两端电压 $U_{Ce}(t_1) = 0$，二极管 D 处于截止状态，变压器原边电流 $i_{Llk}(t_1) = 0$，流过 C_e 的电流 $i_{Ce}(t_1) = I$，t_1 时刻之后，C_e 两端电压开始增加。令 $t = t_s$ 时，$U_{Ce}(t_s) = nU_o$，则 t_s 时刻之后，二极管 D 导通，电流 i_{Llk} 开始上升，i_{Ce} 开始下降，C_e 两端电压继续增加。与变换器的充放电周期相比，此段时间很短，因此这里忽略电流源 I 的衰减。在 t_s 时刻之后有如下关系：

$$\begin{cases} i_{Ce}(t - t_s) + i_{Llk}(t - t_s) = I \\ i_{Ce}(t - t_s) = C_e \dfrac{d\Delta u_{Ce}(t - t_s)}{dt} \\ \Delta u_{Ce}(t - t_s) = L_{lk} \dfrac{di_{Llk}(t - t_s)}{dt} \end{cases} \tag{3.2}$$

　　其中，Δu_{Ce} 为 t_s 时刻之后电容 C_e 两端电压的增加值，即

$$\Delta u_{Ce}(t - t_s) = u_{Ce}(t - t_s) - nU_o \tag{3.3}$$

　　由式(3.2)可导出以 Δu_{Ce} 为自变量的微分方程，即

$$\Delta u_{Ce}(t - t_s) + L_{lk} C_e \frac{d^2 \Delta u_{Ce}(t - t_s)}{dt^2} = 0 \tag{3.4}$$

　　该微分方程有如下初始条件，即 $t = t_s$ 时，有

$$
\begin{cases}
\Delta u_{\mathrm{Ce}}(t_{\mathrm{s}}) = 0 \\
i_{\mathrm{Ce}}(t_{\mathrm{s}}) = I \\
i_{\mathrm{Llk}}(t_{\mathrm{s}}) = 0
\end{cases}
\tag{3.5}
$$

因此，解微分方程(3.4)可得

$$
\Delta u_{\mathrm{Ce}}(t - t_{\mathrm{s}}) = I \sqrt{\frac{L_{\mathrm{lk}}}{C_{\mathrm{e}}}} \sin \frac{t - t_{\mathrm{s}}}{\sqrt{L_{\mathrm{lk}} C_{\mathrm{e}}}}
\tag{3.6}
$$

那么考虑变压器漏感后，当桥臂开关管对臂导通时，APFC 变压器的原边电压（即各开关管承受的电压）变为

$$
U_{\mathrm{p}} = nU_{\mathrm{o}} + I \sqrt{\frac{L_{\mathrm{lk}}}{C_{\mathrm{e}}}} \sin \frac{t - t_{\mathrm{s}}}{\sqrt{L_{\mathrm{lk}} C_{\mathrm{e}}}}
\tag{3.7}
$$

式(3.6)表明，在桥臂开关管对臂导通期间，由于变压器原边存在漏感，在电流流过变压器原边向负载传递能量时，会在漏感上感应出一个电压振荡，其振荡峰值和振荡频率表达式为

$$
U_{\Delta} = I \sqrt{\frac{L_{\mathrm{lk}}}{C_{\mathrm{e}}}}, \quad f_{\Delta} = \frac{1}{2\pi} \sqrt{L_{\mathrm{lk}} C_{\mathrm{e}}}
\tag{3.8}
$$

而在整个对臂导通期间，升压电感电流是下降的，另外，由于振荡回路也存在一定的阻抗，所以该电压振荡是一高频的、峰值衰减的振荡，振荡电压的最大值即第一个振荡周期的峰值，见式(3.8)中的振荡峰值表达式。

可见，由于变压器原边漏感的存在，增加了各开关管的电压应力，降低了 APFC 变换器的可靠性，有必要采取措施对变压器原边的电压振荡加以抑制。

由式(3.6)可以看出，电流型全桥单级 APFC 变换器原边振荡电压的峰值与流过变压器原边的电流值(即电流值 I)、变压器原边漏感 L_{lk} 以及等效电容值 C_{e} 值有关，减小 I、L_{lk} 或者增加 C_{e} 都可以达到抑制该振荡电压的效果。而 I 的大小直接关系到变换器的传输功率，不能随意减小，因此只能通过改变 L_{lk}、C_{e} 的参数值来抑制该振荡电压。一般，功率变压器经过优化设计，原边的漏感值很小(通常在几微亨左右)，如果变压器传输的电流较小，则振荡电压的尖峰也不会很大，设计时可以不加以考虑。如果在大功率场合，则必须再通过增加 C_{e} 值的方法对振荡电压加以抑制。

3.2.2　仿真与实验验证

为了验证本节的相关分析，对如图 2.8(a)所示三相电流型全桥单级 APFC 变换器进行仿真分析与实验研究。变换器仿真与实验的具体参数与 2.3 节相同，这里不再重复给出。

1. 仿真结果及分析

图 3.2 所示为三相 APFC 变换器的变压器原边(上)与副边(下)电压仿真波形,由该图可以明显地看到,变压器原边电压波形上叠加了一个不断衰减的电压振荡分量,而副边电压波形上无任何明显的振荡分量。

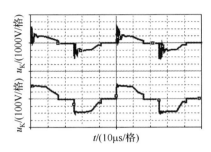

图 3.2　变压器原、副边电压仿真波形

2. 实验结果及分析

图 3.3(a)、(b)分别为该 APFC 变换器工作在重载和轻载条件下的变压器原边电压波形,可以看出变压器在满载和轻载时,变换器占空比的调节过程。由两图对比还可以看出,轻载时由于流过变换器的电流变小,变压器原边的电压尖峰也随之变小,此结果与本节分析相吻合。

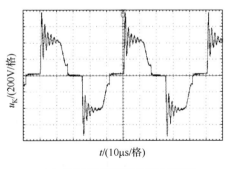

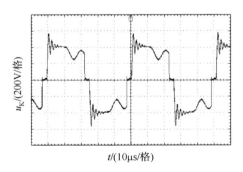

（a）重载时的变压器原边电压波形　　　　　　　（b）轻载时的变压器原边电压波形

图 3.3　变压器原边电压波形

图 3.4 所示为各开关管驱动与电压的实验波形。结合图 3.3 可以看出,该 APFC 变换器的变压器原边以及各开关管电压波形上叠加了一个不断衰减的电压振荡分量,与理论分析和仿真结果吻合。由于开关 S_3、S_4 的开关状态与 S_1、S_2 相同,这里不再给出。

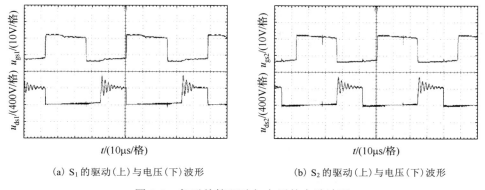

(a) S_1 的驱动(上)与电压(下)波形　　　　(b) S_2 的驱动(上)与电压(下)波形

图 3.4　各开关管驱动与电压的实验波形

3.3　变压器原边电压尖峰的有源箝位方法

3.3.1　电路结构与工作原理

图 3.5 所示为基于有源箝位电路的三相电流型全桥单级 APFC 变换器。其中，有源箝位电路由开关管 S_C 和箝位电容 C_C 构成。当桥臂开关管对臂导通时，由变压器原边漏感造成的电压尖峰通过开关管 S_C 的寄生二极管 D_{SC} 被箝位电容 C_C 所吸收，而后，随着三相升压电感电流的减小，箝位电容通过导通的开关管 S_C 向负载提供能量。

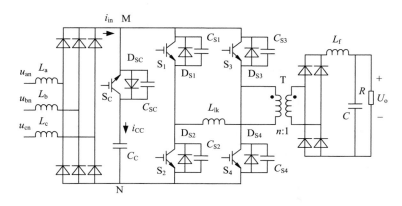

图 3.5　基于有源箝位电路的三相电流型全桥单级 APFC 变换器

该 APFC 变换器在一个开关周期内的波形以及开关管的驱动信号如图 3.6 所示。在一个开关周期内，升压电感完成两次充放电过程。变压器原边电流的变化过程相似，方向相反。依据变换器的工作过程，在一个开关周期内可将电路工作情况划分为 16 个工作阶段,其中前 8 个工作阶段与后 8 个工作阶段的工作过程相似,在此仅分析工作阶段 1～9。变换器在各阶段的等效电路如图 3.7 所示。

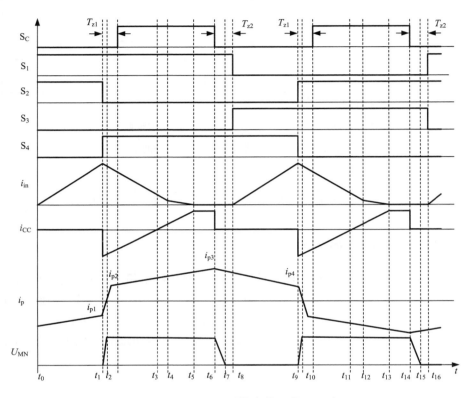

图 3.6　一个开关周期内变换器的主要波形

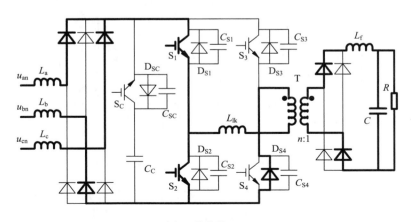

(a) 工作阶段 1

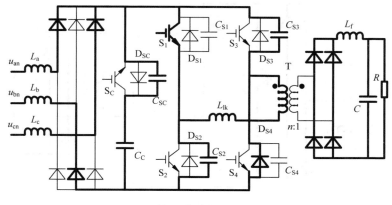

(b) 工作阶段 2

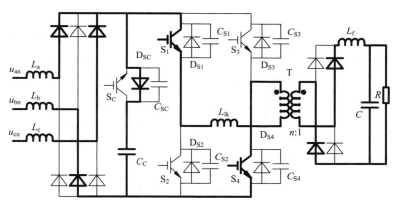

(c) 工作阶段 3

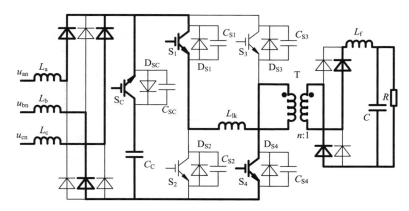

(d) 工作阶段 4

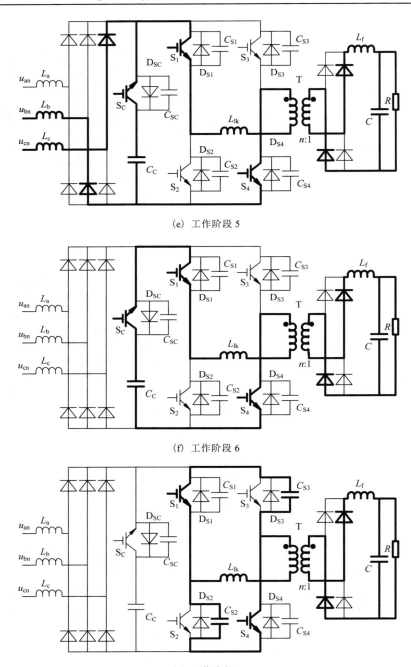

(e) 工作阶段 5

(f) 工作阶段 6

(g) 工作阶段 7

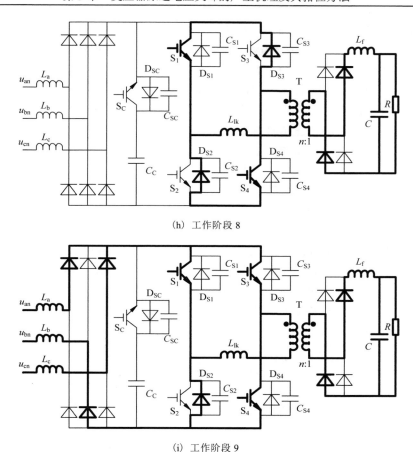

（h）工作阶段 8

（i）工作阶段 9

图 3.7　各工作阶段的等效电路

工作阶段 $1(t_0 \sim t_1)$：开关管 S_1 开通，由于此前开关管 S_2 已经导通，变换器的桥臂开关管直通相当于输入整流桥的输出端短路，此时输入电压为三相升压电感充电。由于升压电感工作于 DCM，t_0 时刻三相升压电感上的电流全部为零，该阶段三相升压电感电流从零开始线性增加，电感电流平均值及上升结束时刻的峰值均正比于各相输入电压。在开关管 S_1 开通前，其两端电压为零，因此 S_1 为零电压开通。在本阶段，桥臂电压 U_{MN} 为零。本阶段变压器原边电流降低，变压器漏感中的能量向副边传递，本阶段由输出滤波电感与输出滤波电容向负载提供能量。本阶段变压器原边电流表达式为

$$i_p(t) = \frac{nU_o}{L_{lk} + n^2 L_f}(t - t_0) - i_{p3} \tag{3.9}$$

工作阶段 $2(t_1 \sim t_2)$：t_1 时刻开关管 S_2 关断，S_4 导通。此时，开关管 S_1、S_4 导通，

S_2、S_3 关断，开关管对臂导通。三相输入电压与升压电感通过三相整流桥、开关管 S_1 和 S_4、变压器向负载提供能量。该时间段内，升压电感电流开始降低，桥臂电压 U_{MN} 升高。由于箝位开关管及桥臂开关管存在寄生电容，桥臂电压由零开始升高。由于开关管 S_4 开通前桥臂电压 U_{MN} 为零，S_4 两端电压为零，S_4 实现零电压开通。

由于此时间段内，桥臂电压低于箝位电容电压，箝位开关管处于关断状态，箝位开关管寄生电容上的电压值逐渐降低。由于开关管寄生电容的电容量较小，所以本阶段的持续时间极短。本阶段的持续时间可计算为

$$t_{12} = \frac{(C_{S2} + C_{S3} + C_{SC})nU_o}{i_{in}(t_1)} \tag{3.10}$$

其中，认为输入整流桥的输出电流 $i_{in} = i_{in}(t_1)$ 为恒定值。

工作阶段 3（$t_2 \sim t_3$）：三相升压电感中的电流通过整流桥向变压器及开关管结电容放电，桥臂电压逐渐升高，t_2 时刻桥臂电压高于箝位电容电压，箝位开关管 S_C 的寄生二极管 D_{SC} 导通，箝位电路开始工作，箝位电容吸收由变压器原边漏感产生的电压尖峰，限制桥臂电压的进一步升高。本阶段桥臂开关管对臂导通，三相输入电压和升压电感通过三相整流桥、开关管 S_1 和 S_4、变压器向负载提供能量。本阶段变压器原边电流表达式为

$$i_p(t) = \frac{U_{CC} - nU_o}{L_{lk} + n^2 L_f}(t - t_2) - i_{p2} \tag{3.11}$$

其中，U_{CC} 为箝位电容 C_C 的电压。

在本阶段，箝位开关管给出了开通信号，但由于此时箝位开关管的漏极电位低于源极电位，其寄生二极管导通，箝位电容处于充电阶段，箝位开关管正向截止。

工作阶段 4（$t_3 \sim t_4$）：随三相升压电感电流的减小，箝位电容电压逐渐升高，箝位电容的充电电流逐渐减小。当输入电流不足以为负载提供能量时，箝位电容开始向负载提供能量，t_3 时刻箝位电容由充电模式转换为放电模式，箝位开关管 S_C 正向导通，箝位电容在工作阶段 3 中储存的能量开始通过开关管 S_1 和 S_4、变压器向负载释放。由于箝位开关管开通前，其两端的电压为零，所以箝位开关管 S_C 为零电压开通。

工作阶段 5（$t_4 \sim t_5$）：三相输入电流线性降低，由于 A 相输入电压的绝对值最小，A 相升压电感在储能阶段储存的能量也就最小（A 相升压电感电流的峰值最小），所以 A 相升压电感电流率先降低到零。此时，与 A 相升压电感相连的整流二极管处于截止状态。仅由三相交流输入中的 B 相、C 相向负载提供能量。

由于在 $0 \leqslant \omega t \leqslant \pi/6$ 期间，A 相输入电压绝对值变化范围较大，所以 A 相升压电感电流降低到零的时刻 t_4 可能早于箝位开关管正向导通时刻 t_3，甚至早于 t_2 时刻，即 A 相电感释放能量的时间 t_{14} 由 A 相的输入电压值决定。此处分析将 A 相升压电感电流降低到零的时刻置于箝位开关管正向开通时刻之后，不影响分析变换器整体。

工作阶段 6（$t_5 \sim t_6$）：在 t_5 时刻，B 相、C 相升压电感电流降低到零。此时输入

侧所有的整流二极管均处于截止状态。本阶段虽然升压电感电流下降为零，箝位电容中仍存有一定的能量，箝位电容继续向负载提供能量。此时箝位电容流出的电流等于变压器原边电流。

工作阶段 7($t_6 \sim t_7$)：t_6 时刻箝位开关管 S_C 关断，桥臂开关管 S_1 和 S_4 继续保持开通状态。变压器漏感将开关管 S_2、S_3 寄生电容上的电荷抽走，变换器的桥臂电压降为零。此阶段利用变压器漏感及开关管 S_2、S_3 的寄生电容谐振，为开关管 S_2、S_3 的零电压开通做准备。该模态持续的时间可近似为

$$t_{67} = \frac{(C_{S2} + C_{S3} + C_{SC})nU_\text{o}}{I_{\text{pmax}}} \tag{3.12}$$

其中，I_{pmax} 为变压器原边电流峰值，由于本阶段持续时间非常短，所以这里忽略该电流的衰减。

工作阶段 8($t_7 \sim t_8$)：到 t_7 时刻，开关管 S_2 和 S_3 寄生电容上的电荷全部被抽走，开关管 S_1 和 S_4 继续保持开通状态，由于变压器存在漏感，漏感中的电流没有完全降低为零，此时 S_2 的寄生二极管 D_{S2}、开关管 S_4 及变压器原边构成回路，S_3 的寄生二极管 D_{S3}、开关管 S_1 及变压器原边构成回路，为变压器原边环流提供回路。在本阶段中，开关管 S_2 和 S_3 两端的电压为零。

工作阶段 9($t_8 \sim t_9$)：到 t_8 时刻，开关管 S_3 开通，开关管 S_1 关断，开关管 S_4 处于导通状态，桥臂开关管直通，三相升压电感再次储能。在 t_8 时刻以前，开关管 S_3 两端电压为零，因此，S_3 为零电压开通。

工作阶段 10～16($t_8 \sim t_{16}$)：开关管 S_2、S_3 处于导通状态，三相输入电压与升压电感通过 S_2、S_3 向负载释放能量，该阶段升压电感、箝位开关管和箝位电容的工作方式与工作阶段 2～8 相似，只是开关管 S_1 与 S_3、S_2 与 S_4 的开关状态互换，这里不再重复叙述。

3.3.2　软开关设计与实现

本节介绍的基于有源箝位电路的三相电流型全桥单级 APFC 变换器利用有源箝位电路吸收变压器原边漏感在电路换流过程中产生的电压尖峰。另外，有源箝位电路可以作为辅助电路，辅助桥臂开关管实现软开关。变换器通过合理设置箝位开关管的通断时间，合理利用变压器漏感以及开关管的寄生电容，使得各开关管实现零电压开通，同时箝位开关管也实现零电压开通。

1. 箝位开关管 S_C 零电压开通

如前边的工作原理分析所述，在工作阶段 2 期间，箝位开关管 S_C 应处于关断状态，即箝位开关管的开通时刻要滞后于桥臂开关管的对臂导通时刻，从而确保箝位

开关管的零电压开通。当开关管 S_2 关断、S_4 导通时，三相升压电感通过变压器向负载释放能量，导致桥臂电压升高，由于开关管存在寄生电容，桥臂电压的升高需要一段时间，虽然时间较短，但是在该段时间中，桥臂电压由零开始升高，如果此时箝位开关管给出开通信号，则箝位开关管正向导通且为硬开通，使开关管寄生电容上的电压突变，产生较大的电流尖峰。箝位开关管应该在桥臂电压高于箝位电容上的电压时给出开通信号，此时由于桥臂电压高于箝位电容电压，箝位开关管的寄生二极管 D_{SC} 开通，箝位电容吸收桥臂电压尖峰。随着升压电感电流的减小，当箝位电容由充电模式转换为放电模式时，箝位开关管正向开通，箝位开关管实现零电压开通。由此得到箝位开关管 S_C 实现零电压开通的条件为：箝位开关管的开通时刻滞后于桥臂开关管对臂导通时刻的时间大于工作阶段 2 持续的时间，即

$$T_{z1} > t_{12} = \frac{(C_{S2} + C_{S3} + C_{SC})nU_o}{i_{in}(t_1)} \tag{3.13}$$

输入整流桥的输出电流峰值的最小值为

$$i_{in}(t_1) = \frac{\sqrt{3}UDT}{2L} \tag{3.14}$$

将式(3.14)代入式(3.13)可得箝位开关管零电压开通的条件为

$$T_{z1} > \frac{2(C_{S2} + C_{S3} + C_{SC})LnU_o}{\sqrt{3}UDT} \tag{3.15}$$

其中，T_{z1} 为箝位开关管导通时刻滞后于桥臂开关管对臂导通时刻的时间。

2. 开关管 S_1、S_3 零电压开通

箝位开关管 S_C 的关断时刻应超前于桥臂开关管的直通时刻，其主要作用是辅助主电路开关管 S_1、S_3 实现零电压开通。

下面以前边的工作阶段 8、9 的分析为例说明开关管 S_3 的零电压开通原理。箝位开关管 S_C 关断后，箝位电容向负载提供能量的通路被切断，变压器原边漏感与开关管 S_2、S_3 的寄生电容谐振，将寄生电容中的能量释放给负载，当寄生电容上的电荷全部被抽走后，开关管 S_2、S_3 的寄生二极管开通。当开关管 S_3 给出开通信号时，其两端的电压为零。开关管 S_3 实现零电压开通。因此要求在 S_3 开通前开关管寄生电容上的电荷全部被变压器漏感抽走。开关管 S_1 的零电压开通条件与 S_3 的情况相同，即箝位开关管断开后需要有足够的时间将 S_1、S_4 的结电容上的电荷抽走。

所以开关管 S_1、S_3 实现零电压开通的条件为

$$T_{z2} > t_{67} = \frac{(C_{S2} + C_{S3} + C_{SC})nU_o}{I_{pmax}} \tag{3.16}$$

其中，T_{z2} 为箝位开关管关断时刻超前于桥臂开关管直通时刻的时间。

3. 开关管 S_2、S_4 零电压开通

开关管 S_2、S_4 开通前，桥臂开关管处于直通状态（S_4 开通前，S_1、S_2 处于导通状态；S_2 开通前，S_3、S_4 处于导通状态），开关管两端的电压为零，因此开关管 S_2、S_4 能够实现零电压开通。

综上所述，箝位电路能够辅助主电路实现零电压开通，在箝位开关管与桥臂开关管之间设置合适的死区时间（即 T_{z1} 和 T_{z2}），就能够确保该 APFC 变换器的所有开关管均实现零电压开通。

3.3.3　实验验证

为了验证本节的相关分析，搭建了基于有源箝位电路的三相电流型全桥单级 APFC 变换器的实验电路平台进行实验研究。实验电路的具体参数为：升压电感 $L_a=L_b=L_c=300\mu H$，输出滤波电感 $L_f=150\mu H$，输出滤波电容 $C=470\mu F$，变压器变比 $n=2.8$，漏感 $L_{lk}=10\mu H$，开关管 $S_1\sim S_4$ 的开关频率为 40kHz，箝位开关管 S_C 的开关频率为 80kHz，箝位电容 $C_C=4\mu F$。

图 3.8 所示为该变换器输入侧 A 相电压电流的实验结果。其中，图 3.8(b) 中的电流波形是在变换器的输入侧接入简单的 LC 低通滤波器后测试获得的。可以看出该变换器工作于 DCM，具有很好的功率因数校正效果。

图 3.9 所示为开关管 S_1 和 S_2 的驱动与电压波形。可以看出开关管 S_1 和 S_2 均实现了零电压开通。另外，由两开关管的电压波形还可以看出，由于有源箝位电路的采用，该 APFC 变换器的变压器原边电压尖峰得到了有效的抑制。由于开关管 S_3 和 S_4 的开关状态分别与 S_1 和 S_2 相同，这里不再给出相关的实验结果。

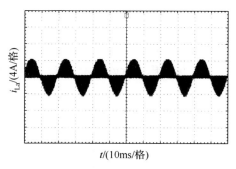

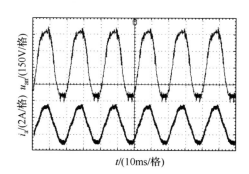

（a）A 相升压电感电流波形　　　　　　　　（b）A 相输入电压与电流波形

图 3.8　变换器输入侧波形

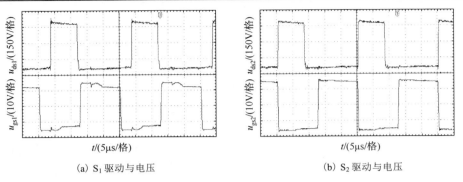

(a) S_1 驱动与电压　　　　　　　(b) S_2 驱动与电压

图 3.9　各开关管的驱动与电压波形

图 3.10 所示为箝位开关管 S_C 的驱动与电压波形,可以看出 S_C 实现了零电压开通。

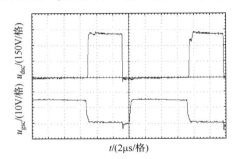

图 3.10　箝位开关管 S_C 的驱动与电压波形

3.4　变压器原边电压尖峰的无源箝位方法

3.4.1　电路结构与工作原理

有源箝位的方式虽然能够有效抑制变压器原边电压尖峰,但是该结构中箝位电容的能量释放过程中需要同时流过箝位开关管以及桥臂开关管,增加了整个电路系统的损耗。同时箝位开关管的工作频率较高,是主电路开关管开关频率的二倍,这给器件的选取带来一定的困难。

图 3.11 所示为基于无源箝位电路的单相电流型全桥单级 APFC 变换器。该结构在基本的单相电流型全桥单级 APFC 变换器的基础上,增加了箝位二极管 D_C 和箝位电容 C_C。其中,箝位电容 C_C 能够吸收变压器漏感在换流过程中产生的桥臂电压尖峰。箝位二极管 D_C 为箝位电容 C_C 提供充电回路,主电路的开关管 S_2、S_3 导通时为箝位电容 C_C 提供放电回路,并通过变压器将能量释放到负载侧。

基于无源箝位电路的单相电流型全桥单级 APFC 变换器通过其控制升压电感中

的电流实现功率因数校正，变换器存在桥臂开关管直通和对臂导通两种状态。变换器的主要波形如图 3.12 所示，其中，T 为升压电感的充放电周期，i_p 为变压器原边电流，i_{CC} 为箝位电容的充电电流。S 在升压电感的一个充放电周期内，该变换器各工作阶段的等效电路如图 3.13 所示，其主要工作过程如下所述。

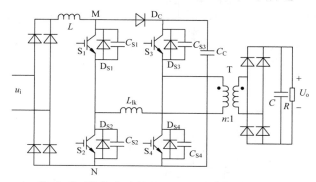

图 3.11　基于无源箝位电路的单相电流型全桥单级 APFC 变换器

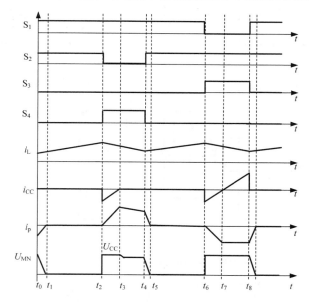

图 3.12　基于无源箝位电路的单相 APFC 变换器的主要波形

工作阶段 1（$t_0 \sim t_1$）：t_0 时刻前开关管 S_2 处于开通状态，t_0 时刻开关管 S_1 开通，开关管 S_1、S_2 同时处于开通状态，相当于将升压电感直接接到输入电源两端，因此升压电感电流线性上升，其表达式为

$$i_L(t) = \frac{|u_i|}{L}(t - t_0) + i_L(t_0) \tag{3.17}$$

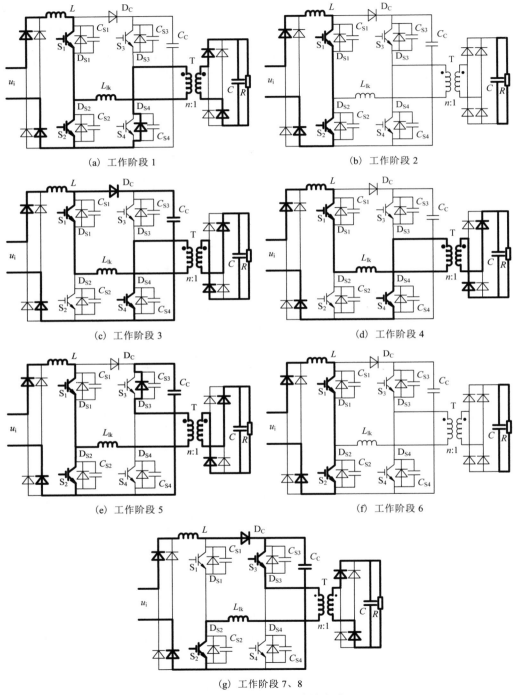

(a) 工作阶段 1　　　　　　　　　　　　(b) 工作阶段 2

(c) 工作阶段 3　　　　　　　　　　　　(d) 工作阶段 4

(e) 工作阶段 5　　　　　　　　　　　　(f) 工作阶段 6

(g) 工作阶段 7、8

图 3.13　各工作阶段的等效电路

由于变压器原边存在漏感，所以变压器原边仍有电流，该电流通过开关管 S_4 的寄生二极管 D_{S4} 以及开关管 S_2 续流。本阶段变压器原边电流表达式为

$$i_p(t) = i_p(t_0) - \frac{nU_o}{L_{lk}}(t - t_0) \tag{3.18}$$

到 t_1 时刻，变压器原边电流下降到零。因此，本阶段持续时间为

$$t_{01} = \frac{i_L L_{lk}}{nU_o} \tag{3.19}$$

工作阶段 2 $(t_1 \sim t_2)$：t_1 时刻变压器原边电流下降到零，开关管 S_1、S_2 保持导通状态，S_3、S_4 处于关断状态。升压电感中的电流继续线性增加。由于本阶段变压器原、副边电流都已下降到零，所以本阶段输出电流仅由输出滤波电容放电提供。本阶段的持续时间为

$$t_{12} = DT - t_{01} \tag{3.20}$$

工作阶段 3 $(t_2 \sim t_3)$：t_2 时刻开关管 S_2 关闭，S_4 开通。此时输入电压和升压电感通过变压器向负载侧传递能量。变压器漏感与开关管的寄生电容谐振，导致桥臂电压升高，当桥臂电压高于箝位电容 C_C 的电压时，箝位二极管 D_C 开通，箝位电容与变压器漏感谐振，升压电感中的部分电流流入箝位电容中，其余部分流经开关管 S_1、S_4，并通过变压器向负载侧传递能量。由于箝位电容的容值相对较大(与开关管的寄生电容相比)，所以谐振电压峰值很小，箝位电容将桥臂电压箝位在相对较低的范围内，从而降低了开关管的电压应力，提高了系统的可靠性。

工作阶段 4 $(t_3 \sim t_4)$：t_3 时刻箝位电容充电过程结束，升压电感继续通过变压器向负载释放能量。此时箝位电容的电压高于桥臂电压，箝位二极管 D_C 截止。本阶段持续时间为

$$t_{34} = (1 - D)T - t_{23} \tag{3.21}$$

工作阶段 5 $(t_4 \sim t_5)$：t_4 时刻开关管 S_4 关断、开关管 S_2 开通，开关管 S_1 仍处于导通状态，输入电压经过整流后直接加在升压电感两端，电感电流线性升高。本阶段升压电感电流表达式为

$$i_L(t) = \frac{|u_i|}{L}(t - t_4) + i_L(t_4) \tag{3.22}$$

由于变压器原边漏感的存在，漏感中的电流通过开关管 S_3 的寄生二极管流入箝位电容中，变压器原边电流表达式为

$$i_p(t) = i_L - \frac{nU_o + U_{CC}}{L_{lk}}(t - t_4) \tag{3.23}$$

本阶段持续时间为

$$t_{45} = \frac{i_L L_{lk}}{nU_o + U_{CC}} \tag{3.24}$$

工作阶段 6($t_5 \sim t_6$)：t_5 时刻变压器原边电流、副边电流都已下降到零。开关管 S_1、S_2 处于导通状态，S_3、S_4 处于关断状态。输入电压经过整流后直接加在升压电感两端，电感电流继续线性升高。由于变压器原、副边电流都已下降到零，输出整流二极管全部处于截止状态，此时输出电流仅由输出滤波电容放电提供。本阶段持续时间为

$$t_{56} = DT - t_{45} \tag{3.25}$$

工作阶段 7($t_6 \sim t_7$)：t_6 时刻开关管 S_3 导通，S_1 关断。输入电压与升压电感通过变压器向负载释放能量，由于 nU_o 大于输入电压，升压电感中的能量降低。该阶段的工作过程与工作阶段 3 相似，箝位电容与变压器漏感谐振，漏感在换流过程中产生的电压尖峰被箝位电容所吸收，此处不再详细分析。

工作阶段 8($t_7 \sim t_8$)：t_7 时刻箝位电容由充电状态转换为放电状态。输入电压、升压电感以及箝位电容继续通过变压器向负载侧释放能量，升压电感中储存的能量下降，直至本工作周期结束。

t_8 时刻开关管 S_1 开通，升压电感储能，变换器进入下一个工作周期。

由以上分析可知，通过控制该变换器的桥臂开关管直通时间(即控制升压电感电流的上升时间)可以控制升压电感中电流的大小，从而使输入电流为正弦波且与输入电压同相位，抑制输入电流谐波，实现功率因数校正。另外，变换器处于桥臂开关管对臂导通状态时，升压电感及输入电压能够通过桥臂开关管及变压器向负载侧释放能量，经过整流滤波后获得直流输出，通过调节系统占空比能够调整输出电压的大小，完成 DC/DC 变换的功能。

当变换器由桥臂开关管直通状态转变为对臂导通状态时，箝位电容与变压器漏感发生谐振，吸收了变压器漏感在该过程中产生的桥臂电压尖峰，开关管两端的电压被箝位在相对较低的范围内，降低了开关管的电压应力。

3.4.2　电压尖峰抑制能力分析

由 3.4.1 节的分析可知，基于无源箝位电路的单相电流型全桥单级 APFC 变换器的桥臂电压尖峰被箝位电容 S_C 所吸收，降低了变换器各开关管的电压应力。

1. 桥臂电压峰值分析

当功率变压器负向励磁时(即 3.4.1 节中的工作阶段 3、4)，APFC 变换器可以等效为如图 3.14(a)所示的等效电路，该阶段箝位电容只充电不放电。

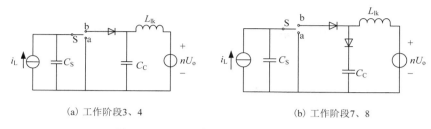

(a) 工作阶段3、4　　　　　　　　　　　　　(b) 工作阶段7、8

图 3.14　APFC 变换器的换流等效电路

　　当等效电路图中的开关 S 由 a 位置切换至 b 位置时，首先升压电感中的电流流入开关管的寄生电容(图中 C_S 为此刻桥臂上开关管寄生电容的等效值)中，为寄生电容充电。当箝位电容电压升高到 nU_o 后，变压器漏感 L_{lk} 与开关管寄生电容以及箝位电容开始谐振。升压电感中的部分电流流入箝位电容中，其余部分通过变压器释放到负载侧，箝位电容将桥臂电压箝位在相对较低的范围内，消除电压尖峰。此时变压器原边电流与箝位电容电压有如下关系：

$$
\begin{cases}
U_{CC}(t) = nU_o + L_{lk}\dfrac{\mathrm{d}i_p(t)}{\mathrm{d}t} \\[2mm]
i_{CS}(t) + i_{CC}(t) = (C_S + C_C)\dfrac{\mathrm{d}U_{CC}(t)}{\mathrm{d}t} \\[2mm]
i_p(t) + i_{CS}(t) + i_{CC}(t) = i_L
\end{cases}
\tag{3.26}
$$

其中，箝位电容电压及变压器原边电流的初始值为 $U_{MN(0)} = U_{CC(0)}$，$i_{p(0)} = 0$。所以，由式(3.26)解微分方程可知，谐振过程中，有

$$
\begin{cases}
U_{CC}(t) = \sqrt{\dfrac{L_{lk}}{C_S + C_C}}\, i_L \sin\dfrac{t}{\sqrt{L_{lk}(C_S + C_C)}} + (U_{CC(0)} - nU_o)\cos\dfrac{t}{\sqrt{L_{lk}(C_S + C_C)}} + nU_o \\[3mm]
i_p(t) = \sqrt{\dfrac{C_S + C_C}{L_{lk}}}(U_{CC(0)} - nU_o)\sin\dfrac{t}{\sqrt{L_{lk}(C_S + C_C)}} - i_L \cos\dfrac{t}{\sqrt{L_{lk}(C_S + C_C)}} + i_L
\end{cases}
\tag{3.27}
$$

　　此时变换器的桥臂电压峰值为

$$
U_{MNpeak} = \sqrt{\dfrac{L_{lk}i_L^{\,2}}{C_S + C_C} + (U_{CC(0)} - nU_o)^2} + nU_o
\tag{3.28}
$$

　　当箝位电容电压达到最大值时，箝位电容的充电状态结束，有源箝位电路退出工作，直至升压电感进入下一个充放电周期。

　　当功率变压器正向励磁时(即 3.4.1 节中的工作阶段 7、8)，APFC 变换器可以等效为如图 3.14(b) 所示的等效电路，该阶段箝位电容先进行充电再进行放电。

　　当等效电路图中的开关 S 由 a 位置切换至 b 位置时，首先升压电感中的电流流

入开关管的寄生电容中,为寄生电容充电。当箝位电容电压升高到 nU_o 后,变压器漏感 L_{lk} 与开关管寄生电容及箝位电容开始谐振。升压电感中的部分电流流入箝位电容中,其余部分通过变压器释放到负载侧,箝位电容将桥臂电压箝位在相对较低的范围内,消除电压尖峰。该过程中变压器原边电流与桥臂电压仍然按照式(3.26)变化,变压器原边电流的初始值为 $i_{p(0)}=0$,区别在于箝位电容电压的初始值变为 $U_{CC(1)}=U_{MNpeak}$。 根据不同的初始条件解微分方程(3.26)得

$$\begin{cases} U_{MN}(t)=\sqrt{\dfrac{L_{lk}}{C_S+C_C}}i_L\sin\dfrac{t}{\sqrt{L_{lk}(C_S+C_C)}}+(U_{CC(1)}-nU_o)\cos\dfrac{t}{\sqrt{L_{lk}(C_S+C_C)}}+nU_o \\ i_p(t)=\sqrt{\dfrac{C_S+C_C}{L_{lk}}}(U_{CC(1)}-nU_o)\sin\dfrac{t}{\sqrt{L_{lk}(C_S+C_C)}}-i_L\cos\dfrac{t}{\sqrt{L_{lk}(C_S+C_C)}}+i_L \end{cases} \quad (3.29)$$

所以,此时变换器的桥臂电压峰值为

$$U_{MNpeak}=\sqrt{\frac{L_{lk}i_L^{\,2}}{C_S+C_C}+(U_{CC(1)}-nU_o)^2}+nU_o=\sqrt{\frac{2L_{lk}i_L^{\,2}}{C_S+C_C}+(U_{CC(0)}-nU_o)^2}+nU_o \quad (3.30)$$

由式(3.30)可知,随着箝位电容电压的升高以及变压器原边电流的增加,当箝位电容电压达到最大值时,箝位电容的充电状态结束,箝位电容由充电状态转换为放电状态。箝位电容在一个工作周期内充放电的安秒积平衡,以维持箝位电容电压稳定。为简化分析,可以近似认为箝位电容的初始电压为 nU_o,所以桥臂电压峰值(即开关管的电压应力)为

$$U_S=\sqrt{\frac{2L_{lk}i_L^{\,2}}{C_S+C_C}}+nU_o \quad (3.31)$$

2. 开关管电流应力分析

变压器负向励磁时,由图 3.14(a)等效电路可知,变压器原边电流的最大值等于升压电感中的电流 i_L,即开关管 S_1、S_4 流过的最大电流为升压电感的峰值电流。

变压器正向励磁时,由图 3.14(b)等效电路可知,正向励磁时变压器漏感与箝位电容发生谐振,由式(3.29)可知,正向励磁时变压器原边电流的最大值为

$$i_p=\sqrt{\frac{C_S+C_C}{L_{lk}}}(U_{CC(1)}-nU_o)\sin\frac{(1-D)T}{\sqrt{L_{lk}(C_S+C_C)}}-i_L\cos\frac{(1-D)T}{\sqrt{L_{lk}(C_S+C_C)}}+i_L \quad (3.32)$$

所以

$$I_{pmax}\approx(1+\sqrt{2})i_L \quad (3.33)$$

开关管 S_2、S_3 流过的最大电流按照式(3.33)取值,开关管 S_2、S_3 的电流应力大于开关管 S_1、S_4 的电流应力。

3．箝位电容设计

为了防止变换器在桥臂开关管对臂导通阶段，其箝位电容电压出现高频振荡，箝位电容的取值通常应使漏感与箝位电容的谐振频率小于系统的开关频率，即

$$\pi\sqrt{L_{lk}(C_S + C_C)} > T \tag{3.34}$$

由式(3.31)可知，箝位电容的容值能够影响开关管的电压应力，图 3.15 所示为箝位电容与桥臂电压应力的关系曲线。

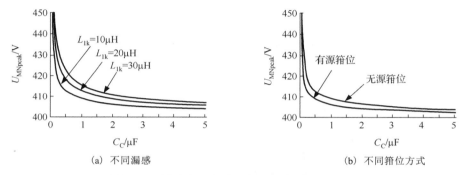

图 3.15　桥臂电压尖峰与箝位电容的关系曲线

图 3.15(a)所示为基于无源箝位电路的桥臂电压尖峰抑制方案在变压器漏感不同情况下箝位电容与桥臂电压应力的关系曲线，可以看出当变压器漏感较大时，需要适当增大箝位电容的容值，以降低开关管的电压应力。图 3.15(b)所示为基于无源箝位电路与基于有源箝位电路的单相电流型全桥单级 APFC 变换器的箝位电容与桥臂电压应力的关系曲线的对比图(这里取 L_{lk}=10μH)，可以看出在相同条件下，基于无源箝位电路的单相电流型全桥单级 APFC 变换器的开关管电压应力略大于基于有源箝位电路的单相电流型全桥单级 APFC 变换器的开关管电压应力，但总体差距不大，不影响开关管的选取。

通过以上分析可知，增大箝位电容的电容量能够有效降低 APFC 变换器的桥臂电压尖峰，但是随着电容量的增加，桥臂电压降低的幅度变小，并且过大的箝位电容影响系统的功率密度，所以应该折中考虑开关管的电压应力与系统的功率密度。

3.4.3　实验验证

为了验证本节的相关分析，搭建了基于无源箝位电路的单相电流型全桥单级 APFC 变换器的实验平台进行实验研究。实验电路的具体参数为：输入电压 220Vrms，输出 48V/12A，升压电感 L=1mH，变压器变比 n=8.5，漏感 L_{lk}=10μH，箝位电容 C_C=4μF，开关管 $S_1 \sim S_4$ 的开关频率为 50kHz。

图 3.16 所示为变换器的输入电压、电流波形。可以看出输入电流呈正弦波，并且相位与输入电压相同，所以，输入电流谐波得到了有效抑制，变换器能够较好地实现功率因数校正。

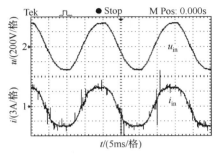

图 3.16　输入电压电流波形

图 3.17 所示为采用电能质量分析仪测得的输入电流谐波情况，在额定输入输出的情况下功率因数约为 0.998，输入电流 THD 为 6.2%，功率因数校正效果较好。

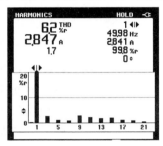

图 3.17　输入电流谐波

图 3.18 所示为各开关管的驱动、电压以及变压器原边电流波形。可以看出各开关管两端没有较大的尖峰电压，这就说明箝位电容有效地将变压器漏感在电路换流过程中产生的桥臂电压尖峰吸收。

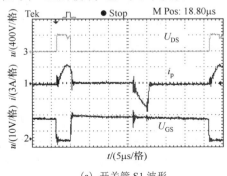

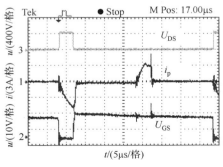

（a）开关管 S1 波形　　　　　　　　　　　（b）开关管 S2 波形

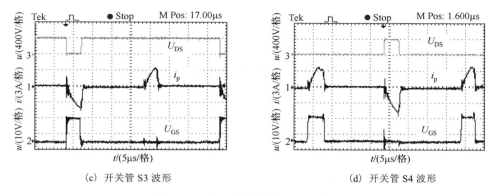

(c) 开关管 S3 波形　　　　　　　　　　(d) 开关管 S4 波形

图 3.18　各开关管的电压电流波形

图 3.19 所示为在额定输入输出情况下测试获得的该变换器效率曲线，可以看出该 APFC 变换器具有较高的转换效率。

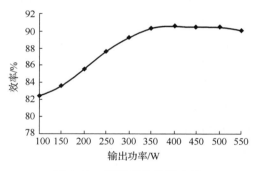

图 3.19　变换器的效率曲线

由以上实验结果可知，采用无源箝位电路的单相电流型全桥单级 APFC 变换器在实现了桥臂电压尖峰抑制的同时，也能够较好地完成功率因数校正以及 DC/DC 变换的功能。

3.5　本　章　小　结

电流型全桥单级 APFC 变换器由于变压器原边存在漏感，在变换器换流过程中桥臂存在较高的电压尖峰。本章对该电压尖峰的产生机理及其影响因素进行了分析，在此基础上介绍了该类变换器电压尖峰的有源箝位与无源箝位抑制方法。理论分析与实验结果表明，采用本章介绍的两种箝位方法，可以有效地抑制电流型全桥单级 APFC 变换器的电压尖峰，提高其运行的可靠性。

第4章　基于无源缓冲方式的电压尖峰抑制方法

4.1　引　　言

电流型全桥单级 APFC 变换器在工作过程中，必须采取有效措施对其变压器原边的电压尖峰进行抑制。采用第 3 章介绍的基于有源箝位电路与无源箝位电路的抑制方法都可以实现该类 APFC 变换器电压尖峰的有效抑制。然而，采用有源箝位电路的方法需要引入一个开关器件，这无疑增加了控制电路的复杂程度，并降低了该 APFC 变换器工作的可靠性；另外，增加开关管所承受的电压应力与主电路各开关管相当，然而，其开关频率却为主电路各开关管的两倍，这增加了该开关器件的选择难度。采用无源箝位电路将在一定程度上造成 APFC 变换器功率变压器的偏磁现象，这也降低了变换器工作的可靠性。

与基于有源箝位电路以及无源箝位电路的抑制方法相比，基于无源缓冲方式的电压尖峰抑制方法具有简单可靠、无须控制的优势。本章依次介绍了三种基于无源缓冲方式的电压尖峰抑制方法，即单 LC 谐振无源缓冲、双 LC 谐振无源缓冲与改进型单 LC 谐振无源缓冲方法。在对采用上述三种缓冲电路的 APFC 变换器工作过程进行分析的基础上，归纳了三种缓冲电路关键参数的设计原则，并通过实验结果进行了验证。

4.2　单 LC 谐振无源缓冲的电压尖峰抑制方法

4.2.1　电路结构与工作原理

1. 缓冲电路结构

图 4.1 所示为基于单 LC 谐振无源缓冲电路的三相电流型全桥单级 APFC 变换器，该类缓冲电路有两种结构，分别如图 4.1(a)、(b)所示。图 4.1(a)所示的结构 1，缓冲电路主要由与下桥臂开关管并联的吸收电容 C_{C1}、C_{C2}（$C_{C1}=C_{C2}$，由于 C_{C1}、C_{C2} 的值远大于各开关管的寄生电容值，所以图中省略了寄生电容 C_{S2}、C_{S4}）、与上桥臂开关管相连的电感 L_1、L_2（$L_1=L_2$）以及二极管 D_{L11}、D_{L12}、D_{L31}、D_{L32} 构成；图 4.1(b)所示的结构 2，其缓冲电路的组成与结构 1 类似，唯一的区别在于，结构 2 采用一个在变压器原边直接并联的吸收电容 $C_C(C_C=C_{C1}=C_{C2})$ 代替了结构 1 中的两个吸收电容 C_{C1}、C_{C2}。

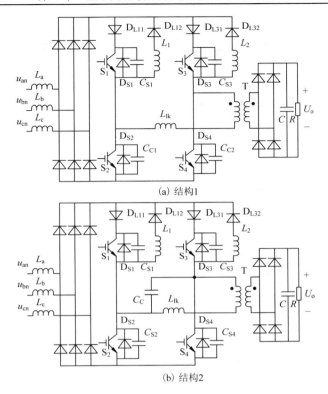

(a) 结构1

(b) 结构2

图 4.1　基于单 LC 谐振无源缓冲电路的三相电流型全桥单级 APFC 变换器

该类缓冲电路的基本工作原理为：在 APFC 变换器的开关状态转换时，依次利用吸收电容 C_{CC1}、C_{C2}（或者 C_C）来吸收变压器原边的电压尖峰，利用电感 L_1、L_2 与 C_{C1}、C_{C2}（或者 C_C）的谐振工作，将吸收电容上的能量在一个开关周期内转移给变换器的负载。下面主要结合三相电流型全桥单级 APFC 变换器的特点，分别介绍该类缓冲电路两种结构的工作原理。

2. 缓冲电路结构 1 的工作过程分析

以工频周期的 $0 \leqslant \omega t \leqslant \pi/6$ 阶段为例进行分析，则在升压电感的一个充放电周期内，如图 4.1(a) 所示的 APFC 变换器共有 9 个工作阶段，其中，变换器的主要波形和各工作阶段的等效电路分别如图 4.2 和图 4.3 所示。

工作阶段 $1(t_0$ 时刻以前）：开关管 S_2、S_3 导通，S_1、S_4 截止。由于变换器工作于 DCM，在桥臂开关管对臂导通时，三相升压电感电流开始下降，并最终下降到零。假设在 t_0 时刻以前升压电感电流已经下降到零，则变压器原边各支路电流都为零，变压器原边电压 $U_k = nU_o$，各开关管所承受的电压为：$U_{CC1} = U_{CS3} = 0$，$U_{CS1} = U_{CC2} = nU_o$。变压器副边电流为零，输出整流二极管全部截止，负载电流仅由输出滤波电容放电提供。

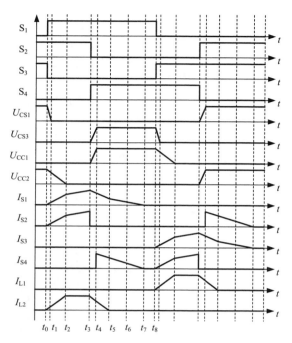

图 4.2　变换器的主要波形(结构 1)

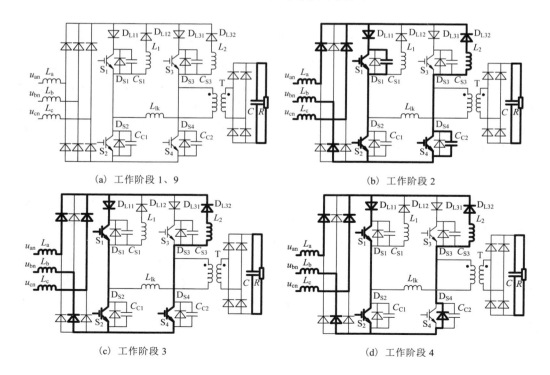

　　(a) 工作阶段 1、9　　　　　　　　　　　(b) 工作阶段 2

　　　(c) 工作阶段 3　　　　　　　　　　　　(d) 工作阶段 4

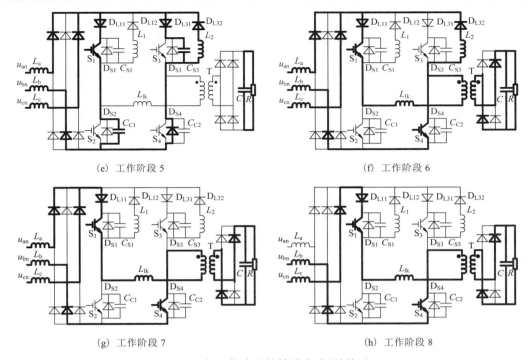

（e）工作阶段 5　　　　　　　　　　　　　　（f）工作阶段 6

（g）工作阶段 7　　　　　　　　　　　　　　（h）工作阶段 8

图 4.3　各工作阶段的等效电路(结构 1)

工作阶段 2($t_0 \sim t_1$)：t_0 时刻开关管 S_1 开通，同时关断开关管 S_3，S_3 为零电流关断。此时，三相升压电感电流 i_{La}、i_{Lb}、i_{Lc} 线性上升。同时，寄生电容 C_{S1} 通过 S_1 放电，吸收电容 C_{C2} 通过 D_{L32}、D_{L11}、S_1、S_2 与电感 L_2 谐振，电容 C_{C2} 电压开始谐振下降，电感 L_2 电流由零开始谐振增加。由于寄生电容 C_{S1} 的放电，S_1 为容性开通，但此时主电路中流过 S_1 的电流为零，所以开通损耗并不大；而寄生电容 C_{S3} 的电压一直保持为零，S_3 在 t_0 时刻为零电压关断。该状态的持续时间很短，到 t_1 时刻，C_{S1} 两端电压下降为零。本阶段负载电流仅由输出滤波电容放电提供。

工作阶段 3($t_1 \sim t_2$)：本阶段各开关管的开通状态保持不变，三相升压电感电流 i_{La}、i_{Lb}、i_{Lc} 继续线性上升，负载电流仍由输出滤波电容放电提供，吸收电容 C_{C2} 继续与电感 L_2 谐振。若忽略工作阶段 2 的持续时间，则本阶段吸收电容 C_{C2} 的电压以及电感 L_2 的电流表达式为

$$\begin{cases} U_{CC2}(t) = nU_o \cos \dfrac{t - t_1}{\sqrt{L_1 C_{C1}}} \\[3mm] i_{L2}(t) = nU_o \sqrt{\dfrac{C_{C1}}{L_1}} \sin \dfrac{t - t_1}{\sqrt{L_1 C_{C1}}} \end{cases} \tag{4.1}$$

到 t_2 时刻，$U_{CC2}=0$，吸收电容 C_{C2} 上的能量全部转移至电感 L_2 上，此时有 $U_{CS1}=U_{CC1}=U_{CS3}=U_{CC2}=0$。本阶段持续时间为

$$t_{12} = \frac{\pi}{2}\sqrt{L_1 C_{C1}} \tag{4.2}$$

工作阶段 4 ($t_2 \sim t_3$)：本阶段各开关管的开通状态保持不变，三相升压电感电流 i_{La}、i_{Lb}、i_{Lc} 继续线性上升，负载电流仍由输出滤波电容放电提供。由于吸收电容 C_{C2} 电压已经下降为零，所以寄生二极管 D_{S4} 导通，电感 L_2 通过 D_{L32}、D_{L11}、S_1、S_2 以及 D_{S4} 续流。

工作阶段 5 ($t_3 \sim t_4$)：t_3 时刻关断开关管 S_2，由于吸收电容 C_{C1} 两端电压不能跃变，所以 S_2 为零电压关断；同时开通开关管 S_4，S_4 为零电压开通。三相升压电感 L_a、L_b、L_c 与电感 L_2 共同对吸收电容 C_{C1} 和寄生电容 C_{S3} 充电，由于升压电感的电感量很大，在短暂的充电时间内可以认为充电电流保持不变。本阶段负载电流仍然仅由输出滤波电容放电提供。t_3 时刻之后，电容 C_{C1}、C_{S3} 的电压表达式为

$$U_{CC1/CS3}(t) = \frac{I_{L2peak} - I_{Lbpeak}}{C_{C1} + C_{S3}}(t - t_3) \tag{4.3}$$

其中，I_{L2peak} 为电感 L_2 于一个谐振周期内的最大值，有

$$I_{L2peak} = nU_o\sqrt{\frac{C_{C1}}{L_1}} \tag{4.4}$$

到 t_4 时刻 C_{C1}、C_{S3} 充电完毕，有 $U_{CS1}=U_{CC2}=0$，$U_{CC1}=U_{CS3}=nU_o$。本阶段持续时间为

$$t_{34} = \frac{nU_o(C_{C1} + C_{S3})}{I_{L2peak} - I_{Lbpeak}} \tag{4.5}$$

工作阶段 6 ($t_4 \sim t_5$)：本阶段各开关管的开关状态保持不变，升压电感 L_a、L_b、L_c 与电感 L_2 的电流移至开关管 S_1、S_4 以及变压器原边绕组所构成的回路中。三相输入电源、升压电感以及电感 L_2 共同向负载供电，电感电流 i_{La}、i_{Lb}、i_{Lc}、i_{L2} 开始下降。此期间，电感电流 i_{L2} 的表达式为

$$i_{L2}(t) = I_{L2peak} - \frac{nU_o}{L_1}(t - t_4) \tag{4.6}$$

到 t_5 时刻，电感电流 i_{L2} 下降为零，本阶段持续时间为

$$t_{45} = \sqrt{L_1 C_{C1}} \tag{4.7}$$

工作阶段 7 ($t_5 \sim t_6$)：本阶段各开关管的开关状态保持不变，三相升压电感电流 i_{La}、i_{Lb}、i_{Lc} 继续下降。到 t_6 时刻，A 相升压电感电流 i_{La} 下降为零。

工作阶段 8（$t_6 \sim t_7$）：本阶段各开关管的开关状态保持不变。升压电感电流 i_{Lb}、i_{Lc} 继续下降。到 t_7 时刻，i_{Lb} 与 i_{Lc} 下降为零，变压器原边电流也下降为零。

工作阶段 9（$t_7 \sim t_8$）：本阶段各开关管的开关状态保持不变，本阶段的等效电路与工作阶段 1 相同。变压器原边电路的各支路电流都为零，负载电流由输出滤波电容放电单独提供。

以上分析是在假设 A、B、C 三相中最小的一相电压，即 u_{an} 足够大的情况下进行的，此时认为电感 L_2 的电流 i_{L2} 先于 A 相升压电感电流 i_{La} 回零；如果 u_{an} 很小，则 i_{La} 将先于 i_{L2} 回零，其他过程与前一种情况相同，因此这里不再详述。在 $t_0 \sim t_8$ 时间段内，三相升压电感 L_a、L_b、L_c 完成一次充放电，t_8 时刻以后，L_a、L_b、L_c 又将进行下一轮充放电，各工作阶段中的开关状态与 $t_0 \sim t_8$ 时间段内各工作阶段相似，其中 S_1 与 S_3、S_2 与 S_4 的开关状态调换，这里不再叙述。

3．缓冲电路结构 2 的工作过程分析

以工频周期的 $0 \leqslant \omega t \leqslant \pi / 6$ 阶段为例进行分析，则在升压电感的一个充放电周期内，如图 4.1（b）所示的 APFC 变换器共有 9 个工作阶段，其中，变换器的主要波形和各工作阶段的等效电路分别如图 4.4 和图 4.5 所示。

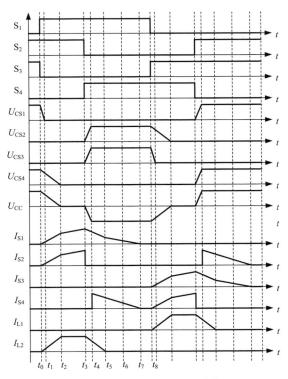

图 4.4　变换器的主要波形（结构 2）

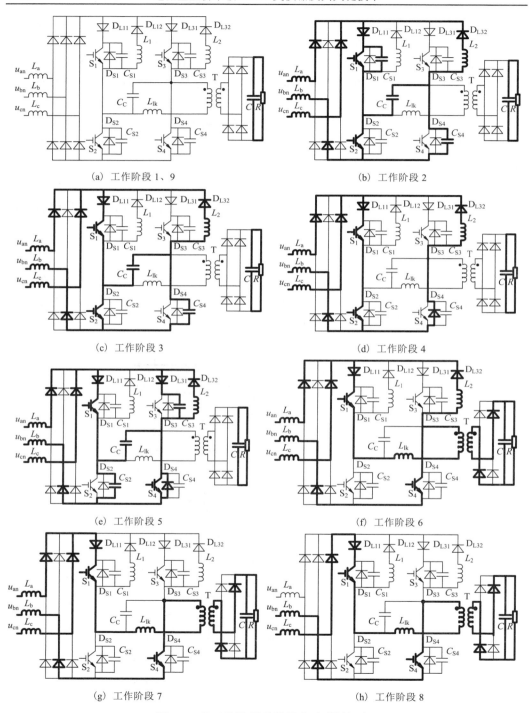

（a）工作阶段 1、9　　　　　　　　　　（b）工作阶段 2

（c）工作阶段 3　　　　　　　　　　　（d）工作阶段 4

（e）工作阶段 5　　　　　　　　　　　（f）工作阶段 6

（g）工作阶段 7　　　　　　　　　　　（h）工作阶段 8

图 4.5　各工作阶段的等效电路(结构 2)

工作阶段 1(t_0 时刻以前)：开关管 S_2、S_3 导通，S_1、S_4 截止。由于变换器工作于 DCM，那么在桥臂开关管对臂导通时，三相升压电感电流开始下降，并最终下降到零。假设在 t_0 时刻以前升压电感电流已经下降到零，则变压器原边各支路电流都为零，变压器原边电压 $U_{CC}=nU_o$，各开关管所承受的电压为 $U_{CS2}=U_{CS3}=0$，$U_{CS1}=U_{CS4}=nU_o$。变压器副边电流为零，输出整流二极管全部截止，负载电流仅由输出滤波电容放电提供。

工作阶段 2($t_0\sim t_1$)：t_0 时刻开关管 S_1 开通，同时关断开关管 S_3，S_3 为零电流关断。此时，三相升压电感电流 i_{La}、i_{Lb}、i_{Lc} 线性上升。同时，寄生电容 C_{S1} 通过 S_1 放电，寄生电容 C_{S4} 通过 D_{L32}、D_{L11}、S_1、S_2 与电感 L_2 谐振，吸收电容 C_C 通过 D_{L32}、D_{L11}、S_1 与电感 L_2 谐振，电容 C_{S4}、C_C 电压开始谐振下降，电感 L_2 电流由零开始谐振增加。由于寄生电容 C_{S1} 的放电，S_1 为容性开通，但此时主电路中流过 S_1 的电流为零，开通损耗并不大；而寄生电容 C_{S3} 的电压一直保持为零，因此 S_3 在 t_0 时刻为零电压关断。该状态的持续时间很短，到 t_1 时刻，C_{S1} 两端电压下降为零。本阶段负载电流仅由输出滤波电容放电提供。

工作阶段 3($t_1\sim t_2$)：本阶段各开关管的开通状态保持不变，三相升压电感电流 i_{La}、i_{Lb}、i_{Lc} 继续线性上升，负载电流仍由输出滤波电容放电提供，电容 C_{S4}、C_C 继续与电感 L_2 谐振。若忽略工作阶段 2 的持续时间，则本阶段电容 C_{S4}、C_C 的电压以及电感 L_2 的电流表达式为(与吸收电容值相比，寄生电容值非常小，因此这里忽略寄生电容值的影响)

$$\begin{cases} U_{CS4/CC}(t)=nU_o\cos\dfrac{t-t_1}{\sqrt{L_1C_C}} \\[3mm] i_{L2}(t)=nU_o\sqrt{\dfrac{C_C}{L_1}}\sin\dfrac{t-t_1}{\sqrt{L_1C_C}} \end{cases} \tag{4.8}$$

到 t_2 时刻，$U_{CS4}=U_{CC}=0$，吸收电容 C_C 上的能量全部转移至电感 L_2 上，此时有 $U_{CS1}=U_{CC1}=U_{CS3}=U_{CC2}=0$。本阶段持续时间为

$$t_{12}=\frac{\pi}{2}\sqrt{L_1C_C} \tag{4.9}$$

工作阶段 4($t_2\sim t_3$)：本阶段各开关管的开通状态保持不变，三相升压电感电流 i_{La}、i_{Lb}、i_{Lc} 继续线性上升，负载电流仍由输出滤波电容放电提供。由于电容 C_{S4}、C_C 的电压已经下降为零，所以寄生二极管 D_{S4} 导通，电感 L_2 通过 D_{L32}、D_{L11}、S_1、S_2 以及 D_{S4} 续流。

工作阶段 5($t_3\sim t_4$)：t_3 时刻关断开关管 S_2，由于电容 C_{S2}、C_C 两端电压不能跃变，所以 S_2 为零电压关断；同时开通开关管 S_4，S_4 为零电压开通。三相升压电感 L_a、L_b、L_c 与电感 L_2 共同对吸收电容 C_C 和寄生电容 C_{S2}、C_{S3} 充电，由于升压电感

的电感量很大，在短暂的充电时间内可以认为充电电流保持不变。本阶段负载电流仍然仅由输出滤波电容放电提供。t_3 时刻之后，电容 C_C、C_{S2}、C_{S3} 的电压表达式为

$$U_{CC/CS2/CS3}(t) = \frac{I_{L2peak} - I_{Lbpeak}}{C_C + C_{S2} + C_{S3}}(t - t_3) \tag{4.10}$$

到 t_4 时刻，电容 C_C、C_{S2}、C_{S3} 充电完毕，有 $U_{CS1}=U_{CS4}=0$，$U_{CS2}=U_{CS3}=nU_o$。本阶段持续时间为

$$t_{34} = \frac{nU_o(C_C + C_{S2} + C_{S3})}{I_{L2peak} - I_{Lbpeak}} \tag{4.11}$$

工作阶段 6($t_4 \sim t_5$)：本阶段各开关管的开关状态保持不变，升压电感 L_a、L_b、L_c 与电感 L_2 的电流移至开关管 S_1、S_4 以及变压器原边绕组所构成的回路中。三相输入电源、升压电感以及电感 L_2 共同向负载供电，电感电流 i_{La}、i_{Lb}、i_{Lc}、i_{L2} 开始下降。此期间，电感电流 i_{L2} 的表达式见式(4.6)。到 t_5 时刻，电感电流 i_{L2} 下降为零，本阶段持续时间为

$$t_{45} = \sqrt{L_1 C_C} \tag{4.12}$$

工作阶段 7($t_5 \sim t_6$)：本阶段各开关管的开关状态保持不变，三相升压电感电流 i_{La}、i_{Lb}、i_{Lc} 继续下降。到 t_6 时刻，A 相升压电感电流 i_{La} 下降为零。

工作阶段 8($t_6 \sim t_7$)：本阶段各开关管的开关状态保持不变。升压电感电流 i_{Lb}、i_{Lc} 继续下降。到 t_7 时刻，i_{Lb} 与 i_{Lc} 下降为零，变压器原边电流也下降为零。

工作阶段 9($t_7 \sim t_8$)：本阶段各开关管的开关状态保持不变，本阶段的等效电路与工作阶段 1 相同。变压器原边电路的各支路电流都为零，负载电流由输出滤波电容放电单独提供。

以上分析是在假设 A、B、C 三相中最小的一相电压，即 u_{an} 足够大的情况下进行的，此时认为电感 L_2 的电流 i_{L2} 先于 A 相升压电感电流 i_{La} 回零；如果 u_{an} 很小，则 i_{La} 将先于 i_{L2} 回零，其他过程与前一种情况相同，因此这里不再详述。在 $t_0 \sim t_8$ 时间段内，三相升压电感 L_a、L_b、L_c 完成一次充放电，t_8 时刻以后，L_a、L_b、L_c 又将进行下一轮充放电，各工作阶段中的开关状态与 $t_0 \sim t_8$ 时间段内各工作阶段相似，其中 S_1 与 S_3、S_2 与 S_4 的开关状态调换，这里不再叙述。

由上述工作过程分析可以看出，单 LC 谐振无源缓冲电路的两种结构在电压尖峰抑制机理与电路工作过程上是基本等效的。所不同的是，结构 1 采用了两个单向充电的吸收电容 C_{C1}、C_{C2}，而结构 2 采用了一个需要双向充电的吸收电容 C_C。

4.2.2　缓冲电路的参数分析与设计

如图 4.1 所示，单 LC 谐振无源缓冲电路的两种结构在电压尖峰抑制机理与电路工作过程上是基本等效的，下面以图 4.1(a) 所示的结构 1 为例对该缓冲电路的参数进行分析与设计。

由缓冲电路的工作过程分析可知，在桥臂开关管直通期间，缓冲电路中的吸收电容 C_{C1}(或 C_{C2}) 与电感 L_1(或 L_2) 谐振，实现能量从吸收电容向电感的转移。只有当吸收电容电压在桥臂开关管对臂导通信号到来之前降为零，才能实现下桥臂开关管的零电压开通。另外，由工作阶段 3、4 可以看出，如果吸收电容 C_{C2} 的电压在开关管 S_4 开通之前没有降为零，则在 S_4 开通时，C_{C2} 将通过 S_4 短路放电，进而将使得 S_4 因过流而损坏。因此，此时缓冲电路的谐振时间不能大于桥臂开关管直通的时间，即

$$\frac{\pi}{2}\sqrt{L_1 C_{C1}} \leqslant D_{\min} T \tag{4.13}$$

其中，$D_{\min}$ 为 APFC 变换器的最小占空比。

由式 (4.13) 可以得到该缓冲电路参数的第 1 个限制条件为

$$L_1 C_{C1} \leqslant \left(\frac{2 D_{\min} T}{\pi}\right)^2 \tag{4.14}$$

在桥臂开关管对臂导通期间，缓冲电路中电感 L_1(或 L_2) 中的能量先向吸收电容 C_{C2}(或 C_{C1}) 转移，再向变换器负载传递。为了避免电感 L_1(或 L_2) 中的能量在各个谐振周期内累积而造成电感饱和，则在每个谐振周期内电感电流必须回零。由于吸收电容的充电过程有三相升压电感参与，所以该过程相对很短，如果忽略吸收电容的充电过程，则为了使电感 L_1(或 L_2) 电流回零，必须满足

$$I_{L2\text{peak}} = n U_o \sqrt{\frac{C_{C1}}{L_1}} \leqslant \frac{n U_o}{L_1}(1 - D_{\max})T \tag{4.15}$$

其中，$D_{\max}$ 为 APFC 变换器的最大占空比。

由式 (4.15) 可以得到该缓冲电路参数的第 2 个限制条件为

$$L_1 C_{C1} \leqslant (1 - D_{\max})^2 T^2 \tag{4.16}$$

对于采用该缓冲电路的三相电流型全桥单级 APFC 变换器，各开关管所承受的电压 (对臂导通期间) 为变压器原边的电压，那么由式 (3.7) 可知，在工频周期的 $0 \leqslant \omega t \leqslant \pi/6$ 阶段，各开关管的电压应力可表示为

$$U_S = n U_o + |I_{Lb\max}|\sqrt{\frac{L_{1k}}{C_{C1}}} \tag{4.17}$$

其中, $|I_{Lbmax}|$ 为三相升压电感电流的最大值。对于采用该缓冲电路的单相电流型全桥单级 APFC 变换器, 此处应更换为升压电感电流的最大值 I_{Lmax}, 即

$$|I_{Lbmax}| = \frac{UD_{max}T}{L} \tag{4.18}$$

由式(4.17)可以看出: APFC 变换器中各开关管的电压应力随着缓冲电路中吸收电容值的增加而降低; 当该电容值趋近于无穷大时, 各开关管的电压应力最低, 即 $U_{Smin} = nU_o$。

图 4.6(a) 所示为 U_S 与 C_{C1} 的关系曲线。若限制电压尖峰值不超过平均值的 20%, 则对应不同的漏感值($L_{lk1} < L_{lk2} < L_{lk3}$), C_{C1} 应该分别大于图中的 C_{C1-1}、C_{C1-2}、C_{C1-3} ($C_{C1-1} < C_{C1-2} < C_{C1-3}$)。

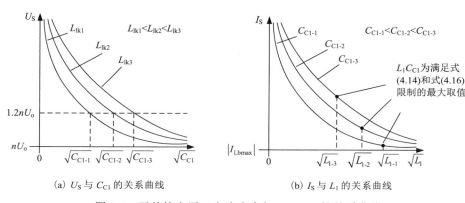

(a) U_S 与 C_{C1} 的关系曲线　　　　　(b) I_S 与 L_1 的关系曲线

图 4.6　开关管电压、电流应力与 C_{C1}、L_1 的关系曲线

由工作过程分析可知, 当桥臂开关管直通时, APFC 变换器直通的两个开关管流过的电流应为升压电感电流与缓冲电路中电感电流之和。因此, 在工频周期的 $0 \leqslant \omega t \leqslant \pi / 6$ 阶段, 各开关管的电流应力可表示为

$$I_S = |I_{Lbmax}| + I_{L2peak} = |I_{Lbmax}| + nU_o\sqrt{\frac{C_{C1}}{L_1}} \tag{4.19}$$

由式(4.19)可以看出: APFC 变换器中各开关管的电流应力随着缓冲电路中吸收电容值的增加而增加, 随着电感值的增加而降低; 当吸收电容值趋近于零或者电感值趋近于无穷大时, 各开关管的电流应力最低, 即 $I_{Smin} = |I_{Lbmax}|$。

图 4.6(b) 所示为 I_S 与 L_1 的关系曲线。那么对应不同的吸收电容值 C_{C1-1}、C_{C1-2}、C_{C1-3}($C_{C1-1} < C_{C1-2} < C_{C1-3}$), 为了满足式(4.14)和式(4.16), L_1 应分别小于 L_{1-1}、L_{1-2}、L_{1-3}($L_{1-1} > L_{1-2} > L_{1-3}$)。

由以上分析可以看出, 缓冲电路中的吸收电容和电感的参数值与 APFC 变换器

各开关管的电压、电流应力关系紧密。因此，该吸收电容与电感值的设计应与各开关管的选取(电压、电流应力)紧密结合。

由工作过程分析可知，该缓冲电路中的二极管 D_{L11} 和 D_{L31} 的电压与电流应力表达式分别为

$$U_{DL11/DL31} = nU_o \qquad (4.20)$$

$$I_{DL11/DL31} = I_S = |I_{Lbmax}| + nU_o\sqrt{\frac{C_{C1}}{L_1}} \qquad (4.21)$$

二极管 D_{L12} 和 D_{L32} 的电压与电流应力表达式分别为

$$U_{DL12/DL32} = nU_o \qquad (4.22)$$

$$I_{DL12/DL32} = I_{L2peak} = nU_o\sqrt{\frac{C_{C1}}{L_1}} \qquad (4.23)$$

4.2.3　实验验证

为了验证本节所述关于单 LC 谐振无源缓冲电路方案的正确性和可行性，建立如图 4.1(a)所示的三相电流型全桥单级 APFC 变换器的实验平台进行相关的实验研究。其中，开关管 S_1～S_4 选择 IGBT(型号为 EUPEC BSM75GB120DN2)，开关频率为 20kHz，各开关管的驱动芯片选择 M57962AL。变换器的具体参数为：升压电感 $L_a=L_b=L_c=76\mu H$，谐振电感 $L_1=L_2=150\mu H$，吸收电容 $C_{C1}=C_{C2}=50nF$，变压器变比 $n=2$，漏感 $L_{lk}=6\mu H$，输出滤波电容 $C=1000\mu F$。

图 4.7 所示分别为采用单 LC 谐振无源缓冲电路前后，三相电流型全桥单级 APFC 变换器的变压器原边电压波形。为了避免损坏电路，该实验是在低压情况下进行的。从两图可以看出，采用本节介绍的单 LC 谐振无源缓冲电路后，该变换器的变压器原边电压尖峰得到了有效的抑制。

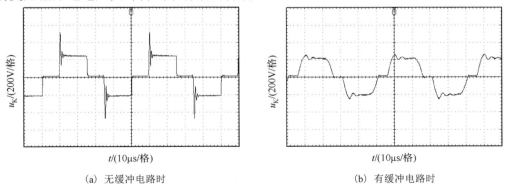

　　　(a)　无缓冲电路时　　　　　　　　　　(b)　有缓冲电路时

图 4.7　低压时的变压器原边电压波形

图 4.8 所示为当 APFC 变换器正常运行时，A 相输入电压与电流波形。其中，

该图中的电流波形是在变换器的输入侧接入简单的 LC 低通滤波器后获得的。可以看出该变换器的输入电流基本为正弦波，并且能够很好地跟踪输入电压波形，具有很好的功率因数校正效果。

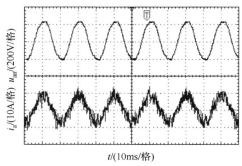

$t/(10\text{ms}/\text{格})$

图 4.8　A 相输入电压与电流波形

图 4.9 所示为各开关管的电压、电流波形。由图 4.9（a）、（b）可以看出，开关管 S_1 实现了零电流开关，并且实现了零电压关断；由图 4.9（c）可以看出，开关管 S_2 实现了零电压开关。由于开关管 S_3、S_4 的开关状态与 S_1、S_2 相同，这里不再给出。

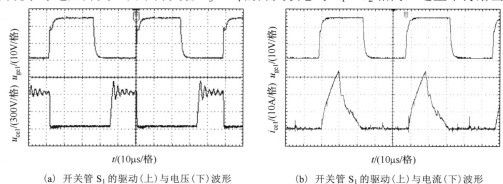

（a）开关管 S_1 的驱动（上）与电压（下）波形　　　　（b）开关管 S_1 的驱动（上）与电流（下）波形

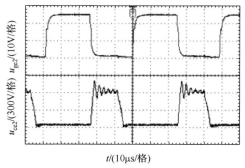

（c）开关管 S_2 的驱动（上）与电压（下）波形

图 4.9　各开关管的电压、电流波形

　　图 4.10 所示为 APFC 变换器的变压器原边电压波形。结合图 4.9 中各开关管的电压波形可以看出，采用单 LC 谐振无源缓冲电路后，变换器原边电压波形中的振荡分量已经很小，并不影响变换器的正常工作。

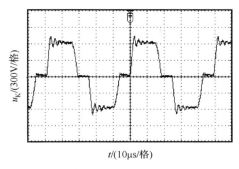

t/(10μs/格)

图 4.10　变压器原边电压波形

　　图 4.11 所示为 APFC 变换器的效率曲线。由电路结构可以看出，采用单 LC 谐振无源缓冲电路，需要在 APFC 变换器的上桥臂开关管上串联二极管（图 4.1 的电路中的二极管 D_{L11}、D_{L31}），该二极管流过的电流为主回路的电流，因此，单 LC 谐振无源缓冲电路的采用会使 APFC 变换器的效率有所下降。然而，由于所增加的二极管位于变压器的原边，与变压器副边相比，原边通常具有高电压、低电流的特点，所以当 APFC 变换器的输入电压较高时，缓冲电路的采用不会对变换器的效率产生很大的影响。由图 4.11 可以看出，当 APFC 变换器输出功率较大时，具有较高的效率。

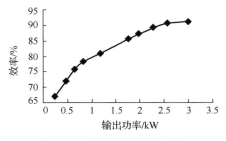

图 4.11　变换器的效率曲线

4.3　双 LC 谐振无源缓冲的电压尖峰抑制方法

4.3.1　电路结构与工作原理

　　采用 4.2 节介绍的单 LC 谐振无源缓冲电路，可以有效地抑制 APFC 变换器的变压器原边电压尖峰。然而，采用该缓冲电路后，主回路中功率器件（二极管）的增加将造成 APFC 变换器效率的下降，尤其当变换器工作于低输入电压场合时，由此造成变换器效率的降低将不容忽视。因此，本节介绍另一种无源缓冲电路，即双 LC 谐振无源缓冲电路。

图 4.12 所示为基于双 LC 谐振无源缓冲电路的三相电流型全桥单级 APFC 变换器。其中，该缓冲电路由吸收电容 C_{C1}、$C_{C2}(C_{C1}=C_{C2}$，其值远大于开关管寄生电容 $C_{S1}\sim C_{S4}$ 的值)，电感 L_1、L_2 $(L_1=L_2)$ 以及二极管 D_C、D_{L1}、D_{L2} 组成。在 APFC 变换器开关状态转换时，利用串联的吸收电容 C_{C1}、C_{C2} 来吸收变压器原边的电压尖峰，利用电感 L_1、L_2 与 C_{C1}、C_{C2} 的谐振工作，将吸收电容上的能量转移给变换器的负载。

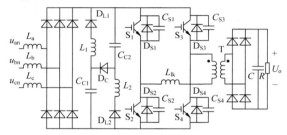

图 4.12　基于双 LC 谐振无源缓冲电路的三相电流型全桥单级 APFC 变换器

以工频周期的 $0 \leqslant \omega t \leqslant \pi/6$ 阶段为例进行分析，则在升压电感的一个充放电周期内，图 4.12 所示的 APFC 变换器共有 9 个工作阶段，其中，变换器的主要波形和各工作阶段的等效电路分别如图 4.13 和图 4.14 所示。

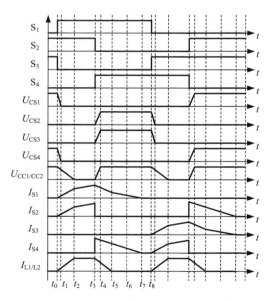

图 4.13　变换器的主要波形

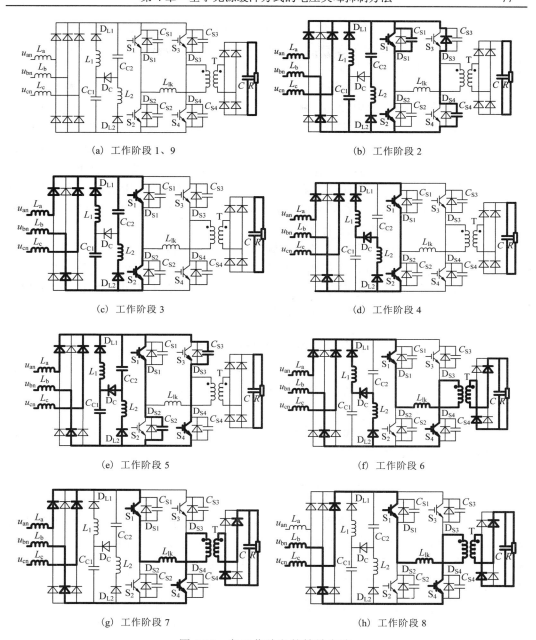

(a) 工作阶段 1、9　　　　　　　　　　　　(b) 工作阶段 2

(c) 工作阶段 3　　　　　　　　　　　　(d) 工作阶段 4

(e) 工作阶段 5　　　　　　　　　　　　(f) 工作阶段 6

(g) 工作阶段 7　　　　　　　　　　　　(h) 工作阶段 8

图 4.14　各工作阶段的等效电路

工作阶段 1(t_0 时刻以前)：开关管 S_2、S_3 导通，S_1、S_4 截止。由于变换器工作于 DCM，在桥臂开关管对臂导通时，三相升压电感电流开始下降，并最终下降到零。假设在 t_0 时刻以前升压电感电流已经下降到零，则变压器原边各支路电流都为零，变压器原边电压 $U_k=nU_o$，各开关管所承受的电压为 $U_{CS2}=U_{CS3}=0$，$U_{CS1}=U_{CS4}=nU_o$，缓冲电路中吸收电容电压 $U_{CC1}=U_{CC2}=nU_o/2$。变压器副边电流为零，输出整流二极管全部截止，负载电流仅由输出滤波电容放电提供。

工作阶段 2（$t_0 \sim t_1$）：t_0 时刻开关管 S_1 开通，同时关断开关管 S_3，S_3 为零电流关断。此时，三相升压电感电流 i_{La}、i_{Lb}、i_{Lc} 线性上升。同时，寄生电容 C_{S1} 通过 S_1 放电，C_{S4} 通过 D_{S3}、S_1、S_2 构成放电回路。缓冲电路中，吸收电容 C_{C1} 通过 D_{L1}、S_1、S_2 与电感 L_1 谐振；同时，C_{C2} 通过 S_1、S_2、D_{L2} 与 L_2 谐振。由于寄生电容 C_{S1}、C_{S4} 的放电，S_1 为容性开通，但此时主电路中流过 S_1 的电流为零，开通损耗并不大；而寄生电容 C_{S3} 的电压一直保持为零，因此 S_3 在 t_0 时刻为零电压关断。该状态的持续时间很短，到 t_1 时刻，C_{S1}、C_{S4} 两端电压下降为零，此时有 $U_{CS1}=U_{CS2}=U_{CS3}=U_{CS4}=0$。本阶段负载电流仅由输出滤波电容放电提供。

工作阶段 3（$t_1 \sim t_2$）：本阶段各开关管的开通状态保持不变，三相升压电感电流 i_{La}、i_{Lb}、i_{Lc} 继续线性上升，负载电流仍由输出滤波电容放电提供，吸收电容 C_{C1}、C_{C2} 继续同时与电感 L_1、L_2 谐振。若忽略工作阶段 2 的持续时间，则本阶段吸收电容 C_{C1}、C_{C2} 的电压以及电感 L_1、L_2 的电流表达式为

$$\begin{cases} U_{CC1/CC2}(t) = \dfrac{nU_o}{2}\cos\dfrac{t-t_1}{\sqrt{L_1 C_{C1}}} \\[3mm] i_{L1/L2}(t) = \dfrac{nU_o}{2}\sqrt{\dfrac{C_{C1}}{L_1}}\sin\dfrac{t-t_1}{\sqrt{L_1 C_{C1}}} \end{cases} \tag{4.24}$$

到 t_2 时刻，$U_{CC1}=U_{CC2}=0$，吸收电容 C_{C1}、C_{C2} 上的能量全部转移至电感 L_1、L_2 上。本阶段持续时间为

$$t_{12} = \frac{\pi}{2}\sqrt{L_1 C_{C1}} \tag{4.25}$$

工作阶段 4（$t_2 \sim t_3$）：本阶段各开关管的开通状态保持不变，三相升压电感电流 i_{La}、i_{Lb}、i_{Lc} 继续线性上升，负载电流仍由输出滤波电容放电提供。由于吸收电容 C_{C1}、C_{C2} 的电压已经下降为零，所以二极管 D_C 导通，电感 L_1、L_2 串联，并通过 D_{L1}、S_1、S_2、D_{L2} 以及 D_C 续流。

工作阶段 5（$t_3 \sim t_4$）：t_3 时刻关断开关管 S_2，同时开通开关管 S_4，S_4 为零电压开通。三相升压电感 L_a、L_b、L_c 与电感 L_1、L_2 共同对吸收电容 C_{C1}、C_{C2} 和寄生电容 C_{S2}、C_{S3} 充电，由于 C_{S2} 电压是逐渐上升的，所以 S_2 为零电压关断。由于升压电感的电感量很大，在短暂的充电时间内可以认为充电电流保持不变。本阶段负载电流仍然仅由输出滤波电容放电提供。t_3 时刻之后，吸收电容 C_{C1}、C_{C2} 和寄生电容 C_{S2}、C_{S3} 的电压表达式为

$$U_{CS2/CS3}(t) = \frac{I_{L1peak} - I_{Lbpeak}}{C_{S2} + C_{S3} + C_{C1}/2}(t - t_3) \tag{4.26}$$

$$U_{CC1/CC2}(t) = \frac{1}{2}\frac{I_{L1peak} - I_{Lbpeak}}{C_{S2} + C_{S3} + C_{C1}/2}(t - t_3) \tag{4.27}$$

其中，I_{L1peak} 为电感 L_1 于一个谐振周期内的最大值，有

$$I_{L1peak} = \frac{nU_o}{2}\sqrt{\frac{C_{C1}}{L_1}} \tag{4.28}$$

到 t_4 时刻，C_{C1}、C_{C2}、C_{S2}、C_{S3} 充电完毕，有 $U_{CS1}=U_{CS4}=0$，$U_{CS2}=U_{CS3}=nU_o$，$U_{CC1}=U_{CC2}=nU_o/2$。本阶段持续时间为

$$t_{34} = \frac{nU_o(C_{S2} + C_{S3} + C_{C1}/2)}{I_{L1peak} - I_{Lbpeak}} \tag{4.29}$$

工作阶段 6$(t_4 \sim t_5)$：本阶段各开关管的开关状态保持不变，升压电感 L_a、L_b、L_c 与电感 L_1、L_2 的电流移至开关管 S_1、S_4 以及变压器原边绕组所构成的回路中。三相输入电源、升压电感以及电感 L_1、L_2 共同向负载供电，电感电流 i_{La}、i_{Lb}、i_{Lc}、i_{L1}、i_{L2} 开始下降。此期间，电感电流 i_{L1}、i_{L2} 的表达式为

$$i_{L1/L2}(t) = I_{L1peak} - \frac{nU_o}{2L_1}(t - t_4) \tag{4.30}$$

到 t_5 时刻，电感电流 i_{L1}、i_{L2} 下降为零，本阶段持续时间为

$$t_{45} = \sqrt{L_1 C_{C1}} \tag{4.31}$$

工作阶段 7$(t_5 \sim t_6)$：本阶段各开关管的开关状态保持不变，三相升压电感电流 i_{La}、i_{Lb}、i_{Lc} 继续下降。到 t_6 时刻，A 相升压电感电流 i_{La} 下降为零。

工作阶段 8$(t_6 \sim t_7)$：本阶段各开关管的开关状态保持不变。升压电感电流 i_{Lb}、i_{Lc} 继续下降。到 t_7 时刻，i_{Lb} 与 i_{Lc} 下降为零，变压器原边电流也下降为零。

工作阶段 9$(t_7 \sim t_8)$：本阶段各开关管的开关状态保持不变，本阶段的等效电路与工作阶段 1 相同。变压器原边电路的各支路电流都为零，负载电流由输出滤波电容放电单独提供。

以上分析是在假设 A、B、C 三相中最小的一相电压，即 u_{an} 足够大的情况下进行的，此时认为电感 L_1、L_2 的电流 i_{L1}、i_{L2} 先于 A 相升压电感电流 i_{La} 回零；如果 u_{an} 很小，则 i_{La} 将先于 i_{L1}、i_{L2} 回零，其他过程与前一种情况相同，因此这里不再详述。在 $t_0 \sim t_8$ 时间段内，三相升压电感 L_a、L_b、L_c 完成一次充放电，t_8 时刻以后，L_a、L_b、L_c 又将进行下一轮充放电，各工作阶段中的开关状态与 $t_0 \sim t_8$ 时间段内各工作阶段相似，其中 S_1 与 S_3、S_2 与 S_4 的开关状态调换，这里不再叙述。

4.3.2　缓冲电路的参数分析与设计

由缓冲电路的工作过程分析可知，在桥臂开关管对臂导通期间，缓冲电路中电感 L_1、L_2 中的能量先分别向吸收电容 C_{C2}、C_{C1} 转移，再向变换器负载传递。为了避免电感 L_1、L_2 中的能量在各个谐振周期内累积而造成电感饱和，则在每个谐振周期内电感电流必须回零。由于吸收电容的充电过程有三相升压电感参与，所以该过程相对很短，如果忽略吸收电容的充电过程，则为了使电感 L_1、L_2 电流回零，必须满足

$$I_{\text{L1peak}} = \frac{nU_{\text{o}}}{2}\sqrt{\frac{C_{C1}}{L_1}} \leqslant \frac{nU_{\text{o}}}{2L_1}(1-D_{\max})T \tag{4.32}$$

由式（4.32）可以得到该缓冲电路参数的限制条件为

$$L_1 C_{C1} \leqslant (1-D_{\max})^2 T^2 \tag{4.33}$$

对于采用该缓冲电路的三相电流型全桥单级 APFC 变换器，各开关管所承受的电压（对臂导通期间）为变压器原边的电压，那么由式（3.7）可知，在工频周期的 $0 \leqslant \omega t \leqslant \pi/6$ 阶段，各开关管的电压应力可表示为

$$U_{\text{S}} = nU_{\text{o}} + |I_{\text{Lbmax}}|\sqrt{\frac{L_{\text{lk}}}{C_{\text{S1}} + C_{\text{S4}} + C_{C1}/2}} \tag{4.34}$$

其中，$|I_{\text{Lbmax}}|$ 为三相升压电感电流的最大值。对于采用该缓冲电路的单相电流型全桥单级 APFC 变换器，此处应更换为升压电感电流的最大值 I_{Lmax}。

由于各开关管的寄生电容值远小于缓冲电路中的吸收电容值，所以式（4.34）可以近似简化为

$$U_{\text{S}} = nU_{\text{o}} + |I_{\text{Lbmax}}|\sqrt{\frac{2L_{\text{lk}}}{C_{C1}}} \tag{4.35}$$

由式（4.35）可以看出：APFC 变换器中各开关管的电压应力随着缓冲电路中吸收电容值的增加而降低；当该电容值趋近于无穷大时，各开关管的电压应力最低，即 $U_{\text{Smin}} = nU_{\text{o}}$。

图 4.15（a）所示为 U_{S} 与 C_{C1} 的关系曲线。若限制电压尖峰值不超过平均值的 20%，则对应不同的漏感值（$L_{\text{lk1}} < L_{\text{lk2}} < L_{\text{lk3}}$），$C_{C1}$ 应该分别大于图中的 $C_{C1\text{-}1}$、$C_{C1\text{-}2}$、$C_{C1\text{-}3}$（$C_{C1\text{-}1} < C_{C1\text{-}2} < C_{C1\text{-}3}$）。

由工作过程分析可知，当桥臂开关管直通时，APFC 变换器直通的两个开关管流过的电流应为升压电感电流与缓冲电路中 2 个电感电流之和。因此，在工频周期的 $0 \leqslant \omega t \leqslant \pi/6$ 阶段，各开关管的电流应力可表示为

$$I_S = |I_{Lbmax}| + I_{L1peak} + I_{L2peak} = |I_{Lbmax}| + nU_o\sqrt{\frac{C_{C1}}{L_1}} \tag{4.36}$$

由式(4.36)可以看出：APFC 变换器中各开关管的电流应力随着缓冲电路中吸收电容值的增加而增加，随着电感值的增加而降低；当吸收电容值趋近于零或者电感值趋近于无穷大时，各开关管的电流应力最低，即 $I_{Smin}=|I_{Lbmax}|$。

图 4.15(b)所示为 I_S 与 L_1 的关系曲线。对应不同的吸收电容值 C_{C1-1}、C_{C1-2}、C_{C1-3}（$C_{C1-1}<C_{C1-2}<C_{C1-3}$），为了满足式(4.33)，$L_1$ 应分别小于 L_{1-1}、L_{1-2}、L_{1-3}（$L_{1-1}>L_{1-2}>L_{1-3}$）。

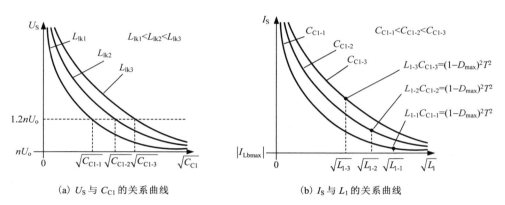

(a) U_S 与 C_{C1} 的关系曲线　　　　　　(b) I_S 与 L_1 的关系曲线

图 4.15　开关管电压、电流应力与 C_{C1}、L_1 的关系曲线

由以上分析可以看出，缓冲电路中的吸收电容和电感的参数值与 APFC 变换器各开关管的电压、电流应力关系紧密。因此，该吸收电容和电感值的设计应和各开关管的选取紧密结合。

由工作过程分析可知，该缓冲电路中的二极管 D_{L1} 和 D_{L2} 的电压与电流应力表达式分别为

$$U_{DL1/DL2} = \frac{nU_o}{2} \tag{4.37}$$

$$I_{DL1/DL2} = I_{L1peak} = \frac{nU_o}{2}\sqrt{\frac{C_{CC1}}{L_1}} \tag{4.38}$$

二极管 D_C 的电压应力与瞬间最大电流分别为

$$U_{DC} = \frac{nU_o}{2} \tag{4.39}$$

$$I_{DC} = \left| I_{Lbmax} \right| + I_{L1peak} + I_{L2peak} = \left| I_{Lbmax} \right| + nU_o\sqrt{\frac{C_{C1}}{L_1}} \qquad (4.40)$$

由前边的分析可以得出，双 LC 谐振无源缓冲电路与单 LC 谐振无源缓冲电路在抑制电压尖峰方面的机理是大体相同的，都是利用缓冲电路中的吸收电容来吸收变压器原边的振荡电压。由式(4.17)和式(4.35)可知，对于相同的 APFC 变换器，在电压尖峰抑制效果相同的条件下，双 LC 谐振无源缓冲电路中的吸收电容值应为单 LC 谐振无源缓冲电路中吸收电容值的 2 倍。

4.3.3 实验验证

为了验证本节所述关于双 LC 谐振无源缓冲电路方案的正确性和可行性，建立如图 4.12 所示的三相电流型全桥单级 APFC 变换器的实验平台进行相关的实验研究。其中，开关管 $S_1 \sim S_4$ 选择 IGBT(型号为 EUPEC BSM75GB120DN2)，开关频率为 20kHz，各开关管的驱动芯片选择 M57962AL。变换器的具体参数为：升压电感 $L_a = L_b = L_c = 76\mu H$，谐振电感 $L_1 = L_2 = 150\mu H$，吸收电容 $C_{C1} = C_{C2} = 100nF$，变压器变比 $n=2$，漏感 $L_{1k} = 6\mu H$，输出滤波电容 $C = 1000\mu F$。

图 4.16 所示为当 APFC 变换器正常运行时，A 相输入电压与电流波形。其中，该图中的电流波形是在变换器的输入侧接入简单的 LC 低通滤波器后获得的。可以看出该变换器的输入电流基本为正弦波，并且能够很好地跟踪输入电压波形，具有很好的功率因数校正效果。

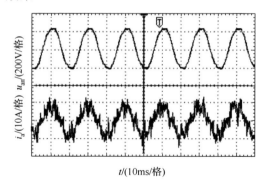

图 4.16 A 相输入电压与电流波形

图 4.17 所示为各开关管的电压、电流波形。由图 4.17(a)、(b)可以看出，开关管 S_1 实现了零电流开关，并且实现了零电压关断；由图 4.17(c)可以看出，开关管 S_2 实现了零电压开关。由于开关管 S_3、S_4 的开关状态与 S_1、S_2 相同，这里不再给出。

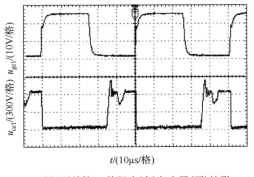

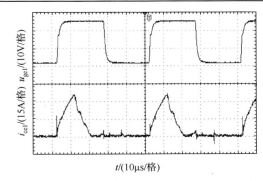

(a) 开关管 S_1 的驱动(上)与电压(下)波形　　　(b) 开关管 S_1 的驱动(上)与电流(下)波形

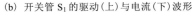

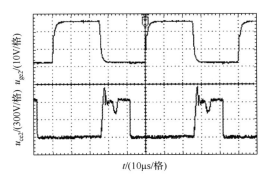

(c) 开关管 S_2 的驱动(上)与电压(下)波形

图 4.17　各开关管的电压、电流波形

图 4.18 所示为变压器原边电压波形,如图 4.19 为缓冲电路中吸收电容 C_{C1} 的电压波形。实际工作时,电容 C_{C1} 由于吸收原边电压尖峰,在对臂导通状态,其电压会高于 $nU_o/2$,之后开始通过电感 L_1 放电,而本节的工作分析是在理想条件下进行的,因此并无该过程。

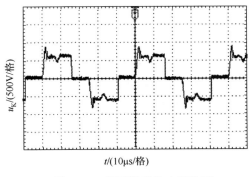

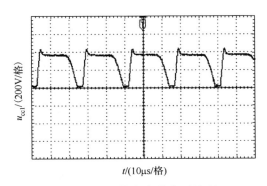

图 4.18　变压器原边电压波形　　　　　　图 4.19　吸收电容的电压波形

对比图 4.10 与图 4.18 可以看出，相同条件下，在 APFC 变换器电压尖峰的抑制效果方面，双 LC 谐振无源缓冲电路比单 LC 谐振无源缓冲电路略差，这是由于双 LC 谐振无源缓冲电路的吸收电容到变压器原边漏感之间的线路上所包括的功率器件多于单 LC 谐振无源缓冲电路。然而，结合图 4.17 中各开关管的电压波形仍然可以看出，采用双 LC 谐振无源缓冲电路后，APFC 变换器原边电压波形中的振荡分量已经很小，基本不影响电路的正常工作。

图 4.20 所示为 APFC 变换器的效率曲线。对比图 4.11 所示结果可以看出，由于主回路中没有二极管的串联，采用双 LC 谐振无源缓冲电路的 APFC 变换器的效率要略高于采用单 LC 谐振无源缓冲电路的 APFC 变换器。

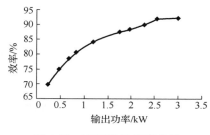

图 4.20　变压器的效率曲线

4.4　改进型单 LC 谐振无源缓冲的电压尖峰抑制方法

4.4.1　电路结构与工作原理

1. 缓冲电路结构

采用 4.2 节和 4.3 节介绍的两种无源缓冲电路，均可以有效地抑制 APFC 变换器的变压器原边电压尖峰。两种缓冲电路在具有简单可靠、无须控制优势的同时，也分别存在着各自的不足之处：采用单 LC 谐振无源缓冲电路后，APFC 变换器的主电路将额外串联二极管，这将造成变换器效率的下降；双 LC 谐振无源缓冲电路在运行过程中，电感、电容器件参数的误差使得两路 LC 回路无法完全实现同步谐振，这将造成缓冲电路电压、电流的振荡现象。在上述两种无源缓冲电路的基础上，本节介绍一种改进型单 LC 谐振无源缓冲电路，该缓冲电路的采用，即无须在 APFC 变换器的主电路中额外串联功率器件，又不存在两路 LC 回路的不同步谐振问题，另外，与双 LC 谐振无源缓冲电路相比，该缓冲电路的 LC 参数限制也适当放宽。

图 4.21 所示为基于改进型单 LC 谐振无源缓冲电路的单相电流型全桥单级
APFC 变换器（为了简化分析，图中省略了各开关管的寄生电容 $C_{S1} \sim C_{S4}$），该类缓
冲电路有两种结构，分别如图 4.21（a）、（b）所示。其中，该缓冲电路的两种结构均
由吸收电容 C_{C1}、C_{C2}（$C_{C1} = C_{C2}$，其值远大于开关管寄生电容 $C_{S1} \sim C_{S4}$ 的值），电感
L_1、L_2（$L_1 = L_2$）以及二极管 D_{C1}、D_{C2}、D_{L1}、D_{L2} 组成。

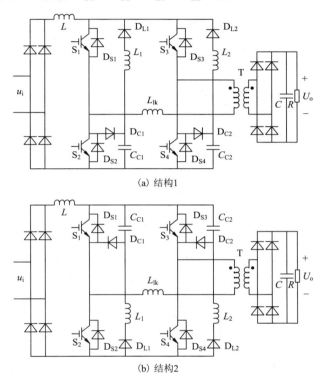

(a) 结构1

(b) 结构2

图 4.21　基于改进型单 LC 谐振无源缓冲电路的单相电流型全桥单级 APFC 变换器

该类缓冲电路的基本工作原理为：在 APFC 变换器开关状态转换时，依次利用
吸收电容 C_{C1}（或者 C_{C2}）来吸收变压器原边的电压尖峰，利用电感 L_1、L_2 与 C_{C1}、C_{C2}
的谐振工作，将吸收电容上的能量在一个开关周期内转移给变换器的负载。下面主
要结合单相电流型全桥单级 APFC 变换器的特点，分别介绍该类缓冲电路两种结构
的工作原理。

2. 缓冲电路结构 1 的工作过程分析

以工频周期的正半周为例进行分析，则在升压电感的一个充放电周期内，如
图 4.21（a）所示的 APFC 变换器共有 7 个工作阶段，其中，变换器的主要波形和各
工作阶段的等效电路分别如图 4.22 和图 4.23 所示。

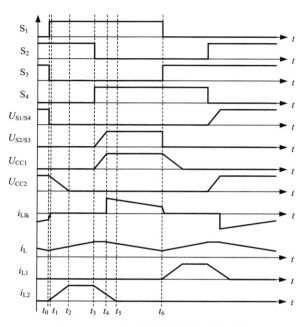

图 4.22　变换器的主要波形(结构 1)

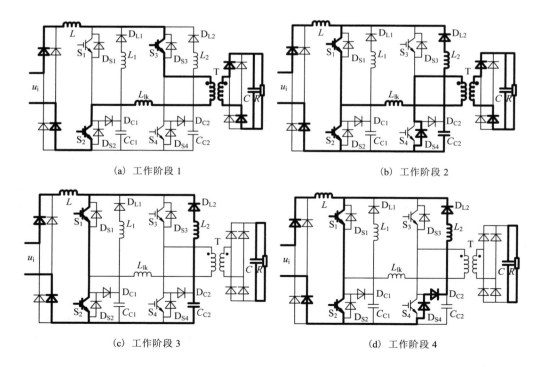

（a）工作阶段 1　　　　　　　　　　　（b）工作阶段 2

（c）工作阶段 3　　　　　　　　　　　（d）工作阶段 4

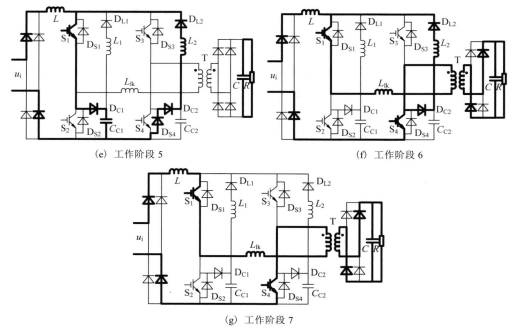

(e) 工作阶段 5　　　　　　　　(f) 工作阶段 6

(g) 工作阶段 7

图 4.23　各工作阶段的等效电路(结构 1)

工作阶段 1(t_0 时刻以前)：开关管 S_2、S_3 导通，S_1、S_4 截止。由于变换器工作于 CCM，在桥臂开关管对臂导通时，输入电压与升压电感共同向负载供电。在 t_0 时刻(桥臂开关管由对臂导通向直通状态转换的时刻)以前，变压器原边电压 $U_k=nU_o$，各开关管所承受的电压为 $U_{S2}=U_{S3}=0$，$U_{S1}=U_{S4}=nU_o$，吸收电容电压为 $U_{CC1}=0$，$U_{CC2}=nU_o$。

工作阶段 2($t_0 \sim t_1$)：t_0 时刻开关管 S_1 开通，同时关断开关管 S_3，由于在 t_0 时刻前后，S_3 两端电压一直为零，所以 S_3 为零电压关断。本阶段，升压电感在输入电压的作用下电流线性上升。吸收电容 C_{C2} 通过 D_{L2}、S_1、S_2 与电感 L_2 谐振，电容 C_{C2} 的电压开始谐振下降，电感 L_2 的电流由零开始谐振增加。t_0 时刻以后，吸收电容 C_{C2} 的电压以及电感 L_2 的电流表达式为

$$\begin{cases} U_{CC2}(t) = nU_o \cos \dfrac{t-t_0}{\sqrt{L_1 C_{C1}}} \\ i_{L2}(t) = nU_o \sqrt{\dfrac{C_{C1}}{L_1}} \sin \dfrac{t-t_0}{\sqrt{L_1 C_{C1}}} \end{cases} \tag{4.41}$$

由于变压器原边漏感电流不能突变，则 t_0 时刻以后，漏感电流流过 S_2、D_{S4} 以及变压器向负载传递能量，其电流表达式为

$$i_{Llk}(t) = i_L - \frac{nU_o}{L_{Lk}}(t-t_0) \tag{4.42}$$

到 t_1 时刻，漏感电流下降为零。由于漏感值很小，所以本阶段持续时间非常短。本阶段持续时间为

$$t_{01} = \frac{L_{Lk} i_L}{nU_o} \tag{4.43}$$

工作阶段 3 $(t_1 \sim t_2)$：本阶段各开关管的开通状态保持不变，升压电感电流 i_L 继续线性上升，吸收电容 C_{C2} 继续与电感 L_2 谐振。本阶段负载电流仅由输出滤波电容放电提供。到 t_2 时刻，$U_{CC2}=0$，吸收电容 C_{C2} 上的能量全部转移至电感 L_2 上，则本阶段持续时间为

$$t_{12} = \frac{\pi}{2}\sqrt{L_1 C_{C1}} - t_{01} \tag{4.44}$$

工作阶段 4 $(t_2 \sim t_3)$：本阶段各开关管的开通状态保持不变，升压电感电流 i_L 继续线性上升，负载电流仍由输出滤波电容放电提供。由于吸收电容 C_{C2} 的电压已经下降为零，所以寄生二极管 D_{S4} 导通，电感 L_2 通过 D_{L2}、S_1、S_2 以及 D_{S4}、D_{C2} 续流。

工作阶段 5 $(t_3 \sim t_4)$：t_3 时刻关断开关管 S_2，由于吸收电容 C_{C1} 两端电压不能跃变，所以 S_2 为零电压关断；同时开通开关管 S_4，S_4 为零电压开通。本阶段升压电感 L 与电感 L_2 共同对吸收电容 C_{C1} 充电，因此本阶段有如下关系：

$$\begin{cases} C_{C1}\dfrac{dU_{CC1}(t)}{dt} = i_L + i_{L2}(t) \\ U_{CC1}(t) = -L_1\dfrac{di_{L2}(t)}{dt} \end{cases} \tag{4.45}$$

由式（4.45）可以得到如下微分方程：

$$L_1 C_{C1}\frac{d^2 U_{CC1}(t)}{dt^2} + U_{CC1}(t) = 0 \tag{4.46}$$

方程（4.46）的初始条件为

$$U_{CC1}(t_3) = 0, \quad i_{L2}(t_3) = nU_o\sqrt{\frac{C_{C1}}{L_1}} \tag{4.47}$$

求解方程（4.46）可以得到本阶段吸收电容 C_{C1} 的电压与电感 L_2 的电流表达式为

$$U_{CC1}(t) = \left[\sqrt{\frac{L_1}{C_{C1}}}i_L + nU_o\right]\sin\frac{t-t_3}{\sqrt{L_1 C_{C1}}} \tag{4.48}$$

$$i_{L2}(t) = i_L\left(\cos\frac{t-t_3}{\sqrt{L_1 C_{C1}}} - 1\right) + nU_o\sqrt{\frac{C_{C1}}{L_1}}\cos\frac{t-t_3}{\sqrt{L_1 C_{C1}}} \tag{4.49}$$

到 t_4 时刻，吸收电容 C_{C1} 充电完毕，有 $U_k=-nU_o$，$U_{CC1}=nU_o$，$U_{CC2}=0$，$U_{S2}=U_{S3}=nU_o$，$U_{S1}=U_{S4}=0$。本阶段负载电流仅由输出滤波电容放电提供。由于升压电感 L 值很大，

所以本阶段忽略其电流的变化。然而，在整个工频周期内，升压电感电流是变化的，本阶段持续时间在整个工频周期内也是变化的。

工作阶段 6($t_4 \sim t_5$)：本阶段各开关管的开关状态保持不变，升压电感 L 与电感 L_2 的电流移至开关管 S_1、S_4 以及变压器原边绕组所构成的回路中。输入电压、升压电感 L 以及电感 L_2 共同向负载供电，电感电流 i_L、i_{L2} 开始下降。此期间，电感电流 i_{L2} 的表达式为

$$i_{L2}(t) = i_{L2}(t_4) - \frac{nU_o}{L_1}(t - t_4) \tag{4.50}$$

到 t_5 时刻，电感电流 i_{L2} 下降为零。由于变压器漏感 L_{lk} 值很小，所以本阶段忽略其电流的上升过程。

工作阶段 7($t_5 \sim t_6$)：本阶段各开关管的开关状态保持不变，升压电感电流 i_L 继续下降。

到 t_6 时刻，变换器进入下一个升压电感充放电周期的工作中，各工作阶段中的开关状态与 $t_0 \sim t_6$ 时间段内各工作阶段相似，其中 S_1 与 S_3、S_2 与 S_4 的开关状态调换，这里不再叙述。

3. 缓冲电路结构 2 的工作过程分析

以工频周期的正半周为例进行分析，则在升压电感的一个充放电周期内，图 4.21(b) 所示的 APFC 变换器共有 7 个工作阶段，其中，变换器的主要波形和各工作阶段的等效电路分别如图 4.24 和图 4.25 所示。

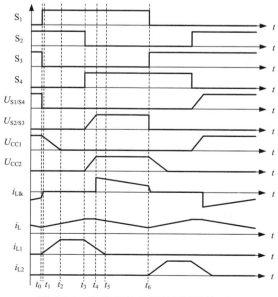

图 4.24　变换器的主要波形(结构 2)

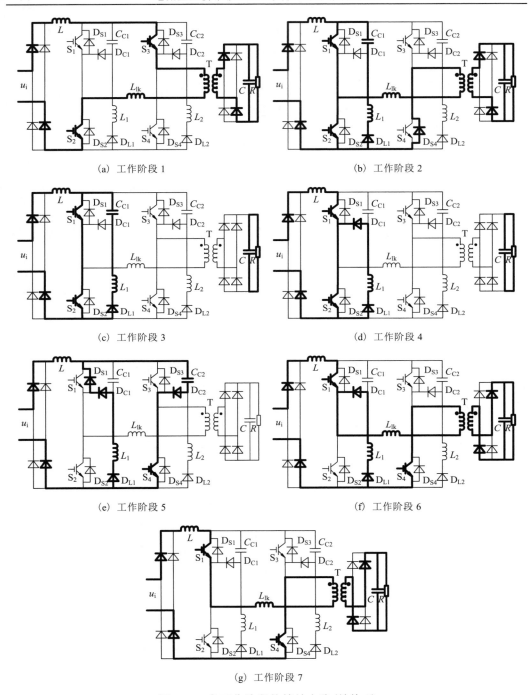

(a) 工作阶段 1

(b) 工作阶段 2

(c) 工作阶段 3

(d) 工作阶段 4

(e) 工作阶段 5

(f) 工作阶段 6

(g) 工作阶段 7

图 4.25 各工作阶段的等效电路(结构 2)

工作阶段 1(t_0 时刻以前)：开关管 S_2、S_3 导通，S_1、S_4 截止。由于变换器工作于 CCM，在桥臂开关管对臂导通时，输入电压与升压电感共同向负载供电。因此在 t_0 时刻(桥臂开关管由对臂导通向直通状态转换的时刻)以前，变压器原边电压 $U_k = nU_o$，各开关管所承受的电压为 $U_{S2} = U_{S3} = 0$，$U_{S1} = U_{S4} = nU_o$，吸收电容电压为 $U_{CC1} = nU_o$，$U_{CC2} = 0$。

工作阶段 2($t_0 \sim t_1$)：t_0 时刻开关管 S_1 开通，同时关断开关管 S_3，由于在 t_0 时刻前后，S_3 两端电压一直为零，S_3 为零电压关断。本阶段，升压电感在输入电压的作用下电流线性上升。吸收电容 C_{C1} 通过 S_1、S_2、D_{L1} 与电感 L_1 谐振，电容 C_{C1} 电压开始谐振下降，电感 L_1 的电流由零开始谐振增加。t_0 时刻以后，吸收电容 C_{C1} 的电压以及电感 L_1 的电流表达式为

$$
\begin{cases}
U_{CC1}(t) = nU_o \cos \dfrac{t - t_0}{\sqrt{L_1 C_{C1}}} \\
i_{L1}(t) = nU_o \sqrt{\dfrac{C_{C1}}{L_1}} \sin \dfrac{t - t_0}{\sqrt{L_1 C_{C1}}}
\end{cases}
\tag{4.51}
$$

由于变压器原边漏感电流不能突变，则 t_0 时刻以后，漏感电流流过 S_2、D_{S4} 以及变压器向负载传递能量，其电流表达式见式(4.42)，到 t_1 时刻，漏感电流下降为零。由于漏感值很小，所以本阶段持续时间非常短，本阶段持续时间见式(4.43)。

工作阶段 3($t_1 \sim t_2$)：本阶段各开关管的开通状态保持不变，升压电感电流 i_L 继续线性上升，吸收电容 C_{C1} 继续与电感 L_1 谐振。本阶段负载电流仅由输出滤波电容放电提供。到 t_2 时刻，$U_{CC1} = 0$，吸收电容 C_{C1} 上的能量全部转移至电感 L_1 上，本阶段持续时间见式(4.44)。

工作阶段 4($t_2 \sim t_3$)：本阶段各开关管的开通状态保持不变，升压电感电流 i_L 继续线性上升，负载电流仍由输出滤波电容放电提供。由于吸收电容 C_{C1} 的电压已经下降为零，所以电感 L_1 通过 D_{C1}、S_2 以及 D_{L1} 续流。

工作阶段 5($t_3 \sim t_4$)：t_3 时刻关断开关管 S_2，由于吸收电容 C_{C2} 两端电压不能跃变，所以 S_2 为零电压关断；同时开通开关管 S_4，S_4 为零电压开通。本阶段升压电感 L 与电感 L_1 共同对吸收电容 C_{C2} 充电。通过与式(4.45)～式(4.47)相似的分析过程可以得到本阶段吸收电容 C_{C2} 的电压与电感 L_1 的电流表达式为

$$
U_{CC2}(t) = \left[\sqrt{\frac{L_1}{C_{C1}}} i_L + nU_o \right] \sin \frac{t - t_3}{\sqrt{L_1 C_{C1}}}
\tag{4.52}
$$

$$
i_{L1}(t) = i_L \left(\cos \frac{t - t_3}{\sqrt{L_1 C_{C1}}} - 1 \right) + nU_o \sqrt{\frac{C_{C1}}{L_1}} \cos \frac{t - t_3}{\sqrt{L_1 C_{C1}}}
\tag{4.53}
$$

到 t_4 时刻，吸收电容 C_{C2} 充电完毕，有 $U_k = -nU_o$，$U_{CC1} = 0$，$U_{CC2} = nU_o$，$U_{S2} = U_{S3} = nU_o$，

$U_{S1}=U_{S4}=0$。本阶段负载电流仅由输出滤波电容放电提供。由于升压电感 L 值很大，本阶段忽略其电流的变化。然而，在整个工频周期内，升压电感电流是变化的，因此，本阶段持续时间在整个工频周期内也是变化的。

工作阶段 6（$t_4 \sim t_5$）：本阶段各开关管的开关状态保持不变，升压电感 L 与电感 L_2 的电流移至开关管 S_1、S_4 以及变压器原边绕组所构成的回路中。输入电压、升压电感 L 以及电感 L_1 共同向负载供电，电感电流 i_L、i_{L1} 开始下降。此期间，电感电流 i_{L1} 的表达式为

$$i_{L1}(t) = i_{L1}(t_4) - \frac{nU_o}{L_1}(t - t_4) \tag{4.54}$$

到 t_5 时刻，电感电流 i_{L1} 下降为零。由于变压器漏感 L_{lk} 值很小，所以本阶段忽略其电流的上升过程。

工作阶段 7（$t_5 \sim t_6$）：本阶段各开关管的开关状态保持不变，升压电感电流 i_L 继续下降。

到 t_6 时刻，变换器进入下一个升压电感充放电周期的工作中，各工作阶段中的开关状态与 $t_0 \sim t_6$ 时间段内各工作阶段相似，其中 S_1 与 S_3、S_2 与 S_4 的开关状态调换，这里不再叙述。

由上述工作过程分析可以看出，改进型单 LC 谐振无源缓冲电路的两种结构在电压尖峰抑制机理与电路工作过程上是基本等效的。所不同的是，在缓冲电路电感 L_1、L_2 电流续流的阶段（即工作阶段 4）两种结构电感电流流过的器件数量不同。对于结构 1，电感 L_2 的电流续流时流过 D_{L2}、S_1、S_2、D_{S4} 和 D_{C2}；对于结构 2，电感 L_1 的电流续流时流过 D_{C1}、S_2 和 D_{L1}。

4.4.2　缓冲电路参数的对比分析与设计

与单 LC 谐振无源缓冲电路相比，本节介绍的改进型单 LC 谐振无源缓冲电路无须在主电路中串联功率器件，对 APFC 变换器效率的影响较小；与双 LC 谐振无源缓冲电路相比，本节介绍的改进型单 LC 谐振无源缓冲电路不存在因两路 LC 回路的不同步谐振而造成的缓冲电路中电压、电流的振荡现象。上述两个优势是显而易见的，因此本节主要与双 LC 谐振无源缓冲电路相对比，对本节介绍的改进型单 LC 谐振无源缓冲电路的参数进行分析与设计。

如图 4.21 所示，改进型单 LC 谐振无源缓冲电路的两种结构在电压尖峰抑制机理与电路工作过程上是基本等效的，下面以图 4.21（a）所示的结构 1 为例对该缓冲电路的参数进行分析与设计。

由缓冲电路的工作过程分析可知，在桥臂开关管对臂导通期间，缓冲电路中电感 L_1、L_2 中的能量先分别向吸收电容 C_{C2}、C_{C1} 转移，再向变换器负载传递。由式（4.49）

和式 (4.53) 可知，在整个工频周期内，随着升压电感电流 i_L 的增加，电感 L_1、L_2 电流的下降速度也相应增加。为了避免电感 L_1、L_2 中的能量在各个谐振周期内累积而造成电感饱和，则在每个谐振周期内电感电流必须回零。这里考虑电感电流下降速度最慢的时刻 (即 $i_L=0$ 的时刻)，由式 (4.49) 和式 (4.53) 可以得出，为了保证电感 L_1、L_2 电流可靠归零，必须满足

$$\frac{\pi}{2}\sqrt{L_1 C_{C1}} \leqslant (1-D_{\max})T \tag{4.55}$$

由式 (4.55) 可以得到，在单相电流型全桥单级 APFC 变换器中采用改进型单 LC 谐振无源缓冲电路时，其缓冲电路参数的限制条件为

$$L_1 C_{C1} \leqslant \frac{4(1-D_{\max})^2 T^2}{\pi^2} \tag{4.56}$$

由相似的分析过程可以得出，在单相电流型全桥单级 APFC 变换器中采用双 LC 谐振无源缓冲电路时，其缓冲电路参数的限制条件与式 (4.56) 一致。

对于采用改进型单 LC 谐振无源缓冲电路的单相电流型全桥单级 APFC 变换器，各开关管所承受的电压 (对臂导通期间) 为变压器原边的电压，那么由式 (3.7) 可知，各开关管的电压应力可表示为

$$U_S = nU_o + I_{L\max}\sqrt{\frac{L_{lk}}{C_{C1}}} \tag{4.57}$$

由式 (4.57) 可以看出：APFC 变换器中各开关管的电压应力随着缓冲电路中吸收电容值的增加而降低；当该电容值趋近于无穷大时，各开关管的电压应力最低，即 $U_{S\min}=nU_o$。

由式 (4.35) 可以得出：采用双 LC 谐振无源缓冲电路的单相电流型全桥单级 APFC 变换器，各开关管的电压应力表达式为

$$U_{S-2} = nU_o + I_{L\max}\sqrt{\frac{2L_{lk}}{C_{C1}}} \tag{4.58}$$

图 4.26 (a) 所示分别为采用双 LC 谐振无源缓冲电路和改进型单 LC 谐振无源缓冲电路时，单相电流型全桥单级 APFC 变换器 U_S 与 C_{C1} 的关系曲线。可以看出：当缓冲电路中的电感、电容参数相同时，采用改进型单 LC 谐振无源缓冲电路时的电压尖峰抑制效果要优于采用双 LC 谐振无源缓冲电路时；为了达到相同的电压尖峰抑制效果，后者吸收电容的容值应为前者吸收电容容值的 2 倍。若限制电压尖峰值不超过平均值的 20%，则对于两种缓冲电路，其吸收电容 C_{C1} 值应分别大于 C_{C1-1} 和 C_{C1-2} ($C_{C1-2}=2C_{C1-1}$)。

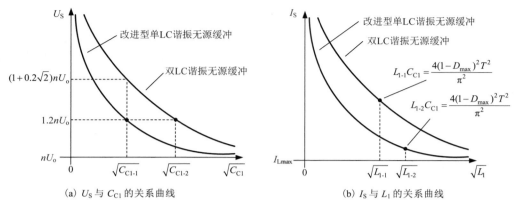

（a）U_S 与 C_{C1} 的关系曲线 （b）I_S 与 L_1 的关系曲线

图 4.26　开关管电压、电流应力与 C_{C1}、L_1 的关系曲线

由工作过程分析可知，当桥臂开关管直通时，APFC 变换器直通的两个开关管流过的电流应为升压电感电流与缓冲电路中电感电流之和。因此，采用改进型单 LC 谐振无源缓冲电路的单相电流型全桥单级 APFC 变换器各开关管的电流应力可表示为

$$I_S = I_{Lmax} + I_{L1peak} = I_{Lmax} + nU_o\sqrt{\frac{C_{C1}}{L_1}} \tag{4.59}$$

由式（4.59）可以看出：APFC 变换器中各开关管的电流应力随着缓冲电路中吸收电容值的增加而增加，随着电感值的增加而降低；当吸收电容值趋近于零或者电感值趋近于无穷大时，各开关管的电流应力最低，即 $I_{Smin} = I_{Lmax}$。

由式（4.36）可以得出：采用双 LC 谐振无源缓冲电路的单相电流型全桥单级 APFC 变换器，各开关管的电流应力表达式为

$$I_{S-2} = I_{Lmax} + I_{L1peak} + I_{L2peak} = I_{Lmax} + nU_o\sqrt{\frac{C_{C1}}{L_1}} \tag{4.60}$$

图 4.26（b）所示为在电压尖峰抑制效果相同的情况下，采用双 LC 谐振无源缓冲电路和改进型单 LC 谐振无源缓冲电路时单相电流型全桥单级 APFC 变换器 I_S 与 L_1 的关系曲线。可以看出：为了满足式（4.56）的参数限制，对于两种缓冲电路，电感 L_1 的值应该分别大于 L_{1-1} 和 L_{1-2}（$L_{1-2} = 2L_{1-1}$），此时采用改进型单 LC 谐振无源缓冲电路时的单相电流型全桥单级 APFC 变换器的开关管电流应力值要小于采用双 LC 谐振无源缓冲电路时。所以，在达到相同电压尖峰抑制效果的情况下，改进型单 LC 谐振无源缓冲电路的参数限制要比双 LC 谐振无源缓冲电路小。

由以上分析可以看出，改进型单 LC 谐振无源缓冲电路在电压尖峰抑制效果以及

参数设计等方面要略优于双 LC 谐振无源缓冲电路。另外，与单 LC 谐振无源缓冲电路以及双 LC 谐振无源缓冲电路相同，改进型单 LC 谐振无源缓冲电路中的吸收电容与电感的参数值同样与 APFC 变换器各开关管的电压、电流应力关系紧密。因此，该缓冲电路中吸收电容与电感值的设计应与各开关管的选取（电压、电流应力）紧密结合。

由工作过程分析可知，该缓冲电路中的二极管 D_{C1} 和 D_{C2} 的电压与电流应力表达式分别为

$$U_{DC1/DC2} = nU_o \tag{4.61}$$

$$I_{DC1/DC2} = I_{Lmax} + I_{L1peak} = I_{Lmax} + nU_o\sqrt{\frac{C_{C1}}{L_1}} \tag{4.62}$$

二极管 D_{L1} 和 D_{L2} 的电压与电流应力表达式为

$$U_{DL1/DL2} = nU_o \tag{4.63}$$

$$I_{DL1/DL2} = I_{L1peak} = nU_o\sqrt{\frac{C_{C1}}{L_1}} \tag{4.64}$$

4.4.3　实验验证

为了验证本节所述关于改进型单 LC 谐振无源缓冲电路方案的正确性和可行性，建立如图 4.21（a）所示的单相电流型全桥单级 APFC 变换器的实验平台进行相关的实验研究。其中，开关管 $S_1 \sim S_4$ 选择 MOSFET（型号为 Infineon 24N60C3，导通电阻 $R_{DSmax}=0.16\Omega$），开关频率选取约为 37kHz。变换器的具体参数为：升压电感 $L=0.58mH$，变压器变比 $n=2$，漏感 $L_{lk}=6\mu H$，输出滤波电容 $C=1000\mu F$。

为了进行实验对比，在上述单相电流型全桥单级 APFC 变换器的实验平台上分别采用双 LC 谐振无源缓冲电路与改进型单 LC 谐振无源缓冲电路进行实验。两个缓冲电路的参数为：吸收电容 $C_{C1}=C_{C2}=44nF$（或 22nF），谐振电感 $L_1=L_2=74\mu H$。

图 4.27 所示为当 APFC 变换器（采用改进型单 LC 谐振无源缓冲电路时）正常运行时，输入电压与电流波形。表 4.1 给出了该 APFC 变换器的功率因数（PF）与转换效率（η）随其输出功率（P_o）变化的测试结果。可以看出：该变换器的输入电流基本为正弦波，并且能够很好地跟踪输入电压波形，具有很好的功率因数校正效果；另外，采用改进型单 LC 谐振无源缓冲电路的单相电流型全桥单级 APFC 变换器具有较好的转换效率。

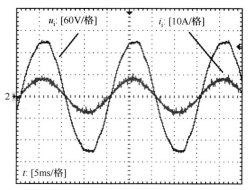

图 4.27　输入电压与电流波形

表 4.1　功率因数与效率测试结果

P_o/W	100	200	300	400	500
PF	0.993	0.995	0.997	0.999	0.998
η/%	75.9	83.1	88.2	90.4	92.1

图 4.28 所示为各开关管的驱动与电压波形。由图 4.28（a）可以看出开关管 S_1 实现了零电压关断；由图 4.28（b）可以看出开关管 S_2 实现了零电压开通与关断。由于开关管 S_3、S_4 的开关状态与 S_1、S_2 相同，这里不再给出。

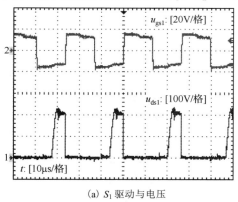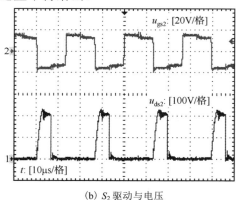

（a）S_1 驱动与电压　　　　　　　　　　（b）S_2 驱动与电压

图 4.28　各开关管的驱动与电压波形

图 4.29 所示分别为采用双 LC 谐振无源缓冲电路与改进型单 LC 谐振无源缓冲电路时，单相电流型全桥单级 APFC 变换器的变压器原边电压波形。其中，图 4.29（a）是采用双 LC 谐振无源缓冲电路，吸收电容 $C_{C1}=C_{C2}=44\text{nF}$ 时的变压器原边电压波形；图 4.29（b）是采用改进型单 LC 谐振无源缓冲电路，吸收电容 $C_{C1}=C_{C2}=44\text{nF}$ 时的变压器原边电压波形；图 4.29（c）是采用改进型单 LC 谐振无源缓冲电路，吸收电容 $C_{C1}=C_{C2}=22\text{nF}$ 时的变压器原边电压波形。可以看出，图 4.29（a）、（c）中的电压尖峰

值近似相等，并且明显大于图 4.29(b)中的电压尖峰值，这证明了本节关于改进型单 LC 谐振无源缓冲电路电压尖峰抑制效果方面的分析。

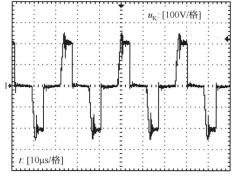
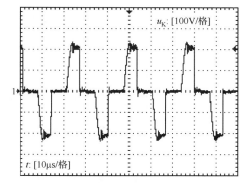

(a) 采用双 LC 谐振无源缓冲($C_{C1} = C_{C2} = 44$nF)　　　　(b) 采用改进型单 LC 谐振无源缓冲($C_{C1} = C = 44$nF)

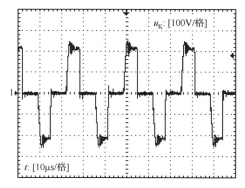

(c) 采用改进型单 LC 谐振无源缓冲($C_{C1} = C_{C2} = 22$nF)

图 4.29　变压器原边电压波形

图 4.30 所示分别为采用双 LC 谐振无源缓冲电路与改进型单 LC 谐振无源缓冲电路时，单相电流型全桥单级 APFC 变换器的各开关管电流波形。其中，上边的开关管电流波形是采用双 LC 谐振无源缓冲电路，吸收电容 $C_{C1}=C_{C2}=44$nF 时测量获得的；中间的开关管电流波形是采用改进型单 LC 谐振无源缓冲电路，吸收电容 $C_{C1}=C_{C2}=44$nF 时测量获得的；下边的开关管电流波形是采用改进型单 LC 谐振无源缓冲电路，吸收电容 $C_{C1}=C_{C2}=22$nF 时测量获得的。为了更加清楚地对比各种情况下的开关管电流波形，图 4.30 中的电流波形是在 APFC 变换器工作于轻载时获得的，这时开关管电流中的升压电感电流成分相对较小，而谐振电感电流的成分相对较大。可以看出：当两种缓冲电路参数相同时，各开关管的最大电流值几乎相同；当保证两种缓冲电路的电压尖峰抑制效果相同时(即双 LC 谐振无源缓冲电路的吸收电容值为改进型单 LC 谐振无源缓冲电路吸收电容值的 2 倍)，采用改进型单 LC 谐振无源缓冲

电路的 APFC 变换器开关管电流相对较小。另外,对于改进型单 LC 谐振无源缓冲电路,当其吸收电容值变小后,其谐振电感值可以相应变大,这将进一步减小 APFC 变换器的开关管电流,由于此项研究机理简单,这里不再给出相应的实验结果证明。由于开关管 S_3、S_4 的开关状态与 S_1、S_2 相同,这里不再给出。图 4.30 的实验结果证明了本节关于改进型单 LC 谐振无源缓冲电路对 APFC 变换器开关管电流应力影响方面的分析。

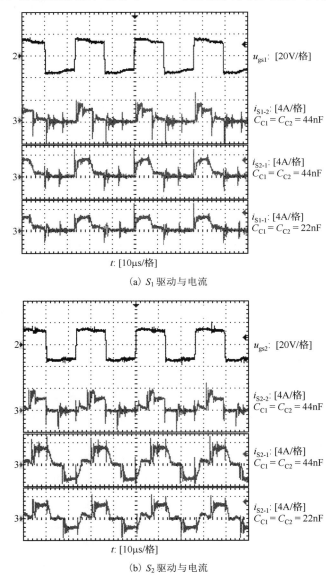

(a) S_1 驱动与电流

(b) S_2 驱动与电流

图 4.30　各开关管的驱动与电流波形对比

　　图 4.31 所示分别为采用双 LC 谐振无源缓冲电路与改进型单 LC 谐振无源缓冲电路时，缓冲电路中吸收电容的电压波形。其中，两种缓冲电路的吸收电容值相同，$C_{C1}=C_{C2}=44nF$，吸收电容实际选取型号为 2 个并联的 CBB223K（22nF±10%）。由图 4.31（a）可以看出，当采用双 LC 谐振无源缓冲电路时，由于吸收电容器件存在参数误差，吸收电容电压没有实现完全的同步变化，出现了一定的电压振荡现象。由图 4.31（b）可以看出，当采用改进型单 LC 谐振无源缓冲电路时，虽然吸收电容器件存在参数误差，造成了两个吸收电容的电压波形不完全相同，但是由于两路 LC 回路交替谐振工作，所以在缓冲电路中并未出现电压振荡的现象。这说明相比较而言采用改进型单 LC 谐振无源缓冲电路的单相电流型全桥单级 APFC 变换器具有更高的工作可靠性。

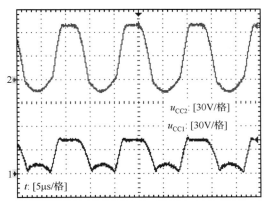

（a）双 LC 谐振无源缓冲 C_{C1}、C_{C2} 电压波形

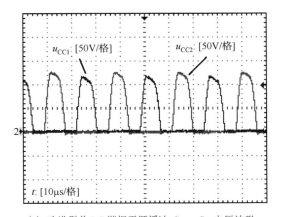

（b）改进型单 LC 谐振无源缓冲 C_{C1}、C_{C2} 电压波形

图 4.31　两缓冲电路吸收电容电压波形对比

4.5　本　章　小　结

　　本章依次介绍了三种基于无源缓冲方式的电压尖峰抑制方法，即单 LC 谐振无源缓冲、双 LC 谐振无源缓冲以及改进型单 LC 谐振无源缓冲方法。通过对采用三种缓冲电路的 APFC 变换器工作过程进行分析，归纳了三种缓冲电路关键参数的设计原则。理论分析与实验结果表明，采用本章介绍的三种无源缓冲电路后，APFC 变换器的变压器原边电压尖峰得到了有效的抑制，与基于有源箝位电路与无源箝位电路的抑制方法相比，基于无源缓冲电路的电压尖峰抑制方法具有电路结构简单、无须额外控制以及工作可靠性高的优势。

第5章　基于磁集成无源辅助环节的电压尖峰抑制方法

5.1　引　　言

在电流型全桥单级 APFC 变换器的电压尖峰抑制方法中，与基于有源箝位以及无源箝位电路的方法相比，基于无源缓冲方式的方法具有简单可靠、无须控制的优势。然而，由于无源缓冲电路中的 LC 参数在设计上受到一定的限制，这影响了 APFC 变换器的电压尖峰抑制效果，并造成了变换器各开关管较大的附加电流应力产生。另外，对于双 LC 谐振无源缓冲电路，由于器件参数的误差，缓冲电路中两路 LC 回路无法完全同步谐振工作，这造成了缓冲电路内部的电压、电流振荡现象，影响了 APFC 变换器运行的可靠性。

在第 4 章介绍的双 LC 谐振无源缓冲方法的基础上，本章依次介绍了三种基于磁集成无源辅助环节的 APFC 变换器电压尖峰抑制方法。首先，介绍一种基于耦合电感的双 LC 谐振无源缓冲电路，解决了原双 LC 谐振无源缓冲电路中电压、电流振荡的问题；其次，介绍一种基于耦合电感的多级无源箝位电路，在实现辅助环节中电压、电流同步变化的基础上，还解决了无源缓冲电路在单相电流型全桥单级 APFC 变换器中应用时参数设计受限的问题；最后，介绍一种基于变压器集成的反激式无源辅助环节，解决了无源缓冲电路在三相电流型全桥单级 APFC 变换器中应用时电压、电流变化不同步以及参数设计受限的问题。

本章对采用三种无源辅助环节的 APFC 变换器的工作过程进行了详细分析，归纳了其中各种集成磁件的作用机理与设计要素，给出了辅助环节关键电路参数的设计原则，并通过实验研究进行了验证。

5.2　基于耦合电感的双 LC 谐振无源缓冲电路

5.2.1　电路结构与工作原理

4.3 节介绍的双 LC 谐振无源缓冲电路，在 APFC 变换器运行时，缓冲电路中有两路 LC 回路同时谐振工作，由于缓冲电路中电容、电感的器件参数相同，所以认为两路 LC 回路同步谐振，其中两个电容的电压保持一致，两个电感的电流保持一致。然而，由于电容与电感器件参数的误差特性因素，实际工作中缓冲电路的两路

LC 回路不可能完全同步谐振，其中两个电容之间将存在电压振荡，两个电感之间将存在电流振荡，在设计电容、电感器件时，要选择具有更高耐压能力的电容，以及具有更大磁芯体积的电感，这就造成了不必要的浪费。

为了解决双 LC 谐振无源缓冲电路中两路 LC 回路的不同步谐振问题，本节介绍一种利用耦合电感替代两个 LC 回路中电感的解决方法。电感耦合后的双 LC 谐振无源缓冲电路及其耦合电感的结构如图 5.1 所示（这里在单相电流型全桥单级 APFC 变换器中进行研究），其中，L_1、L_2（$L_1=L_2$）为耦合电感的两个等效电感值。两个等效电感 L_1、L_2 绕制在同一磁芯上，具有相同的磁路和绕组匝数，因此，这里我们忽略这两个等效电感在电感值方面的差异。

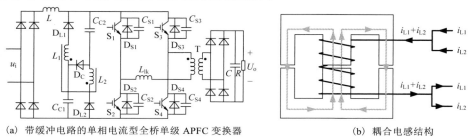

(a) 带缓冲电路的单相电流型全桥单级 APFC 变换器　　　　　(b) 耦合电感结构

图 5.1　基于耦合电感的双 LC 谐振无源缓冲电路及其耦合电感结构

以工频周期的正半周为例进行分析，则在升压电感的一个充放电周期内，图 5.1(a) 所示的 APFC 变换器共有 7 个工作阶段，其中，变换器的主要波形和各工作阶段的等效电路分别如图 5.2 和图 5.3 所示。

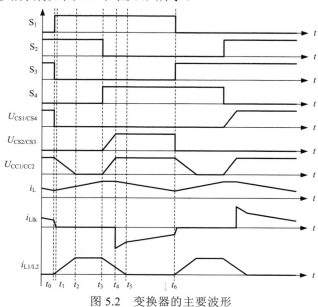

图 5.2　变换器的主要波形

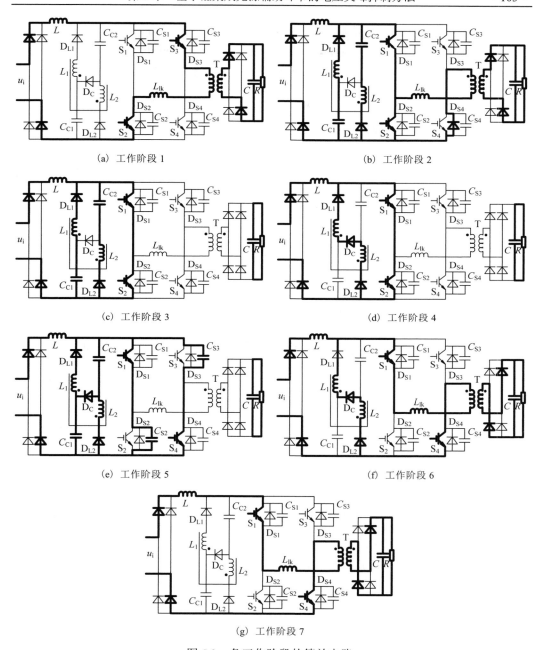

（a）工作阶段 1　　　　　　　　　　　　（b）工作阶段 2

（c）工作阶段 3　　　　　　　　　　　　（d）工作阶段 4

（e）工作阶段 5　　　　　　　　　　　　（f）工作阶段 6

（g）工作阶段 7

图 5.3　各工作阶段的等效电路

工作阶段 1（t_0 时刻以前）：开关管 S_2、S_3 导通，S_1、S_4 截止。由于变换器工作于 CCM，在桥臂开关管对臂导通时，输入电压与升压电感共同向负载供电。在 t_0

时刻（桥臂开关管由对臂导通向直通状态转换的时刻）以前，变压器原边电压 $U_k=nU_o$，吸收电容电压 $U_{CC1}=U_{CC2}=nU_o/2$，各开关管承受的电压 $U_{CS1}=U_{CS4}=nU_o$，$U_{CS2}=U_{CS3}=0$。升压电感 L 的电流 (i_L) 通过开关管 S_2、S_3 以及变压器流向负载，i_L 逐渐下降。

工作阶段 $2(t_0 \sim t_1)$：t_0 时刻，开关管 S_1 导通（由于其寄生电容放电非常快，所以这里不考虑该放电过程），同时关断 S_3，在 t_0 时刻前后，S_3 两端电压一直为零，因此 S_3 为零电压关断。本阶段升压电感 L 在输入电压的作用下电流线性上升。在缓冲电路中，吸收电容 C_{C1} 与电感 L_1 通过 D_{L1}、S_1、S_2 谐振，吸收电容 C_{C2} 与电感 L_2 通过 S_1、S_2、D_{L2} 谐振。电压 C_{C1}、C_{C2} 电压开始谐振下降，电感 L_1、L_2 电流由零开始谐振增加。t_0 时刻以后，吸收电容 C_{C1}、C_{C2} 的电压以及电感 L_1、L_2 的电流表达式为

$$\begin{cases} U_{CC1/CC2}(t) = \dfrac{nU_o}{2} \cos \dfrac{t-t_0}{\sqrt{L_1 C_{C1}}} \\ i_{L1/L2}(t) = \dfrac{nU_o}{2} \sqrt{\dfrac{C_{C1}}{L_1}} \sin \dfrac{t-t_0}{\sqrt{L_1 C_{C1}}} \end{cases} \tag{5.1}$$

由于变压器原边漏感电流 (i_{Llk}) 不能突变，所以 t_0 时刻以后该电流通过 S_2、D_{S4} 以及变压器 T 流向负载，i_{Llk} 迅速减小，其电流表达式为

$$i_{Llk}(t) = i_L - \frac{nU_o}{L_{Lk}}(t-t_0) \tag{5.2}$$

到 t_1 时刻，i_{Llk} 下降到零。由于漏感 L_{lk} 值很小，所以本阶段持续时间非常短。本阶段持续时间为

$$t_{01} = \frac{L_{Lk} i_L}{nU_o} \tag{5.3}$$

工作阶段 $3(t_1 \sim t_2)$：本阶段各开关管的开通状态保持不变，升压电感电流 i_L 继续线性上升，吸收电容 C_{C1}、C_{C2} 继续与电感 L_1、L_2 谐振。本阶段负载电流仅由输出滤波电容放电提供。到 t_2 时刻，$U_{CC1}=U_{CC2}=0$，吸收电容 C_{C1}、C_{C2} 上的能量全部转移至电感 L_1、L_2 上，则本阶段持续时间为

$$t_{12} = \frac{\pi}{2} \sqrt{L_1 C_{C1}} - t_{01} \tag{5.4}$$

工作阶段 $4(t_2 \sim t_3)$：本阶段各开关管的开通状态保持不变，升压电感电流 i_L 继续线性上升，负载电流仍由输出滤波电容放电提供。由于吸收电容 C_{C1}、C_{C2} 电压已经下降为零，所以二极管 D_C 导通，电感 L_1 与 L_2 串联并通过 D_{L1}、S_1、S_2、D_{L2} 和 D_C 续流。

工作阶段 5($t_3 \sim t_4$)：t_3 时刻关断开关管 S_2，由于吸收电容 C_{C1}、C_{C2} 的充电，所以 S_2 为零电压关断；同时开通开关管 S_4，S_4 为零电压开通。本阶段升压电感 L 与电感 L_1、L_2 共同对吸收电容 C_{C1}、C_{C2} 以及寄生电容 C_{S2}、C_{S3} 充电，因此本阶段有如下关系：

$$\begin{cases} C_{C1} \dfrac{\mathrm{d}U_{CC1/CC2}(t)}{\mathrm{d}t} = i_L + i_{L1/L2}(t) \\ U_{CC1/CC2}(t) = -L_1 \dfrac{\mathrm{d}i_{L1/L2}(t)}{\mathrm{d}t} \end{cases} \tag{5.5}$$

由式(5.5)可以得到如下微分方程：

$$L_1 C_{C1} \frac{\mathrm{d}^2 U_{CC1/CC2}(t)}{\mathrm{d}t^2} + U_{CC1/CC2}(t) = 0 \tag{5.6}$$

方程(5.6)的初始条件为

$$U_{CC1/CC2}(t_3) = 0, \quad i_{L1/L2}(t_3) = \frac{nU_o}{2} \sqrt{\frac{C_{C1}}{L_1}} \tag{5.7}$$

求解方程(5.7)可以得到本阶段吸收电容 C_{C1}、C_{C2} 的电压与电感 L_1、L_2 的电流的变化规律为

$$U_{CC1/CC2}(t) = \left[\sqrt{\frac{L_1}{C_{C1}}} i_L + \frac{nU_o}{2} \right] \sin \frac{t - t_3}{\sqrt{L_1 C_{C1}}} \tag{5.8}$$

$$i_{L1/L2}(t) = i_L \left(\cos \frac{t - t_3}{\sqrt{L_1 C_{C1}}} - 1 \right) + \frac{nU_o}{2} \sqrt{\frac{C_{C1}}{L_1}} \cos \frac{t - t_3}{\sqrt{L_1 C_{C1}}} \tag{5.9}$$

到 t_4 时刻 C_{C1}、C_{C2} 充电完毕，有 $U_k = -nU_o$，$U_{CC1} = U_{CC2} = nU_o/2$，$U_{CS2} = U_{CS3} = nU_o$，$U_{CS1} = U_{CS4} = 0$。本阶段负载电流仅由输出滤波电容放电提供。由于升压电感 L 值很大，所以本阶段忽略其电流的变化。然而，在整个工频周期内，升压电感电流是变化的，因此，本阶段持续时间在整个工频周期内也是变化的。

工作阶段 6($t_4 \sim t_5$)：本阶段各开关管的开关状态保持不变，升压电感 L 与电感 L_1、L_2 的电流移至开关管 S_1、S_4 以及变压器原边绕组所构成的回路中。输入电压、升压电感 L 以及电感 L_1、L_2 共同向负载供电，电感电流 i_L、i_{L1}、i_{L2} 开始下降。此期间，电感 L_1、L_2 的电流表达式为

$$i_{L1/L2}(t) = i_{L1/L2}(t_4) - \frac{nU_o}{2L_1}(t - t_4) \tag{5.10}$$

到 t_5 时刻，电感电流 i_{L1}、i_{L2} 下降为零。由于变压器漏感 L_{lk} 值很小，所以本阶段忽略其电流的上升过程。

工作阶段 7($t_5 \sim t_6$)：本阶段各开关管的开关状态保持不变，升压电感电流 i_L 继续下降。

到 t_6 时刻，变换器进入下一个升压电感充放电周期的工作中，各工作阶段中的开关状态与 $t_0 \sim t_6$ 时间段内各工作阶段相似，其中 S_1 与 S_3、S_2 与 S_4 的开关状态调换，这里不再叙述。

由上述工作过程分析可以看出：在双 LC 谐振无源缓冲电路中，将两个 LC 回路中电感进行耦合并不改变缓冲电路本身的谐振工作过程。基于双 LC 谐振无源缓冲电路的单相电流型全桥单级 APFC 变换器的参数分析与设计已在 4.4 节中介绍，这里不再重复其分析过程。其中，缓冲电路参数的限制条件见式(4.56)；各开关管的电压应力与电流应力表达式分别见式(4.58)与式(4.60)。

5.2.2　耦合电感的作用机理与设计要素

1. 耦合电感的作用机理

前边的工作过程分析是在理想条件下进行的，分析中认为缓冲电路中的两路 LC 回路参数相同，即 $C_{C1}=C_{C2}$，$L_1=L_2$，因此在分析中认为两路 LC 回路的谐振工作是完全同步进行的。然而在实际条件下，由于器件参数的误差特性，标称值相同的两个电容，其容值也将存在一定的差异。同理，结构参数相同的两个电感，其电感量也不会完全相等。因此，对于双 LC 谐振无源缓冲电路，其两路 LC 回路无法实现严格的同步谐振，这将造成缓冲电路中电容电压以及电感电流的振荡。因此，在实际设计中，为了避免缓冲电路中各器件的过压与过流，必须选择电压、电流等级更高的电容、电感以及二极管等器件。

为了解决双 LC 谐振无源缓冲电路中两路 LC 回路的不同步谐振问题，提出了基于耦合电感的解决方法。如图 5.1 所示，两个电感(L_1、L_2)的线圈绕制在同一个磁芯上，它们具有相同的磁路和绕组匝数，因此这里忽略两个电感在电感量上的差异。

由工作过程分析可知，缓冲电路中两路 LC 回路的谐振主要发生在工作阶段 2、3 和 5 中。图 5.4 所示为基于耦合电感的双 LC 谐振无源缓冲电路在工作阶段 2、3 和 5 中的等效电路模型(缓冲电路在工作阶段 2 和工作阶段 3 中的过程是一致的)，下面分析主要基于该图中的电路模型进行。图 5.4 中的耦合电感由 L_{lk1}、L_{m1}、L_{lk2}、L_{m2} 和 T_{ideal} 构成，其中，L_{lk1}、L_{lk2} 是等效的漏感，L_{m1}、L_{m2} 是等效的励磁电感($L_{lk1}+L_{m1}=L_1$，$L_{lk2}+L_{m2}=L_2$)，T_{ideal} 是理想变压器。由于这里忽略了两个等效电感在电感量方面的差异，所以有 $L_{lk1}=L_{lk2}$，$L_{m1}=L_{m2}$。这里定义系数 α_2 为

$$L_{m1} = \alpha_2 L_1, \quad L_{lk1} = (1-\alpha_2)L_1 \tag{5.11}$$

其中，$0<\alpha_2<1$。

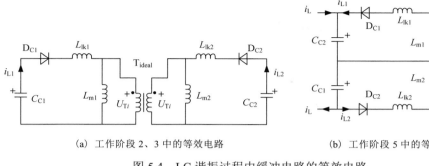 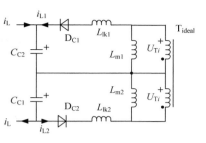

（a）工作阶段 2、3 中的等效电路　　　　　（b）工作阶段 5 中的等效电路

图 5.4　LC 谐振过程中缓冲电路的等效电路

对于图 5.4（a）所示的等效电路，定义时间 t_{m1}（$t_0 < t_{m1} < t_2$），在 t_{m1} 时刻之前有 $U_{CC1} = U_{CC2}$，$i_{L1} = i_{L2}$。假设在 t_{m1} 时刻，吸收电容 C_{C1}、C_{C2} 的电压出现差异，即

$$U_{CC2}(t_{m1}) = U_{CC1}(t_{m1}) + \Delta U \tag{5.12}$$

其中，$\Delta U > 0$。

在 t_{m1} 时刻之后有如下关系：

$$\begin{cases} i_{L1}(t) = i_{L1}(t_{m1}) + \int_{t_{m1}}^{t} \dfrac{U_{CC1}(t) - U_{Ti}(t)}{L_{lk1}} dt \\[2mm] i_{L2}(t) = i_{L2}(t_{m1}) + \int_{t_{m1}}^{t} \dfrac{U_{CC2}(t) - U_{Ti}(t)}{L_{lk2}} dt \end{cases} \tag{5.13}$$

$$i_{L1}(t) + i_{L2}(t) = i_{L1}(t_{m1}) + i_{L2}(t_{m1}) + \int_{t_{m1}}^{t} \left[\frac{U_{Ti}(t)}{L_{m1}} + \frac{U_{Ti}(t)}{L_{m2}} \right] dt \tag{5.14}$$

虽然这里假设在 t_{m1} 时刻，吸收电容 C_{C1}、C_{C2} 的电压出现了差异，但由于电感电流不能突变，所以在 t_{m1} 时刻，电感 L_1、L_2 的电流还是相等的，即 $i_{L1}(t_{m1}) = i_{L2}(t_{m1})$。由式（5.11）、式（5.13）和式（5.14）可得

$$U_{Ti}(t) = \frac{\alpha_2}{2} [U_{CC1}(t) + U_{CC2}(t)] \tag{5.15}$$

由式（5.12）、式（5.13）和式（5.15）可得

$$\begin{cases} i_{L1}(t) = i_{L1}(t_{m1}) + \int_{t_{m1}}^{t} \dfrac{(1-\alpha_2)U_{CC1}(t) - \frac{1}{2}\alpha_2 \Delta U}{(1-\alpha_2)L_1} dt \\[3mm] i_{L2}(t) = i_{L2}(t_{m1}) + \int_{t_{m1}}^{t} \dfrac{(1-\alpha_2)U_{CC1}(t) + \Delta U - \frac{1}{2}\alpha_2 \Delta U}{(1-\alpha_2)L_1} dt \end{cases} \tag{5.16}$$

由式（5.16）可以看出，在 t_{m1} 时刻之后，有 $i_{L1} < i_{L2}$，这有助于吸收电容 C_{C1} 放电

的减速，吸收电容 C_{C2} 放电的加速，使得吸收电容 C_{C1}、C_{C2} 的电压重新回到一致的状态。

由式(5.16)可以得到 t_{m1} 时刻之后电感 L_1、L_2 电流的差值表达式为

$$i_{L2}(t) - i_{L1}(t) = \int_{t_{m1}}^{t} \frac{\Delta U}{(1-\alpha_2)L_1} dt \tag{5.17}$$

由式(5.17)可以看出，t_{m1} 时刻之后电感 L_1、L_2 电流的差值随着系数 α_2 的增加而增加，也就是说，系数 α_2 越大，吸收电容 C_{C1}、C_{C2} 的电压就越容易重新回到一致的状态。

由式(5.14)和式(5.15)可以得到 t_{m1} 时刻之后电感 L_1、L_2 的电流求和的表达式为

$$i_{L1}(t) + i_{L2}(t) = i_{L1}(t_{m1}) + i_{L2}(t_{m1}) + \int_{t_{m1}}^{t} \left[\frac{U_{CC1}(t)}{L_1} + \frac{U_{CC2}(t)}{L_2} \right] dt \tag{5.18}$$

由式(5.18)可以看出，电感 L_1、L_2 的电流之和与 t_{m1} 时刻吸收电容 C_{C1}、C_{C2} 的电压是否出现偏差无关。

对于图 5.4(b)所示的等效电路，定义时间 t_{m2}($t_3 < t_{m2} < t_4$)，在 t_{m2} 时刻之前有 $U_{CC1} = U_{CC2}$，$i_{L1} = i_{L2}$。假设在 t_{m2} 时刻，吸收电容 C_{C1}、C_{C2} 的电压出现了与式(5.12)相同的差异。在 t_{m2} 时刻之后有如下关系：

$$\begin{cases} i_{L1}(t) = i_{L1}(t_{m2}) - \int_{t_{m2}}^{t} \frac{U_{CC1}(t) - U_{Ti}(t)}{L_{lk1}} dt \\ i_{L2}(t) = i_{L2}(t_{m2}) - \int_{t_{m2}}^{t} \frac{U_{CC2}(t) - U_{Ti}(t)}{L_{lk2}} dt \end{cases} \tag{5.19}$$

$$i_{L1}(t) + i_{L2}(t) = i_{L1}(t_{m2}) + i_{L2}(t_{m2}) - \int_{t_{m2}}^{t} \left[\frac{U_{Ti}(t)}{L_{m1}} + \frac{U_{Ti}(t)}{L_{m2}} \right] dt \tag{5.20}$$

在 t_{m2} 时刻，由于电感电流不能突变，电感 L_1、L_2 的电流还是相等的，即 $i_{L1}(t_{m2}) = i_{L2}(t_{m2})$。由式(5.11)、式(5.19)和式(5.20)同样可以得到与式(5.15)相同的关系式。

由式(5.12)、式(5.15)和式(5.19)可得

$$\begin{cases} i_{L1}(t) = i_{L1}(t_{m2}) - \int_{t_{m2}}^{t} \frac{(1-\alpha_2)U_{CC1}(t) - \frac{1}{2}\alpha_2\Delta U}{(1-\alpha_2)L_1} dt \\ i_{L2}(t) = i_{L2}(t_{m2}) - \int_{t_{m2}}^{t} \frac{(1-\alpha_2)U_{CC1}(t) + \Delta U - \frac{1}{2}\alpha_2\Delta U}{(1-\alpha_2)L_1} dt \end{cases} \tag{5.21}$$

由式(5.21)可以看出，在 t_{m2} 时刻之后，有 $i_{L1} > i_{L2}$，这有助于吸收电容 C_{C1} 充电的加速，吸收电容 C_{C2} 充电的减速，使得吸收电容 C_{C1}、C_{C2} 的电压重新回到一致的状态。

由式(5.21)可以得到 t_{m2} 时刻之后电感 L_1、L_2 电流的差值表达式为

$$i_{L1}(t) - i_{L2}(t) = \int_{t_{m2}}^{t} \frac{\Delta U}{(1-\alpha_2)L_1} \mathrm{d}t \tag{5.22}$$

由式(5.22)可以看出，t_{m2} 时刻之后电感 L_1、L_2 电流的差值随着系数 α_2 的增加而增加，也就是说，系数 α_2 越大，吸收电容 C_{C1}、C_{C2} 的电压就越容易重新回到一致的状态。

由式(5.15)和式(5.20)可以得到 t_{m2} 时刻之后电感 L_1、L_2 的电流求和的表达式为

$$i_{L1}(t) + i_{L2}(t) = i_{L1}(t_{m2}) + i_{L2}(t_{m2}) - \int_{t_{m2}}^{t} \left[\frac{U_{CC1}(t)}{L_1} + \frac{U_{CC2}(t)}{L_2} \right] \mathrm{d}t \tag{5.23}$$

由式(5.23)可以看出，电感 L_1、L_2 的电流之和与 t_{m2} 时刻吸收电容 C_{C1}、C_{C2} 的电压是否出现偏差无关。

由上述分析可以得出：基于耦合电感的双 LC 谐振无源缓冲电路在工作过程中，具有自动实现两个串联吸收电容电压同步波动的功能，并且两个等效电感 L_1、L_2 耦合越紧密(即系数 α_2 值越大)，两个吸收电容电压的同步波动就越容易实现。

2. 耦合电感的设计要素

对于图 5.1 所示的缓冲电路中的耦合电感，由耦合电感的基本数学模型可得

$$\begin{cases} u_{L1} = L_{11} \dfrac{\mathrm{d}i_{L1}}{\mathrm{d}t} + M \dfrac{\mathrm{d}i_{L2}}{\mathrm{d}t} \\ u_{L2} = L_{22} \dfrac{\mathrm{d}i_{L2}}{\mathrm{d}t} + M \dfrac{\mathrm{d}i_{L1}}{\mathrm{d}t} \end{cases} \tag{5.24}$$

其中，L_{11}、L_{22}（$L_{11}=L_{22}$）是等效电感 L_1、L_2 的自感值；M 是它们的互感值。

由于等效电感 L_1、L_2 具有相同的磁路，所以可以得到如下关系：

$$M = L_{11} = L_{22} \tag{5.25}$$

由前边的分析可知：基于耦合电感的双 LC 谐振无源缓冲电路在工作过程中，可以自动实现两个串联吸收电容电压的同步变化。这里如果忽略两路 LC 回路电容电压以及电感电流的差异，则可以得到 $u_{L1}=u_{L2}$，$i_{L1}=i_{L2}$。因此，由式(5.24)和式(5.25)可以得到如下关系：

$$\begin{cases} u_{L1} = L_1 \dfrac{\mathrm{d}i_{L1}}{\mathrm{d}t} = 2L_{11} \dfrac{\mathrm{d}i_{L1}}{\mathrm{d}t} \\ u_{L2} = L_2 \dfrac{\mathrm{d}i_{L2}}{\mathrm{d}t} = 2L_{22} \dfrac{\mathrm{d}i_{L2}}{\mathrm{d}t} \end{cases} \tag{5.26}$$

由式(5.26)可以得到，耦合电感的等效电感值与自感值之间的关系为

$$L_1 = L_2 = 2L_{11} = 2L_{22} \tag{5.27}$$

因此，对于该耦合电感可得

$$u_{L1} = L_{11} \frac{\mathrm{d}(i_{L1} + i_{L2})}{\mathrm{d}t} \tag{5.28}$$

由式 (5.28) 可以得出：该耦合电感在设计时可以等效为一个常规电感，其电感量为耦合电感的自感值 (L_{11})，其流过电流值为耦合电感的等效电感电流之和。

因此，该耦合电感磁芯的 AP 值计算为

$$\mathrm{AP_C} = \frac{L_{11} I_{C\max}^2}{BJK} \tag{5.29}$$

其中，B 为磁芯的最大工作磁感应强度；J 为电流密度；K 为磁芯的窗口利用率；$I_{C\max}$ 为耦合电感等效电感电流之和的最大值，由式 (5.18) 和式 (5.23) 可知，该 $I_{C\max}$ 的值与缓冲电路中是否出现不同步谐振现象无关。

如果不采用耦合电感的实现方案，那么双 LC 谐振无源缓冲电路中电感 L_1、L_2 的磁芯 AP 值计算为

$$\begin{cases} \mathrm{AP_{L1}} = \dfrac{L_1 I_{L1\max}^2}{BJK} \\[2mm] \mathrm{AP_{L2}} = \dfrac{L_2 I_{L2\max}^2}{BJK} \end{cases} \tag{5.30}$$

对比式 (5.29) 与式 (5.30) 可以看出，在理想情况下，若不考虑缓冲电路中两路 LC 回路的不同步谐振问题，则耦合电感的 AP 值与两个分立电感的 AP 值之和相等，即 $\mathrm{AP_C} = \mathrm{AP_{L1}} + \mathrm{AP_{L2}}$。然而，在实际中，如果考虑缓冲电路中出现两路 LC 回路的不同步谐振问题，则式 (5.29) 中的 $I_{C\max}$ 值并无变化，而式 (5.30) 中的 $I_{L1\max}$、$I_{L2\max}$ 将相应增加。因此，在实际设计中，在考虑磁芯最大工作磁感应强度、磁芯窗口利用率以及绕组电流密度相同的前提下，耦合电感 AP 值将小于两个分立电感 AP 值之和，即 $\mathrm{AP_C} < \mathrm{AP_{L1}} + \mathrm{AP_{L2}}$。

5.2.3　实验验证

为了验证本节的相关分析，搭建了单相电流型全桥单级 APFC 变换器实验平台。该实验平台的关键电路参数与所选主要器件如下：①输入电压 u_i=110Vrms±10%；②输出电压 U_o=100VDC；③输入工频整流桥 KBU1010G；④升压电感 L=0.58mH；⑤开关管 S_1、S_2、S_3、S_4 为 24N60C3 (Infineon)；⑥功率变压器 T 的原、副边绕组匝数比 n=2，原边漏感值 $L_{lk} \approx 6\mu\mathrm{H}$；⑦输出整流二极管 MUR1560 (Onsemi)；⑧输出滤波电容 C=1000μF。

在已搭建的单相电流型全桥单级 APFC 变换器的实验平台上分别采用了原始的双 LC 谐振无源缓冲电路以及本节介绍基于耦合电感的双 LC 谐振无源缓冲电路进行实验研究。其中，上述两种缓冲电路以及 APFC 变换器的关键参数如表 5.1 所示。

表 5.1　缓冲电路与 APFC 变换器的关键参数

参数名称	参数值
APFC 变换器开关频率	37kHz（左右）
APFC 变换器最大占空比	80%
缓冲电路电容	$C_{C1}=C_{C2}=44nF\pm10\%$ （每个电容由 2 个 CBB223K 并联获得）
缓冲电路电感 （2 个电感方案）	电感值：76μH；磁芯：EI25（2 个）
缓冲电路电感 （耦合电感方案）	自感值：38μH；等效电感值：76μH； 耦合参数：$\alpha_2>0.97$；磁芯：EI28（1 个）

图 5.5 和图 5.6 所示为采用基于耦合电感的双 LC 谐振无源缓冲电路时 APFC 变换器的输入电压、电流以及各开关管的软开关波形。由图 5.5 可以看出：APFC 变换器的输入电流波形为正弦并且与输入电压波形同相位，该变换器具有很好的功率因数校正效果。由图 5.6 可以看出：开关管 S_1 实现了零电压关断，开关管 S_2 实现了零电压开通与关断。由于开关管 S_3、S_4 分别与 S_1、S_2 的开关状态相同，所以这里不再给出开关管 S_3、S_4 的软开关波形。

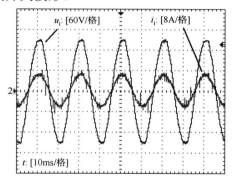

图 5.5　APFC 变换器的输入电压、电流波形

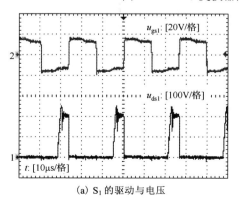

（a）S_1 的驱动与电压

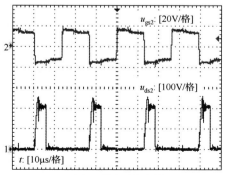

（b）S_2 的驱动与电压

图 5.6　各开关管的软开关波形

　　图 5.7 所示为在 APFC 变换器上采用原始的双 LC 谐振无源缓冲电路时，缓冲电路中吸收电容(C_{C1}、C_{C2})的电压波形。可以看出：由于电容器件容值的误差特性，无论电容 C_{C1}、C_{C2} 的容值是否相等，它们的电压波形均不能完全一致，也就是说缓冲电路中的两路 LC 谐振回路的谐振过程不是完全同步的；另外，对比图 5.7(a)、(b) 中的波形可知，电容 C_{C1}、C_{C2} 的容值差别越大，它们的电压波形的不一致性越强。

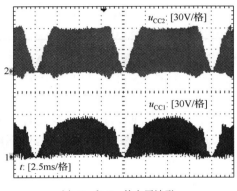

(a) C_{C1} 和 C_{C2} 的电压波形

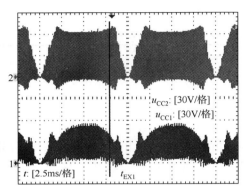

(b) C_{C1} 和 C_{C2} 的电压波形
(CC1 上额外并联了 1 个电容 CBB472J 后)

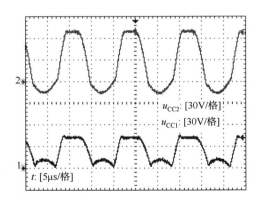

(c) 图中 5.7(b) 的波形在 t_{EX1} 时刻展开的波形

图 5.7　采用两个电感时的吸收电容的电压波形

　　图 5.8 所示为在 APFC 变换器上采用基于耦合电感的双 LC 谐振无源缓冲电路时，缓冲电路中吸收电容(C_{C1}、C_{C2})的电压波形。可以看出：采用电感耦合的方式后，无论电容 C_{C1}、C_{C2} 的容值是否相等，它们的电压波形基本上都是一致的，也就是说缓冲电路中的两路 LC 谐振回路的谐振过程基本上是同步的。

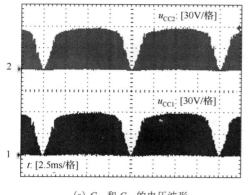

(a) C_{C1} 和 C_{C2} 的电压波形

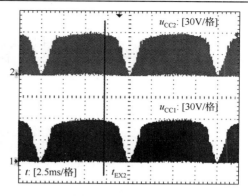

(b) C_{C1} 和 C_{C2} 的电压波形
（C_{C1} 上额外并联了 1 个电容 CBB472J 后）

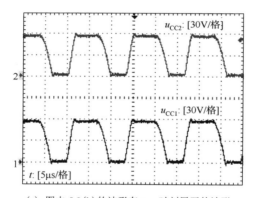

(c) 图中 5.8(b) 的波形在 t_{EX1} 时刻展开的波形

图 5.8　采用耦合电感时的吸收电容的电压波形

5.3　基于耦合电感的多级无源箝位电路

5.3.1　电路结构与工作原理

5.2 节介绍的基于耦合电感的方法虽然解决了双 LC 谐振无源缓冲电路中两路 LC 回路不同步谐振的问题，但无法解决缓冲电路中吸收电容与电感参数以及采用该缓冲电路的单相电流型全桥单级 APFC 变换器开关频率与最大占空比设计受限的问题。为此，在 5.2 节所述基于耦合电感的双 LC 谐振无源缓冲电路的基础上，本节介绍一族基于耦合电感的多级无源箝位电路。图 5.9 所示为该族无源箝位电路的结构及其耦合电感结构。

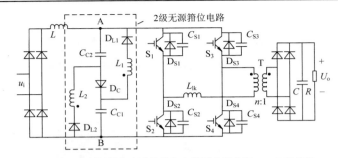

(a) 带 2 级无源箝位电路的单相电流型全桥单级 APFC 变换器

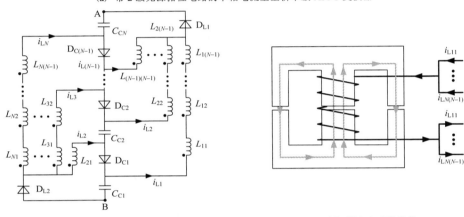

(b) N 级无源箝位电路结构　　　　　　(c) 耦合电感的结构

图 5.9　多级无源箝位电路结构

　　图 5.9(a) 所示为该族 2 级无源箝位电路,该电路与 5.2 节介绍的基于耦合电感的双 LC 谐振无源缓冲电路结构基本一致,只是其中的电容值要大很多,在电路的工作过程中,可以忽略电容电压的变化。图 5.9(b) 所示为该族 N 级无源箝位电路的通用结构,表 5.2 给出 N 级无源箝位电路的基本结构特性,其中,C_C 是箝位电容 $C_{C1},C_{C2},\cdots,C_{CN}$ 的串联等效值(为了达到相同的电压尖峰抑制效果,在各级箝位电路中,C_C 的值应该保持相同)。图 5.9(c) 所示为 N 级无源箝位电路的耦合电感结构,其中,N 级无源箝位电路的所有等效电感($L_{11},L_{12},\cdots,L_{N(N-1)}$,$L_{11}=L_{12}=\cdots=L_{N(N-1)}$)绕制在同一磁芯上,进而构成耦合电感。

表 5.2　N 级无源箝位电路的基本结构特性

	2 级	3 级	…	N 级
串联电容数量	2	3	…	N
各串联电容值	$2C_C$	$3C_C$	…	NC_C
串联电容电压	$nU_o/2$	$nU_o/3$	…	nU_o/N
等效电感数量	2	6	…	$N(N-1)$
二极管数量	3	4	…	$N+1$

　　下面以带 3 级无源箝位电路的单相电流型全桥单级 APFC 变换器（工作于 CCM）的工作过程分析为例介绍该族无源箝位电路的工作原理。以工频周期的正半周为例进行分析，则在升压电感的一个充放电周期内，该 APFC 变换器共有 7 个工作阶段，其中，变换器的主要波形和各工作阶段的等效电路分别如图 5.10 和图 5.11 所示。

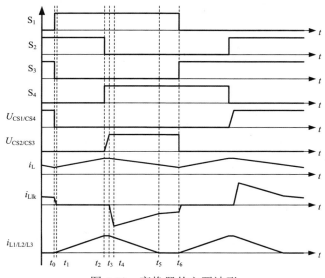

图 5.10　变换器的主要波形

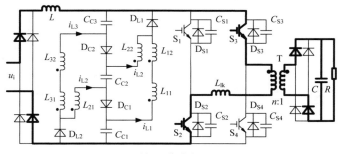

（a）工作阶段 1

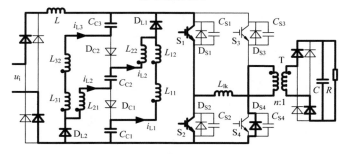

（b）工作阶段 2

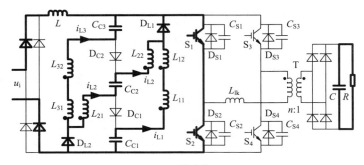

(c) 工作阶段 3

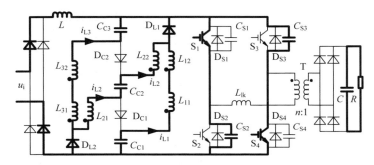

(d) 工作阶段 4

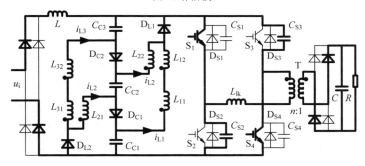

(e) 工作阶段 5

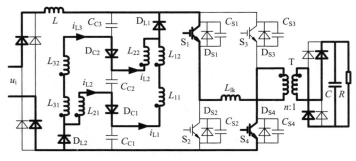

(f) 工作阶段 6

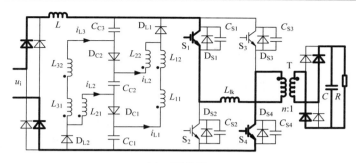

(g)　工作阶段 7

图 5.11　各工作阶段的等效电路

工作阶段 1（t_0 时刻以前）：开关管 S_2、S_3 导通，S_1、S_4 截止。由于变换器工作于 CCM，在桥臂开关管对臂导通时，输入电压与升压电感共同向负载供电。在 t_0 时刻（桥臂开关管由对臂导通向直通状态转换的时刻）以前，变压器原边电压 $U_k = nU_o$，箝位电容电压 $U_{C1} = U_{C2} = U_{C3} = nU_o/3$，各开关管电压 $U_{CS1} = U_{CS4} = nU_o$，$U_{CS2} = U_{CS3} = 0$。升压电感 L 的电流（i_L）通过开关管 S_2、S_3 以及变压器流向负载，i_L 逐渐下降。

工作阶段 2（$t_0 \sim t_1$）：t_0 时刻，开关管 S_1 导通（由于其寄生电容放电非常快，所以这里不考虑该放电过程），同时关断 S_3，在 t_0 时刻前后，S_3 两端电压一直为零，因此 S_3 为零电压关断。升压电感 L 在输入电压的作用下电流线性上升。在箝位电路中：L_{11} 与 L_{12} 串联，它们被电容 C_{C1} 充电；L_{21} 与 L_{22} 串联，它们被电容 C_{C2} 充电；L_{31} 与 L_{32} 串联，它们被电容 C_{C3} 充电。各电感上电流变化规律为

$$i_{L1/L2/L3}(t) = \frac{nU_o}{6L_C}(t - t_0) \tag{5.31}$$

其中，$L_C = L_{11} = L_{12} = L_{21} = L_{22} = L_{31} = L_{32}$。

本阶段，由于变压器原边漏感电流（i_{Llk}）不能突变，所以 t_0 时刻以后，该电流通过 S_2、D_{S4} 以及变压器 T 流向负载，i_{Llk} 迅速减小，其电流表达式为

$$i_{Llk}(t) = i_L - \frac{nU_o}{L_{lk}}(t - t_0) \tag{5.32}$$

到 t_1 时刻，i_{Llk} 下降到零。由于漏感 L_{lk} 值很小，所以本阶段持续时间非常短。本阶段持续时间为

$$t_{01} = \frac{L_{lk}i_L}{nU_o} \tag{5.33}$$

工作阶段 3（$t_1 \sim t_2$）：本阶段，箝位电路中的谐振继续。由于箝位电容 C_{C1}、C_{C2}、C_{C3} 的容值足够大，所以本阶段忽略各串联电容电压的减小量。到 t_2 时刻，箝位电路各电感电流达到一个充放电周期内的最大值。本阶段，变压器原边电压 $U_k = 0$，各开关管电压 $U_{CS1} = U_{CS2} = U_{CS3} = U_{CS4} = 0$。

工作阶段 4($t_2 \sim t_3$)：t_2 时刻，开关管 S_2 关断，开关管 S_4 零电压开通。寄生电容 C_{S2}、C_{S3} 被电感 L_{11}、L_{12}、L_{21}、L_{22}、L_{31}、L_{32} 以及升压电感 L 充电，电容电压迅速上升。到 t_3 时刻，各开关管电压 $U_{CS1} = U_{CS4} = 0$，$U_{CS2} = U_{CS3} = nU_o$。由于寄生电容 C_{S2}、C_{S3} 值非常小，所以本阶段持续时间非常短，在寄生电容的充电过程中忽略各电感电流的变化。

工作阶段 5($t_3 \sim t_4$)：t_3 时刻以后，箝位电容 C_{C1}、C_{C2}、C_{C3} 以及寄生电容 C_{S2}、C_{S3} 被电感 L_{11}、L_{12}、L_{21}、L_{22}、L_{31}、L_{32} 以及 L 充电。同时，变换器输入能量再次开始向输出侧传递，电流 i_{L1k} 由零开始上升。本阶段可以得到如下关系：

$$\begin{cases} i_{L1k}(t) + i_{CS2/CS3}(t) + i_{CC}(t) = i_L + 2i_{L1} \\ i_{CS2/CS3}(t) + i_{CC}(t) = (C_C + 2C_{S2})\dfrac{\mathrm{d}\Delta U_{CS2/CS3}(t)}{\mathrm{d}t} \\ \Delta U_{CS2}(t) = L_{1k}\dfrac{\mathrm{d}i_{L1k}(t)}{\mathrm{d}t} \end{cases} \tag{5.34}$$

其中，$i_{CS2/CS3}$、i_{CC} 是寄生电容 C_{S2}、C_{S3} 以及箝位电容 C_{C1}、C_{C2}、C_{C3} 的充电电流；$\Delta U_{CS2/CS3}$ 是 t_3 时刻以后寄生电容 C_{S2}、C_{S3} 电压的增加量。

在 t_3 时刻之后的瞬间，i_L 和 i_{L1} 可看作常数，因此由式(5.34)可得到如下微分方程：

$$\Delta U_{CS2/CS3}(t) + L_{1k}(C_C + 2C_{S2})\frac{\mathrm{d}^2 U_{CS2/CS3}(t)}{\mathrm{d}t^2} = 0 \tag{5.35}$$

微分方程(5.35)的初始条件为 $i_{CS2/CS3}(t_3) + i_{CC}(t_3) = i_L + 2i_{L1}$，$\Delta U_{CS2/CS3}(t_3) = 0$，$i_{L1k}(t_3) = 0$。因此解方程(5.35)可得

$$\Delta U_{CS2/CS3}(t) = (i_L + 2i_{L1})\sqrt{\frac{L_{1k}}{C_C + 2C_{S2}}}\sin\frac{t - t_3}{\sqrt{L_{1k}(C_C + 2C_{S2})}} \tag{5.36}$$

$$i_{L1k}(t) = (i_L + 2i_{L1})\left[1 - \cos\frac{t - t_3}{\sqrt{L_{1k}(C_C + 2C_{S2})}}\right] \tag{5.37}$$

到 t_4 时刻，电流 i_{L1k} 上升至与 $i_L + 2i_{L1}$ 相等。由于箝位电容 C_{C1}、C_{C2}、C_{C3} 的值足够大，所以本阶段忽略各串联电容电压的增加量。

工作阶段 6($t_4 \sim t_5$)：t_4 时刻以后，电流 i_{L1}、i_{L2}、i_{L3} 以及 i_L 通过开关管 S_1、S_4 与变压器流向变换器的输出侧。本阶段电流 i_{L1}、i_{L2}、i_{L3} 的变化规律为

$$i_{L1/L2/L3}(t) = \frac{nU_o}{6L_C}DT - \frac{nU_o}{3L_C}(t - t_4) \tag{5.38}$$

到 t_5 时刻，电流 i_{L1}、i_{L2}、i_{L3} 下降为零。

工作阶段 7($t_5 \sim t_6$)：本阶段，变换器的输入电压以及升压电感 L 的能量继续通

过开关管 S_1、S_4 以及变压器向负载传递，电感 L 的电流继续下降。本阶段的电路状态与工作阶段 1 相似。

t_6 时刻以后，变换器进入到下一个充放电周期的运行中，各工作阶段的开关状态与上述 7 个工作阶段相似，其中开关管 S_1 与 S_3，S_2 与 S_4 的开关状态调换，这里不再叙述。

5.3.2　多电感耦合的作用机理与设计要素

1.　多电感耦合的作用机理

前边的工作过程分析是在理想条件进行的，分析中认为箝位电路中的各箝位电容以及等效电感的参数相同，因此，认为箝位电路中多个 LC 谐振回路是同步工作的。然而，在实际条件下，与双 LC 谐振无源缓冲电路相似，由于器件参数的误差，箝位电路中多个 LC 谐振回路是无法实现严格的同步谐振的。

本节介绍的多级无源箝位电路采用了多电感耦合的实现方式，由于多个等效电感绕制在同一个磁芯上，它们具有相同的磁路和绕组匝数，所以，此处分析忽略它们在电感值上的差异。

下面以 N 级无源箝位电路为例进行分析。由工作过程分析可知，箝位电路的多个 LC 回路谐振发生在工作阶段 2、3 和 5。为了简化分析，下面只讨论其中两路 LC 回路谐振工作的特性。图 5.12 和图 5.13 所示分别为 N 级箝位电路中的任意两路 LC 回路在工作阶段 2、3 和 5 中的等效电路和耦合电感模型(缓冲电路在工作阶段 2、3 中的过程是一致的)。其中，C_{Ci}、C_{Cj} 为箝位电容 $C_{C1}, C_{C2}, \cdots, C_{CN}$ 中的任意两个；两个耦合电感模型分别由 L_{LKi}、L_{Mi}、L_{LKj}、L_{Mj}、T_{i1} 和 L_{lki}、L_{mi}、L_{lkj}、L_{mj}、T_{i2} 构成，这些参数的关系为

$$\begin{cases} L_{LKi} + L_{Mi} = L_{i1} + L_{i2} + \cdots + L_{i(N-1)} = (N-1)L_C \\ L_{LKj} + L_{Mj} = L_{j1} + L_{j2} + \cdots + L_{j(N-1)} = (N-1)L_C \end{cases} \tag{5.39}$$

$$\begin{cases} L_{lki} + L_{mi} = L_C \\ L_{lkj} + L_{mj} = L_C \end{cases} \tag{5.40}$$

其中，L_{LKi}、L_{LKj} 和 L_{lki}、L_{lkj} 是等效漏感；L_{Mi}、L_{Mj} 和 L_{mi}、L_{mj} 是等效励磁电感；T_{i1} 和 T_{i2} 是理想变压器，并且 $i, j = 1, 2, \cdots, N, i \neq j$。

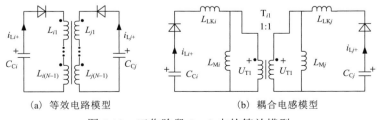

(a)　等效电路模型　　　　　　　　　　(b)　耦合电感模型

图 5.12　工作阶段 2、3 中的等效模型

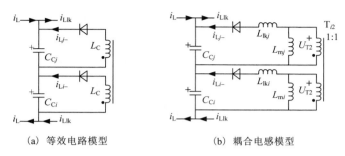

（a）等效电路模型　　　　　　（b）耦合电感模型

图 5.13　工作阶段 5 中的等效模型

由于忽略同一磁芯上电感的参数差异，所以有 $L_{LKi}=L_{LKj}$，$L_{Mi}=L_{Mj}$，$L_{lki}=L_{lkj}$，$L_{mi}=L_{mj}$。这里定义系数 α_N、β_N 为

$$\begin{cases} L_{Mi} = \alpha_N(N-1)L_C \\ L_{LKj} = (1-\alpha_N)(N-1)L_C \end{cases}, \quad \begin{cases} L_{mi} = \beta_N L_C \\ L_{lkj} = (1-\beta_N)L_C \end{cases} \tag{5.41}$$

其中，$0<\alpha_N<1$；$0<\beta_N<1$。

对于图 5.12 所示的等效电路，定义时间 $t_{m1}(t_0<t_{m1}<t_2)$，在 t_{m1} 时刻之前有 $U_{CCi}=U_{CCj}$，$i_{Li+}=i_{Lj+}$（箝位电容 C_{Ci}、C_{Cj} 的放电电流）。假设在 t_{m1} 时刻，箝位电容 C_{Ci}、C_{Cj} 电压出现差异，即

$$U_{CCj}(t_{m1}) = U_{CCi}(t_{m1}) + \Delta U \tag{5.42}$$

其中，$\Delta U>0$。

在 t_{m1} 时刻之后有如下关系：

$$\begin{cases} i_{Li+}(t) = i_{Li+}(t_{m1}) + \int_{t_{m1}}^{t} \dfrac{U_{CCi}(t) - U_{Ti1}(t)}{L_{LKi}} dt \\ i_{Lj+}(t) = i_{Lj+}(t_{m1}) + \int_{t_{m1}}^{t} \dfrac{U_{CCj}(t) - U_{Ti1}(t)}{L_{LKj}} dt \end{cases} \tag{5.43}$$

$$i_{Li+}(t) + i_{Lj+}(t) = i_{Li+}(t_{m1}) + i_{Lj+}(t_{m1}) + \int_{t_{m1}}^{t} \left[\frac{U_{Ti1}(t)}{L_{M1}} + \frac{U_{Ti1}(t)}{L_{M2}} \right] dt \tag{5.44}$$

由式（5.41）、式（5.43）和式（5.14）可得

$$U_{Ti}(t) = \frac{\alpha_N}{2} [U_{CCi}(t) + U_{CCj}(t)] \tag{5.45}$$

由式（5.42）、式（5.43）和式（5.45）可得

$$\begin{cases} i_{Li+}(t) = i_{Li+}(t_{m1}) + \int_{t_{m1}}^{t} \dfrac{(1-\alpha_N)U_{CCi}(t) - \dfrac{1}{2}\alpha_N\Delta U}{(1-\alpha_N)(N-1)L_C}\mathrm{d}t \\[4mm] i_{Lj+}(t) = i_{Lj+}(t_{m1}) + \int_{t_{m1}}^{t} \dfrac{(1-\alpha_N)U_{CCj}(t) + \Delta U - \dfrac{1}{2}\alpha_N\Delta U}{(1-\alpha_N)(N-1)L_C}\mathrm{d}t \end{cases} \tag{5.46}$$

由式 (5.46) 可以看出，在 t_{m1} 时刻之后，有 $i_{Li+}<i_{Lj+}$，这有助于箝位电容 C_{Ci} 放电的减速，箝位电容 C_{Cj} 放电的加速，使得箝位电容 C_{Ci}、C_{Cj} 的电压重新回到一致的状态。

由式 (5.46) 可以得到 t_{m1} 时刻之后电流 i_{Li+}、i_{Lj+} 的差值表达式为

$$i_{Lj+}(t) - i_{Li+}(t) = \int_{t_{m1}}^{t} \dfrac{\Delta U}{(1-\alpha_N)(N-1)L_C}\mathrm{d}t \tag{5.47}$$

由式 (5.47) 可以看出，t_{m1} 时刻之后电流 i_{Li+}、i_{Lj+} 的差值随着系数 α_N 的增加而增加，也就是说，系数 α_N 越大，箝位电容 C_{Ci}、C_{Cj} 的电压就越容易重新回到一致的状态。

由式 (5.44) 和式 (5.45) 可以得到 t_{m1} 时刻之后 $i_{Li+}+i_{Lj+}$ 的表达式为

$$i_{Li+}(t) + i_{Lj+}(t) = i_{Li+}(t_{m1}) + i_{Lj+}(t_{m1}) + \int_{t_{m1}}^{t}\left[\dfrac{U_{CCi}(t)}{(N-1)L_C} + \dfrac{U_{CCj}(t)}{(N-1)L_C}\right]\mathrm{d}t \tag{5.48}$$

由式 (5.48) 可以看出，$i_{Li+}+i_{Lj+}$ 的值与 t_{m1} 时刻箝位电容 C_{Ci}、C_{Cj} 电压是否出现偏差无关。

对于图 5.13 所示的等效电路，定义时间 t_{m2} ($t_3<t_{m2}<t_4$)，在 t_{m2} 时刻之前有 $U_{CCi}=U_{CCj}$，$i_{Li-}=i_{Lj-}$ (箝位电容 C_{Ci}、C_{Cj} 的充电电流)。假设在 t_{m2} 时刻，箝位电容 C_{Ci}、C_{Cj} 电压出现了与式 (5.42) 相同的差异。在 t_{m2} 时刻之后有如下关系：

$$\begin{cases} i_{Li-}(t) = i_{Li-}(t_{m2}) - \int_{t_{m2}}^{t} \dfrac{U_{CCi}(t) - U_{Ti}(t)}{L_{lki}}\mathrm{d}t \\[4mm] i_{Lj-}(t) = i_{Lj-}(t_{m2}) - \int_{t_{m2}}^{t} \dfrac{U_{CCj}(t) - U_{Ti}(t)}{L_{lkj}}\mathrm{d}t \end{cases} \tag{5.49}$$

$$i_{Li-}(t) + i_{Lj-}(t) = i_{Li-}(t_{m2}) + i_{Lj-}(t_{m2}) - \int_{t_{m2}}^{t}\left[\dfrac{U_{Ti2}(t)}{L_{mi}} + \dfrac{U_{Ti2}(t)}{L_{mj}}\right]\mathrm{d}t \tag{5.50}$$

由式 (5.41)、式 (5.49) 和式 (5.50) 同样可以得到与式 (5.45) 相同的关系式。

由式 (5.42)、式 (5.45) 和式 (5.49) 可得

$$\begin{cases} i_{Li-}(t) = i_{Li-}(t_{m2}) - \int_{t_{m2}}^{t} \dfrac{(1-\beta_N)U_{CCi}(t) - \dfrac{1}{2}\beta_N \Delta U}{(1-\beta_N)L_C} \, \mathrm{d}t \\[4mm] i_{Lj-}(t) = i_{Lj-}(t_{m2}) - \int_{t_{m2}}^{t} \dfrac{(1-\beta_N)U_{CCi}(t) + \Delta U - \dfrac{1}{2}\beta_N \Delta U}{(1-\beta_N)L_C} \, \mathrm{d}t \end{cases} \tag{5.51}$$

由式(5.51)可以看出，在 t_{m1} 时刻之后，有 $i_{Li-} > i_{Lj-}$，这有助于箝位电容 C_{Ci} 充电的加速，箝位电容 C_{Cj} 充电的减速，使得箝位电容 C_{Ci}、C_{Cj} 电压重新回到一致的状态。

由式(5.51)可以得到 t_{m2} 时刻之后电流 i_{Li-}、i_{Lj-} 的差值表达式为

$$i_{Li-}(t) - i_{Lj-}(t) = \int_{t_{m2}}^{t} \frac{\Delta U}{(1-\beta_N)L_C} \, \mathrm{d}t \tag{5.52}$$

由式(5.52)可以看出，t_{m2} 时刻之后电流 i_{Li-}、i_{Lj-} 的差值随着系数 β_N 的增加而增加，也就是说，系数 β_N 越大，箝位电容 C_{Ci}、C_{Cj} 电压就越容易重新回到一致的状态。

由式(5.45)和式(5.50)可以得到 t_{m2} 时刻之后 $i_{Li-} + i_{Lj-}$ 的表达式为

$$i_{Li-}(t) + i_{Lj-}(t) = i_{Li-}(t_{m2}) + i_{Lj-}(t_{m2}) - \int_{t_{m2}}^{t} \left[\frac{U_{CCi}(t)}{L_C} + \frac{U_{CCj}(t)}{L_C} \right] \mathrm{d}t \tag{5.53}$$

由式(5.53)可以看出，$i_{Li-} + i_{Lj-}$ 的值与 t_{m1} 时刻箝位电容 C_{Ci}、C_{Cj} 电压是否出现偏差无关。

由上述分析可以得出：基于耦合电感的多级无源箝位电路在工作过程中，具有自动实现各串联箝位电容电压均衡的功能，并且各个等效电感耦合越紧密(即系数 α_N、β_N 值越大)，各串联箝位电容的电压均衡就越容易实现。

2. 多电感耦合的设计要素

对于图 5.9 所示的 N 级无源箝位电路，其耦合电感中的等效电感数量为 $N(N-1)$。这里定义 $N(N-1)$ 个等效电感的自感值为 $L_1, L_2, \cdots, L_{N(N-1)}$ $\left(L_1 = L_2 = \cdots = L_{N(N-1)} \right)$，它们之间的互感值为 $\mathrm{M}_{pq}(p, q = 1, 2, \cdots, N(N-1), p \neq q)$。那么，由耦合电感的基本数学模型可得

$$\begin{bmatrix} u_{L1} \\ u_{L2} \\ \vdots \\ u_{LN(N-1)} \end{bmatrix} = \frac{\mathrm{d}}{\mathrm{d}t} \begin{bmatrix} L_1 & M_{12} & \cdots & M_{1N(N-1)} \\ M_{21} & L_2 & \cdots & M_{2N(N-1)} \\ \vdots & \vdots & & \vdots \\ M_{N(N-1)1} & M_{N(N-1)2} & \cdots & L_{N(N-1)} \end{bmatrix} \begin{bmatrix} i_{L1} \\ i_{L2} \\ \vdots \\ i_{LN(N-1)} \end{bmatrix} \tag{5.54}$$

由于所有的等效电感具有相同的磁路，所以可以得到如下关系：

$$M_{pq(p, q=1, 2, \cdots, N(N-1), p \neq q)} = L_1 \tag{5.55}$$

由前边的分析可知：基于耦合电感的多级无源箝位电路在工作过程中，可以自动实现各串联箝位电容的电压均衡。这里如果忽略各谐振回路电压、电流差异，则可以得到 $u_{L1} = u_{L2} = \cdots = u_{LN(N-1)}$，$i_{L1} = i_{L2} = \cdots = i_{LN(N-1)}$。因此，由式(5.54)和式(5.55)可以得到如下关系：

$$\begin{bmatrix} u_{L1} \\ u_{L2} \\ \vdots \\ u_{LN(N-1)} \end{bmatrix} = N(N-1)\frac{\mathrm{d}}{\mathrm{d}t}\begin{bmatrix} L_1 & 0 & \cdots & 0 \\ 0 & L_2 & \cdots & 0 \\ \vdots & \vdots & & \vdots \\ 0 & 0 & \cdots & L_{N(N-1)} \end{bmatrix}\begin{bmatrix} i_{L1} \\ i_{L2} \\ \vdots \\ i_{LN(N-1)} \end{bmatrix} \tag{5.56}$$

由式(5.56)可以得到，耦合电感的等效电感值与自感值之间的关系为

$$N(N-1)L_1 = L_{\mathrm{C}} \tag{5.57}$$

因此，对于该耦合电感可得

$$u_{L1} = L_1\frac{\mathrm{d}}{\mathrm{d}t}\sum_{p=1}^{N(N-1)}i_{Lp} = L_1\frac{\mathrm{d}N(N-1)i_{L1}}{\mathrm{d}t} \tag{5.58}$$

由式(5.58)可以得出：该耦合电感在设计时可以等效为一个常规电感，其电感量为耦合电感的自感值(L_1)，其流过电流值为耦合电感的等效电感电流之和。

5.3.3　箝位电路级数的影响机制分析

1. APFC 变换器的最大占空比

由式(2.14)可得，采用多级无源箝位电路的单相电流型全桥单级 APFC 变换器的最小占空比为

$$D_{\min} = \frac{nU_{\mathrm{o}} - U_{\mathrm{i}}}{nU_{\mathrm{o}}} \tag{5.59}$$

由 APFC 变换器的工作过程分析可知：为了避免耦合电感的磁芯饱和，无源箝位电路中各电感电流必须在每个充放电周期内回零。由式(5.38)可得 APFC 变换器的最大占空比与无源箝位电路级数的关系为

$$\frac{nU_{\mathrm{o}}}{N(N-1)L_{\mathrm{C}}}DT \leqslant \frac{nU_{\mathrm{o}}}{NL_{\mathrm{C}}}(1-D)T \tag{5.60}$$

由式(5.60)可得该采用多级无源箝位电路的单相电流型全桥单级 APFC 变换器的最大占空比限制为

$$D_{\max} \leqslant \frac{N-1}{N} \tag{5.61}$$

2. APFC 变换器的开关管电压、电流应力

由式 (5.36) 可以近似得到采用多级无源箝位电路的单相电流型全桥单级 APFC 变换器各开关管的电压应力表达式为

$$U_S = nU_o + i_L \sqrt{\frac{L_{lk}}{C_C}} \tag{5.62}$$

其中，i_{L1} 和 C_{S2} 的值分别远小于 i_L 和 C_C 的值，因此，在式 (5.62) 中忽略它们的影响。

在前边的工作过程分析中认为 C_C 的值很大，在一个充放电周期内可以忽略箝位电容的电压波动。也就是说，此时式 (5.62) 中的后一项可以被忽略，各开关管的电压应力近似等于 nU_o。在实际中 C_C 的值应该按照各开关管的电压应力要求参照式 (5.62) 来计算与设计。

由 APFC 变换器的工作过程分析可得到，对于带 N 级无源箝位电路的单相 APFC 变换器，其各开关管在一个充放电周期内的最大电流表达式为

$$I_{SP} = i_L + Ni_{L1} = i_L + \frac{nU_o}{(N-1)L_C} DT \tag{5.63}$$

由于在整个工频周期内，i_L 与 D 的值是变化的，所以由式 (2.14) 可得 APFC 变换器各开关管的电流在整个工频周期内的变化规律为

$$i_S(t) = I_L |\sin \omega t| + \frac{nU_o T}{(N-1)L_C} \left(1 - \frac{U_i}{nU_o} |\sin \omega t| \right) \tag{5.64}$$

其中，I_L 为电流 i_L 在一个工频周期内的最大值。

通常，I_L 的值远大于 Ni_{L1} 的值，尤其是无源箝位电路的级数 N 增加的时候。因此，APFC 变换器各开关管的电流应力表达式近似为

$$I_S = I_L + \frac{nU_o}{(N-1)L_C} D_{min} T \tag{5.65}$$

其中，I_L 值主要受 APFC 变换器的传输功率影响，式 (5.65) 的后一项是由无源箝位电路的采用而引入的附加电流应力。

3. 耦合电感的体积

由前边关于多电感耦合的设计要素分析可知：该多级无源箝位电路的耦合电感可等效为一个常规的单电感，其电感量为耦合电感的自感值 (L_1)，其流过电流值为耦合电感的等效电感电流之和。因此，电感电流的最大值可计算为

$$I_{Cmax} = N(N-1)I_{L1max} = \frac{nU_o}{L_C} D_{max} T \tag{5.66}$$

因此，可以计算该耦合电感的 AP 值为

$$\text{AP} = \frac{L_1 I_{C\max}^2}{BJK} = \frac{(n U_o D_{\max} T)^2}{N(N-1) L_C BJK} \tag{5.67}$$

4. 分析总结

综上所述，可以得到关于 N 级无源箝位电路的分析结果如表 5.3 所示。可以看出，本节介绍的多级无源箝位电路的主要缺点是：随着级数(N)的增加，箝位电路中的串联箝位电容与等效电感数量以及二极管数量增加，也就是说随着级数(N)的增加，箝位电路的复杂程度增加。然而，对于各串联电容以及二极管 $D_{C1}, D_{C2}, \cdots, D_{C(N-1)}$，它们的电压应力随着箝位级数的增加而降低，电流应力不受箝位电路级数的影响；对于二极管 D_{L1}、D_{L2}，它们的电压应力虽然随着箝位电路级数的增加而增加，但是其电压上限为 $n U_o$，它们的电流应力为耦合电感各等效电感总电流值的一半，同样不受箝位电路级数的影响。

表 5.3　多级无源箝位电路的分析结果

	2 级	3 级	⋯	N 级
APFC 变换器的最大占空比	1/2	2/3	⋯	$N-1/N$
APFC 变换器各开关管附加电流应力	$\dfrac{n U_o}{L_C} DT$	$\dfrac{n U_o}{2 L_C} DT$	⋯	$\dfrac{n U_o}{(N-1) L_C} DT$
耦合电感的自感值	$L_C/2$	$L_C/6$	⋯	$L_C/N(N-1)$
耦合电感各等效电感的总电流值	$\dfrac{n U_o}{L_C} DT$	$\dfrac{n U_o}{L_C} DT$	⋯	$\dfrac{n U_o}{L_C} DT$
耦合电感磁芯的 AP 值	$\dfrac{(n U_o D_{\max} T)^2}{2 L_C BJK}$	$\dfrac{(n U_o D_{\max} T)^2}{6 L_C BJK}$	⋯	$\dfrac{(n U_o D_{\max} T)^2}{N(N-1) L_C BJK}$
二极管 D_{L1}、D_{L2} 的电压值	$n U_o/2$	$2 n U_o/3$	⋯	$(N-1) n U_o/N$
二极管 $D_{C1} \cdots D_{L2}$ 的电压值	$n U_o$	$n U_o/2$	⋯	$n U_o/(N-1)$

由表 5.3 可以看出，对于本节介绍的多级(N 级)无源箝位电路，在具有相同的串联电容等效值 C_C 与等效电感值 L_C 的情况下，随着级数 N 的增加，APFC 变换器与箝位电路将展现出以下三方面的优势。

(1)PFC 变换器的最大占空比：APFC 变换器的最大占空比随着箝位电路级数 N 的增加而增加。对于基本的采用平均电流型控制的 Boost 型 APFC 变换器，最大占空比出现在 $u_i=0$ 的时刻，适当增加最大占空比可以改善 APFC 变换器的输入电流过零畸变现象。

(2)关管 $S_1 \sim S_4$ 的附加电流应力：APFC 变换器各开关管的附加电流应力(由箝位电路造成的)随着箝位电路级数 N 的增加而减少，这有助于降低各开关管的导通与开关损耗。

(3)耦合电感的体积：随着箝位电路级数 N 的增加，在等效电感值不变的前提下，耦合电感的自感值不断减少，而耦合电感各等效电感的总电流值不随箝位电路

级数 N 的变化而改变，因此，耦合电感磁芯的 AP 值随着箝位电路级数 N 的增加而减小，即耦合电感的体积随着箝位电路级数 N 的增加而减小。

5.3.4　实验验证

为了验证本节的相关分析，在 5.2 节搭建的单相电流型全桥单级 APFC 变换器的实验平台上分别采用了本节介绍的多级无源箝位电路中的 4 级和 5 级电路进行实验研究。其中，上述两种箝位电路以及 APFC 变换器的关键参数如表 5.4 所示。

表 5.4　多级箝位电路与 APFC 变换器的关键参数

参数名称	参数值（4 级箝位电路）	参数值（5 级箝位电路）
APFC 变换器开关频率	40kHz	40kHz
APFC 变换器最大占空比	75%	80%
箝位电路电容	$C_{C1}=C_{C2}=C_{C3}=C_{C4}=440\mu F$ （$C_C=110\mu F$）	$C_{C1}=C_{C2}=C_{C3}=C_{C4}=C_{C5}=540\mu F$ （$C_C=108\mu F$）
箝位电路耦合电感	自感值：80μH 等效电感值：960μH 耦合参数：$\lambda\approx0.98$ 磁芯：EI25	自感值：48μH 等效电感值：960μH 耦合参数：$\lambda\approx0.97$ 磁芯：EI22

图 5.14 所示为分别采用 4 级、5 级无源箝位电路时 APFC 变换器的输入电压、电流波形。表 5.5 所示为分别采用 4 级、5 级无源箝位电路时，APFC 变换器功率因数校正效果与效率的测试结果。由图 5.14 中的波形和表 5.5 中的数据可以看出：APFC 变换器具有很好的功率因数校正效果以及较高的转换效率；随着最大占空比的提高（采用 4 级无源箝位电路时，APFC 变换器的最大占空比限制为 75%；而采用 5 级无源箝位电路时，APFC 变换器的最大占空比限制为 80%），APFC 变换器输入电流的过零畸变现象与 THD 值均得到了明显的改善，这方面与基本的单开关两级 Boost 型 APFC 变换器相似；采用 5 级无源箝位电路时 APFC 变换器的效率略高于采用 4 级无源箝位电路时，这是由于随着级数的增加，箝位电路处理的能量及其造成的开关管附加电流应力减小。

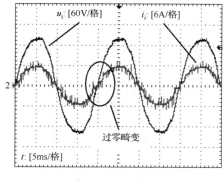

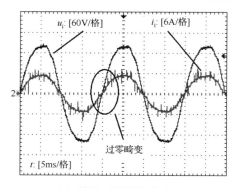

（a）采用 4 级无源箝位电路时　　　　　（b）采用 5 级无源箝位电路时

图 5.14　APFC 变换器的输入电压、电流波形

表 5.5　APFC 变换器功率因数校正效果与效率的测试结果

P_o/W	100	200	300	400
THD/%（4 级箝位电路）	8.4	7.8	7.1	7.3
THD/%（5 级箝位电路）	6.3	5.7	5.2	4.9
η/%（4 级箝位电路）	83.1	86.9	89.2	91.2
η/%（5 级箝位电路）	84.2	87.5	89.5	91.4

图 5.15 所示为 APFC 变换器各开关管的软开关波形（采用 4 级还是 5 级无源箝位电路并不影响 APFC 变换器各开关管的电压波形）。可以看出：开关管 S_1 实现了零电压关断，开关管 S_2 实现了零电压开通。在该 APFC 变换器中，开关管 S_3、S_4 分别与 S_1、S_2 的开关状态相同，因此这里不再给出开关管 S_3、S_4 的软开关波形。

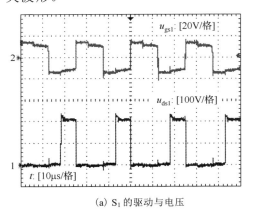
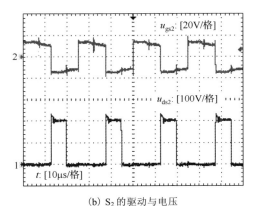

(a) S_1 的驱动与电压　　　　　　　　　　(b) S_2 的驱动与电压

图 5.15　各开关管的软开关波形

图 5.16 所示为 APFC 变换器各开关管的驱动和电流波形，其中，位于上方的电流波形为采用 4 级无源箝位电路时测量获得的，位于下方的电流波形为采用 5 级无源箝位电路时测量获得的。图 5.16 中的电流波形是当 APFC 变换器运行在负载较轻的情况下获得的，对于轻载运行的 APFC 变换器，其开关管电流中的输入电流成分（即升压电感电流成分）远少于其重载运行情况，而由耦合电感造成开关管电流的增加量与其重载运行情况相当，因此在轻载情况下能更好地对比采用 4 级和 5 级无源箝位电路后 APFC 变换器的开关管电流值。可以看出：采用 5 级无源箝位电路时 APFC 变换器的开关管电流略小于采用 4 级无源箝位电路时的开关管电流。这证明了本节关于采用多级无源箝位电路对 APFC 变换器开关管电流应力影响的分析。在 APFC 变换器中，开关管 S_3、S_4 分别与 S_1、S_2 的开关状态相同，因此这里不再给出开关管 S_3、S_4 的相关波形。

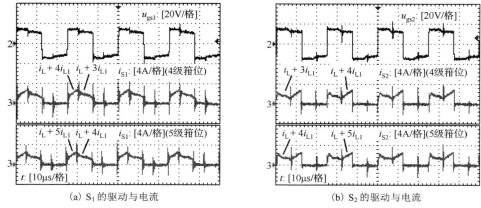

(a) S₁ 的驱动与电流　　　　　　　　　　(b) S₂ 的驱动与电流

图 5.16　开关管的电流波形对比

图 5.17 所示分别为将 4 级、5 级无源箝位电路应用于 APFC 变换器时，箝位电路中各串联箝位电容的电压波形。可以看出：无论在 APFC 变换器中采用 4 级还是 5 级无源箝位电路，均实现了箝位电路中各串联箝位电容的电压均衡，也就是说本节介绍的多级无源箝位电路具有各串联箝位电容电压自然均压的优势。这证明了本节关于多电感耦合作用机理的分析。

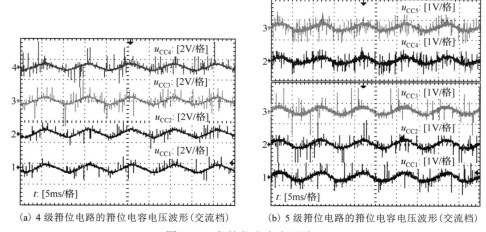

(a) 4 级箝位电路的箝位电容电压波形(交流档)　　(b) 5 级箝位电路的箝位电容电压波形(交流档)

图 5.17　各箝位电容电压波形

5.4　基于变压器集成的反激式无源辅助环节

5.4.1　电路结构与工作原理

由第 2 章的分析可知，在电流型全桥单级 APFC 变换器中：单相 APFC 变换器通常工作于 CCM，在一个工频周期内，占空比宽范围变化，如式 (2.14) 所示，为了减小输入电流的过流畸变，最大占空比一般远大于 50%；三相 APFC 变换器工作于 DCM，在一个工频周期内，占空比保持不变或者只做微小变化，其最大值与变换器升压电感值、升压比等参数的选取有关，变换器的功率因数校正效果本身不对最大占空比产生严格意义上的约束。

第 4 章介绍的各种无源缓冲电路，其 LC 谐振电路在 APFC 变换器的开关管直通与对臂导通期间均要完成谐振工作，一般通过对谐振电路 LC 时间常数的设计来满足 APFC 变换器占空比的限制。因此，这些缓冲电路在单相、三相电流型全桥单级 APFC 变换器中均可采用。然而，这些缓冲电路的电容与电感参数取值相对较小，这将影响 APFC 变换器的电压尖峰抑制效果，并造成较大的开关管附加电流应力值。

为了有效地提高 APFC 变换器的电压尖峰抑制效果、降低其开关管附加电流应力，本节在双 LC 谐振无源缓冲电路的基础上，介绍一种适合三相电流型全桥单级 APFC 变换器、基于变压器集成的反激式无源辅助环节。图 5.18 (a) 所示为采用该反激式无源辅助环节的三相电流型全桥单级 APFC 变换器。其中，辅助环节由箝位电容 C_{C1}、C_{C2}（$C_{C1}=C_{C2}$），二极管 D_{L1}、D_{L2}、D_C、D_f 以及反激式变压器 T_f 构成，其中，L_1、L_2（$L_1=L_2$）是反激式变压器 T_f 原边 2 个电感的等效电感值，L_f 是副边电感值，n_f 是反激式变压器的原、副边绕组匝数比。可以看出：该无源辅助环节相当于 2 个反激式环节，如图 5.18 (b) 所示，具有 2 个原边绕组的反激式变压器 T_f 相当于 2 个单原边绕组反激式变压器 (T_{f1}、T_{f2}) 的集成，其副边电感 L_f 与 2 个原边电感都存在耦合关系。

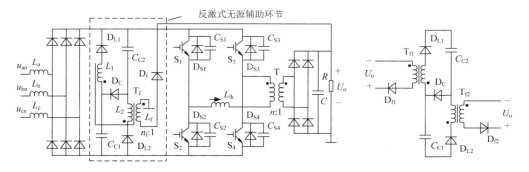

(a) 采用反激式无源辅助环节的三相电流型全桥单级 APFC 变换器　　(b) 无源辅助环节的等效电路

图 5.18　基于变压器集成的反激式无源辅助环节

下面以工频周期的 $0 \leqslant \omega t \leqslant \pi / 6$ 时间段为例进行分析，则在升压电感的一个充放电周期内，图 5.18 (a) 所示的 APFC 变换器共有 7 个工作阶段，其中变换器的主要波形和各工作阶段的等效电路分别如图 5.19 和图 5.20 所示。

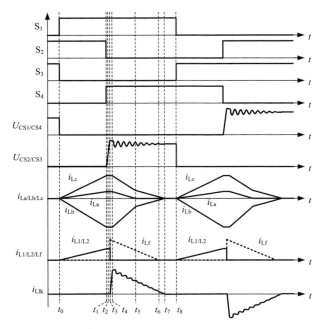

图 5.19 变换器的主要波形

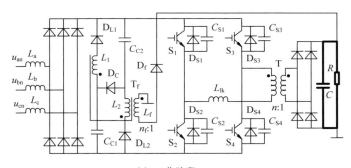

（a）工作阶段 1、7

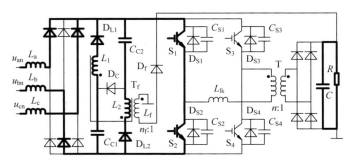

（b）工作阶段 2

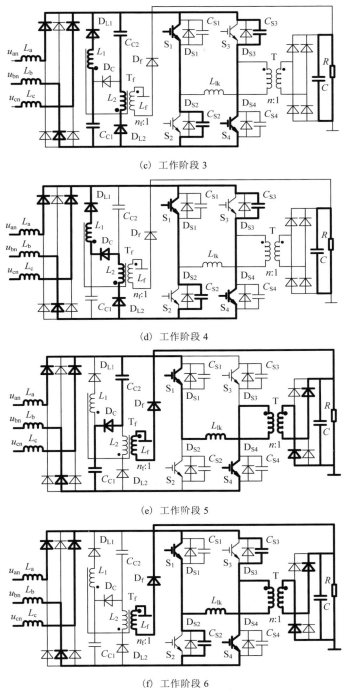

(c)　工作阶段 3

(d)　工作阶段 4

(e)　工作阶段 5

(f)　工作阶段 6

图 5.20　各工作阶段的等效电路

工作阶段 1(t_0 时刻以前)：开关管 S_2、S_3 导通，S_1、S_4 截止。APFC 变换器工作于 DCM，升压电感电流(i_{La}、i_{Lb}、i_{Lc})在 t_0 时刻以前已经下降到零，因此变压器原、副边电流均为零。变压器原边各电压 $U_{CS1}=U_{CS4}=nU_o$，$U_{CS2}=U_{CS3}=0$，$U_{CC1}=U_{CC2}=U_{CC}$(这里定义 $2U_{CC}=anU_o$，系数 $a>1$)。本阶段，变换器的输出电流仅由其输出滤波电容 C 放电提供。

工作阶段 2($t_0 \sim t_1$)：t_0 时刻，开关管 S_1 零电流开通，S_3 零电压零电流关断。在三相输入电压的作用下，i_{La}、i_{Lb}、i_{Lc} 由零开始线性上升。在辅助环节中，箝位电容 C_{C1}、C_{C2} 通过开关管 S_1、S_2 对 L_1、L_2 充电，电感电流(i_{L1}、i_{L2})由零开始上升，这里认为箝位电容 C_{C1}、C_{C2} 足够大，因此在其放电期间忽略电容电压的下降。到 t_1 时刻，本阶段结束，电流 i_{La}、i_{Lb}、i_{Lc} 与 i_{L1}、i_{L2} 达到一个充放电周期内的最大值，见式(5.68)和式(5.69)。本阶段，$U_{CS1}=U_{CS2}=U_{CS3}=U_{CS4}=0$，$U_{CC1}=U_{CC2}=U_{CC}=anU_o/2$，变换器的输出电流仅由其输出滤波电容 C 放电提供。

$$i_{La/Lb/Lc}(t_1) = \frac{u_{an/bn/cn}}{L}DT \tag{5.68}$$

$$i_{L1/L2}(t_1) = \frac{anU_o}{2L_1}DT \tag{5.69}$$

工作阶段 3($t_1 \sim t_2$)：t_1 时刻，开关管 S_2 关断，S_4 零电压开通。寄生电容 C_{S2}、C_{S3} 被 L_a、L_b、L_c 以及 L_1、L_2 充电。到 t_2 时刻，$U_{CS2}=U_{CS3}=U_{CC1}=U_{CC2}=anU_o/2$，$L_1$、$L_2$ 的充电过程结束。本阶段，变换器的输出电流仅由其输出滤波电容 C 放电提供。

工作阶段 4($t_2 \sim t_3$)：t_2 时刻，二极管 D_C 导通，电感 L_1、L_2 通过 D_C 串联，电容 C_{S2}、C_{S3} 被 L_a、L_b、L_c 以及 L_1、L_2 充电。到 t_3 时刻，$U_{CS1}=U_{CS4}=0$，$U_{CS2}=U_{CS3}=anU_o$。本阶段，变换器的输出电流仅由其输出滤波电容 C 放电提供。

由于寄生电容 C_{S2}、C_{S3} 容值很小，所以工作阶段 3、4 的持续时间非常短，在此过程中，忽略电感 L_a、L_b、L_c 以及 L_1、L_2 的电流变化。在 $U_{CS2}=U_{CS3}=nU_o$ 的时刻以后，漏感 L_{lk} 电流应该由零开始增加，然而由于寄生电容 C_{S2}、C_{S3} 的电压由 nU_o 上升至 anU_o 的时间非常短，在此期间漏感电流的增加非常小，所以本阶段不考虑漏感电流的增加。

工作阶段 5($t_3 \sim t_4$)：本阶段 L_1、L_2 中存储的能量转移至 L_f 中并开始向变换器的输出侧传递。在 t_3 时刻以后，升压电感 L_a、L_b、L_c 向箝位电容 C_{C1}、C_{C2} 和 C_{S2}、C_{S3} 充电(箝位电容 C_{C1}、C_{C2} 足够大，因此充电期间忽略其电压的变化)，电流 i_{La}、i_{Lb}、i_{Lc} 开始下降，漏感 L_{lk} 电流由零开始增加，变换器输入侧能量开始经过变压器 T 向输出侧转移，此时变压器原边电压被箝位在 nU_o。本阶段，L_f 和 L_{lk} 的电流变化规律为

$$i_{Lf}(t) = \frac{anU_oDTn_f}{L_1} - \frac{U_o}{L_f}(t-t_3) \tag{5.70}$$

$$i_{\text{Llk}}(t) = \frac{(a-1)nU_{\text{o}}}{L_{\text{lk}}}(t - t_3) \tag{5.71}$$

到 t_4 时刻，$i_{\text{Llk}}(t_4) = -i_{\text{Lb}}$。漏感 L_{lk} 的电感值远小于 L_{a}、L_{b}、L_{c} 以及 L_1、L_2 的电感值，因此在漏感电流上升的过程中，可以忽略电感电流 i_{La}、i_{Lb}、i_{Lc} 及 i_{L1}、i_{L2} 的变化，本阶段持续时间为

$$t_{34} = \frac{-i_{\text{Lb}}L_{\text{lk}}}{(a-1)nU_{\text{o}}} \tag{5.72}$$

工作阶段 5（$t_4 \sim t_7$）：t_3 时刻，$U_{\text{CS2}} = U_{\text{CS3}} = anU_{\text{o}}$，$i_{\text{Llk}}(t_4) = -i_{\text{Lb}}$，变压器原边电压仍被箝位在 nU_{o}，那么 t_4 时刻以后，U_{CS2} 与 U_{CS3} 开始下降，i_{Llk} 继续增加，而由于二极管 D_{C} 的存在，U_{CC1} 与 U_{CC2} 不会下降。因此，本阶段有如下关系：

$$\begin{cases} i_{\text{Llk}}(t) + i_{\text{CS2}}(t) + i_{\text{CS3}}(t) = -i_{\text{Lb}} \\ i_{\text{CS2}}(t) + i_{\text{CS3}}(t) = 2C_{\text{S2}}\dfrac{\text{d}\Delta u_{\text{CS2}}(t)}{\text{d}t} \\ (a-1)nU_{\text{o}} + \Delta u_{\text{CS2}}(t) = L_{\text{lk}}\dfrac{\text{d}i_{\text{Llk}}(t)}{\text{d}t} \end{cases} \tag{5.73}$$

其中，i_{CS2}、i_{CS3} 是寄生电容 C_{S2}、C_{S3} 的充电电流；Δu_{CS2} 是 t_4 时刻以后寄生电容 C_{S2}、C_{S3} 电压的增加量。

在 t_4 时刻之后的瞬间，$-i_{\text{Lb}}$ 可以视为常量，因此，由式（5.73）可以得到如下微分方程：

$$\Delta u_{\text{CS2}}(t) + 2L_{\text{lk}}C_{\text{S2}}\frac{\text{d}^2\Delta u_{\text{CS2}}(t)}{\text{d}t^2} = -(a-1)nU_{\text{o}} \tag{5.74}$$

方程（5.74）的初始条件为 $\Delta u_{\text{CS2}}(t_4) = 0$，$\Delta u_{\text{CS2}}(t_4) = 0$，$i_{\text{CS2}}(t_4) + i_{\text{CS3}}(t_4) = 0$。求解该方程为

$$\Delta u_{\text{CS2}}(t) = -(a-1)nU_{\text{o}} + (a-1)nU_{\text{o}}\cos\frac{t - t_4}{\sqrt{2L_{\text{lk}}C_{\text{S2}}}} \tag{5.75}$$

由式（5.75）可以看出，t_4 时刻以后，在 APFC 变换器向输出侧传递能量的同时，寄生电容 C_{S2}、C_{S3} 与漏感 L_{lk} 将进行谐振。由于 C_{S2}、C_{S3} 与 L_{lk} 的参数值均很小，该谐振频率远高于变换器的充放电频率，所以在每个谐振周期内均可视 $-i_{\text{Lb}}$ 为常量。进一步计算得到本阶段 U_{CS2}、U_{CS3} 以及 i_{Llk} 的变化规律为

$$U_{\text{CS2/CS3}}(t) = nU_{\text{o}} + (a-1)nU_{\text{o}}\cos\frac{t - t_4}{\sqrt{2L_{\text{lk}}C_{\text{S2}}}} \tag{5.76}$$

$$i_{\text{Llk}}(t) = -i_{\text{Lb}} + (a-1)nU_{\text{o}}\sqrt{\frac{2C_{\text{S2}}}{L_{\text{lk}}}}\sin\frac{t - t_4}{\sqrt{2L_{\text{lk}}C_{\text{S2}}}} \tag{5.77}$$

本阶段，i_{La}、i_{Lb}、i_{Lc} 及 i_{Lf} 继续下降。到 t_5 时刻，i_{La} 下降到零，到 t_6 时刻，i_{Lf} 下降到零，到 t_7 时刻，i_{Lb}、i_{Lc} 下降到零。由式(5.76)和式(5.77)可以看出，电流 i_{Llk} 中的谐振分量的数值远小于其平均值。这里认为到 t_7 时刻，i_{Llk} 中的谐振分量也因线路阻抗等因素而降为零，则有 $i_{Llk}(t_7)=0$，$U_{CS2/CS3}(t_7)=nU_o$。

工作阶段 7$(t_7 \sim t_8)$：本阶段 APFC 变换器进入电流断续状态，其等效电路与工作阶段 1 相同，变压器 T 的原、副边电流均为零，变换器的输出电流仅由其输出滤波电容 C 放电提供。

t_8 时刻以后，变换器进入下一个充放电周期的运行中，各工作阶段的开关状态与上述 7 个工作阶段相似，其中开关管 S_1 与 S_3，S_2 与 S_4 的开关状态调换，这里不再叙述。

5.4.2　反激式集成变压器的作用机理与结构设计

1.　集成变压器的结构方案对比

由前边原理分析可得到，对于无源辅助环节中的反激式集成变压器 T_f，有如图 5.21 所示两种基本的结构方案可供选择。两种结构方案的特点如下。

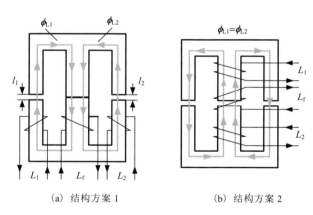

（a）结构方案 1　　　　　（b）结构方案 2

图 5.21　反激式集成变压器 T_f 的两种基本结构方案

结构方案 1：如图 5.21(a)所示，变压器副边电感 L_f 绕制在磁芯的中柱上，两个原边电感 L_1、L_2 分别绕制在磁芯的两个边柱上。磁芯的中柱上没有气隙，两个边柱上存在气隙$(l_1、l_2，l_1=l_2)$，两个原边电感 L_1、L_2 之间几乎不存在磁路上的耦合关系。

结构方案 2：如图 5.21(b)所示，变压器的原、副边电感 L_1、L_2 和 L_f 都绕制在磁芯的中柱上，磁芯的中柱和两个边柱上存在长度相等的气隙，并且两个原边电感 L_1、L_2 之间存在着磁路上的耦合关系。

相比较而言，如图 5.21(b)所示变压器的结构方案 2 在制造方面要比如图 5.21(a)所示变压器的结构方案 1 容易。

2. 集成变压器的作用机理分析

对于图 5.21（b）所示的反激式集成变压器结构，由于两个原边电感存在着磁路上的耦合关系，这种耦合关系可能会对辅助环节中的谐振过程造成一定影响，所以下面以图 5.21（b）所示结构方案为例对反激式集成变压器的作用机理进行分析。

由工作过程分析可知，本节介绍的辅助环节的谐振过程主要发生在工作阶段 2。

首先，假设在工作阶段 2 中，箝位电容 C_{C1}、C_{C2} 的电压出现了不均衡的情况。由于在工作阶段 2 中，反激式集成变压器相当于一个耦合电感，其等效电路如图 5.22（a）所示，其中，L_{lk1}、L_{lk2} 是等效的漏感，L_{m1}、L_{m2} 是等效的励磁电感（$L_{lk1}+L_{m1}=L_1$，$L_{lk2}+L_{m2}=L_2$），T_{ideal} 是理想变压器。那么由 5.2 节中关于耦合电感作用机理的分析可以同理得出：本节介绍的基于反激式集成变压器的无源辅助环节在工作的过程中，具有自动实现两个箝位电容电压均衡的功能，并且集成变压器两个原边电感耦合越紧密，两个箝位电容的电压均衡就越容易实现。

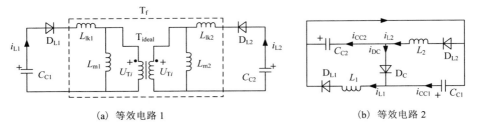

（a）等效电路 1　　　　　　　　　　　（b）等效电路 2

图 5.22　辅助环节在工作阶段 2 中的等效电路

接下来，假设在工作阶段 2 中，集成变压器的两个原边电感电流出现了不一致的情况。这里定义时间 t_m（$t_0<t_m<t_1$），在 t_m 时刻之前有 $U_{CC1}=U_{CC2}$，$i_{L1}=i_{L2}$，在 t_m 时刻有 $U_{CC1}(t_m)=U_{CC2}(t_m)$，$i_{L1}(t_m)\neq i_{L2}(t_m)$。在 t_m 时刻以后辅助环节的等效电路如图 5.22（b）所示，则箝位电容 C_{C1}、C_{C2} 的电压计算为

$$\begin{cases} U_{CC1}(t)=U_{CC1}(t_m)-\dfrac{1}{C_{C1}}\displaystyle\int_{t_m}^{t} i_{CC1}(t)\mathrm{d}t \\ U_{CC2}(t)=U_{CC2}(t_m)-\dfrac{1}{C_{C2}}\displaystyle\int_{t_m}^{t} i_{CC2}(t)\mathrm{d}t \end{cases} \tag{5.78}$$

$$\begin{cases} i_{CC1}(t)=i_{L1}(t)-i_{DC} \\ i_{CC2}(t)=i_{L2}(t)-i_{DC} \end{cases} \tag{5.79}$$

其中，i_{CC1}、i_{CC2} 分别为箝位电容 C_{C1}、C_{C2} 的放电电流。

由式（5.78）和式（5.79）可以看出，如果 $i_{CC1}(t)/i_{CC2}(t)=C_{C1}/C_{C2}$，那么在工作阶段 2 中有 $U_{CC1}(t)=U_{CC2}(t)$，在此种情况下可以得到 $i_{DC}=0$，$i_{L1}(t)/i_{L2}(t)=C_{C1}/C_{C2}$。

假设在 t_m 时刻以后，$i_{L1}(t)/i_{L2}(t) > C_{C1}/C_{C2}$，则由式(5.78)和式(5.79)可以得出：在 t_m 时刻以后，$i_{DC} > 0$，$i_{CC1}(t)/i_{CC2}(t) > C_{C1}/C_{C2}$，$U_{CC1}(t) < U_{CC2}(t)$。

由耦合电感的作用机理分析可知，在工作阶段 2 中，当 $U_{CC1}(t) < U_{CC2}(t)$ 出现时，$i_{L1}(t) < i_{L2}(t)$ 将会立即出现来加速箝位电容 C_{C2} 的放电(这种情况下，$i_{DC} = 0$，$i_{CC1}/i_{CC2} = i_{L1}/i_{L2}$)。由此可见，在反激式集成变压器 T_f 的作用下，本节介绍的辅助环节的电压与电流都是均衡变化的，即 $U_{CC1}(t) = U_{CC2}(t)$，$i_{L1}(t)/i_{L2}(t) = C_{C1}/C_{C2}$。

3. 集成变压器的结构设计

按照前边关于反激式集成变压器的作用机理分析可以得出，图 5.21(b)所示的结构方案更加适合本节介绍的反激式无源辅助环节。相比于结构方案 1，该结构方案具有以下优势。

(1)采用结构方案 2 的反激式集成变压器更容易制造。

(2)反激式集成变压器采用结构方案 2，辅助环节将实现电压、电流的均衡变化。

5.4.3　辅助环节的参数分析与设计

1. 反激式集成变压器的设计要素

本节介绍辅助环节的反激式集成变压器在工作的过程中相当于一个耦合电感。由 5.2 节中耦合电感的设计要素可以同理得到该反激式集成变压器原边电感的自感值与等效电感值的关系为

$$L_1 = L_2 = 2L_{11} = 2L_{22} \tag{5.80}$$

其中，L_{11}、L_{22} 为原边电感的自感值。

该变压器原、副边绕组匝数比可以表示为

$$n_f^2 = \frac{L_{11}}{L_f} \tag{5.81}$$

该反激式集成变压器在设计时可以等效为一个常规的反激式变压器，其原、副边电感量分别为 L_{11} 和 L_f，原边电流为 $i_{L1}+i_{L2}$ 或者 $2i_{L1}$。因此，该反激式集成变压器磁芯的 AP 值计算为

$$AP_{Tf} = \frac{L_{11}(I_{L1max} + I_{L2max})^2}{BJK} = \frac{L_1(2I_{L1max})^2}{2BJK} \tag{5.82}$$

2. 变压器原、副边绕组匝数比 n_f 与 APFC 变换器的最大占空比 D_{max}

由工作过程分析可知，在工作阶段 4、5 中，反激式集成变压器原边电感的能量转移到其副边电感上，因此，在这两个阶段要满足如下关系：

$$n_f U_o \leqslant U_{CC} \tag{5.83}$$

$$2n_f U_o \leqslant U_{CS2/CS3} \tag{5.84}$$

由式(5.76)、式(5.83)与式(5.84)可得

$$2n_f \leqslant (2-a)n \tag{5.85}$$

由于反激式集成变压器 T_f 工作于 DCM，所以要满足

$$\frac{anU_o DTn_f}{L_l} \leqslant \frac{U_o}{L_f}(1-D)T \tag{5.86}$$

由式(5.86)可推出

$$2n_f \geqslant \frac{anD}{1-D} \tag{5.87}$$

由式(5.85)与式(5.87)可得反激式集成变压器原、副边绕组匝数比与 APFC 变换器最大占空比 D_{max} 的约束关系式为

$$\frac{aD_{max}}{1-D_{max}} \leqslant \frac{2n_f}{n} \leqslant 2-a \tag{5.88}$$

由式(5.88)可直接得出

$$D_{max} \leqslant \frac{2-a}{2} \tag{5.89}$$

另外，图 5.18(a)中的三相电流型全桥单级 APFC 变换器工作于 DCM，通常为了实现变换器的 DCM 工作，其占空比要有一个上限，这里设为 D_D。与 L 和 M 一样，D_D 也是 APFC 变换器的本身特性参数，一般不受辅助环节影响。因此，采用该辅助环节之后，APFC 变换器的最大占空比要同时满足 $D_{max} \leqslant (2-a)/2$ 和 $D_{max} \leqslant D_D$。因此，可以得到 n_f 和 D_{max} 的关系如图 5.23 所示(这里假设 $D_D < (2-a)/2$)，图中的阴影区域为对应不同 D_{max} 时，n_f 的有效可选区域(n 也是 APFC 变换器的本身特性参数，不受辅助环节影响)。

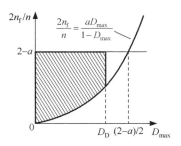

图 5.23　n_f 与 D_{max} 的关系

3. 等效电感 L_1 的设计要素

由辅助环节的工作过程分析可知，箝位电容 C_{C1}、C_{C2} 在工作阶段 2 中放电，在工作阶段 5 中充电。在升压电感的一个充放电周期内，箝位电容 C_{C1} 的平均充、放电功率可计算为

$$P_{\text{CIavg}} = \frac{U_{\text{CC1}}}{T} \int_{t_2}^{t_3} [-i_{\text{Lb}}(t_1) - i_{\text{Llk}}(t)] \mathrm{d}t = \frac{a i_{\text{Lb}}(t_1)^2 L_{\text{lk}}}{4(a-1)T} \tag{5.90}$$

$$P_{\text{COavg}} = \frac{U_{\text{CC1}}}{T} \int_{t_0}^{t_1} i_{\text{L1/L2}}(t) \mathrm{d}t = \frac{(a n U_{\text{o}})^2 D^2 T}{8 L_1} \tag{5.91}$$

由于升压电感的充放电频率远高于工频，这里可以把每个充放电周期内箝位电容 C_{C1} 的平均充、放电功率视为工频周期内 C_{C1} 充、放电功率的瞬时值。在整个工频周期内，箝位电容 C_{C1} 的充、放能量相等，因此有

$$\int_0^{\pi/6} P_{\text{COavg}} \mathrm{d}\omega t = \int_0^{\pi/6} P_{\text{CIavg}} \mathrm{d}\omega t \tag{5.92}$$

由式 (5.92) 可以得到辅助环节中 L_1 与 a 的关系表达式为

$$L_1 = \frac{1.64 M^2 L^2}{L_{\text{lk}}} a(a-1) \tag{5.93}$$

式 (5.93) 中的 L 和 M 是 APFC 变换器本身的特性参数，它们通常依据 APFC 变换器本身的输出功率、开关频率、功率因数校正效果以及 DCM 条件等因素而确定，一般不受辅助环节的影响，因此，在分析辅助环节时可将其视为已知量。

由辅助环节的工作过程分析可知，采用该辅助环节的 APFC 变换器的开关管 $S_1 \sim S_4$ 电压、电流应力为

$$U_{\text{S}} = 2 U_{\text{CC}} = a n U_{\text{o}} = \sqrt{3} a M U \tag{5.94}$$

$$I_{\text{S}} = -I_{\text{Lbmax}} + 2 I_{\text{L1max}} = \frac{U D T}{L} + \frac{\sqrt{3} a M U D T}{L_1} = \frac{U D T}{L} + \frac{\sqrt{3} M U D T L_{\text{lk}}}{1.64 M^2 L^2 (a-1)} \tag{5.95}$$

另外，该辅助环节反激式集成变压器 T_{f} 磁芯的 AP 值计算为

$$AP_{\text{Tf}} = \frac{L_1 (2 I_{\text{L1max}})^2}{2 B J K} = \frac{0.91 U^2 D^2 T^2 L_{\text{lk}}}{L^2 B J K} \left(1 + \frac{1}{a+1}\right) \tag{5.96}$$

由式 (5.93)～式 (5.96) 可知：①辅助环节的等效电感值 L_1 随着系数 a 的增加而增加；②APFC 变换器的电压应力 U_{S} 随着系数 a 的增加而增加，电流应力 I_{S} 随着系数 a 的增加而减小；③辅助环节的反激式变压器的磁芯体积随着系数 a 的增加而减小。

由此可知，辅助环节等效电感 L_1 的取值直接影响 APFC 变换器的电压、电流应力以及辅助环节反激式变压器的体积，因此在实际设计中，L_1 的参数值应紧密结合这 3 个方面，依据式 (5.93)～式 (5.96) 来综合选取。

5.4.4　实验验证

为了验证本节的相关分析，搭建了三相电流型全桥单级 APFC 变换器实验平台。该实验平台的关键电路参数与所选主要器件为：三相输入电压 $u_{an}=u_{bn}=u_{cn}=110\text{Vrms}$ ±10%；输出电压 U_o=220V；升压电感 $L_a=L_b=L_c$=76μH；开关管 $S_1 \sim S_4$ 选择 IGBT（BSM75GB120DN2），开关频率 20kHz；变压器 T 原边漏感 $L_{1k} \approx 6$μH，原、副边绕组匝数比 n=2；变换器最大占空比 D_{max}=40%；输出滤波电容 C=2000μF。

图 5.18（a）中的三相电流型全桥单级 APFC 变换器在功率因数校正功能实现方面与传统的三相单开关 Boost 型 APFC 变换器（该变换器也工作于 DCM）是等效的，在三相单开关 Boost 型 APFC 变换器中研究较为成熟的一些可有效提高其功率因数校正效果的控制方法如 6 次谐波注入法等均可在本变换器中应用。而本节主要是针对反激式无源辅助环节进行研究的，并不是研究该 APFC 变换器的功率因数校正效果，因此，这里只采用 DCM 的 APFC 变换器的最基本控制方式电压跟踪法，即只对变换器的输出电压进行检测与控制，在工频周期内保持变换器的占空比不变，使得升压电感电流的峰值自动跟踪输入电压。

在上述三相电流型全桥单级 APFC 变换器实验平台中采用的反激式无源辅助环节的关键参数如表 5.6 所示。

表 5.6　反激式无源辅助环节的关键参数

参数名称	参数值
箝位电容 C_{C1}、C_{C2}	5.4μF
反激式变压器 T_f 磁芯	EI35
T_f 原边电感的等效电感值 L_1、L_2	1080μH
T_f 原边电感的自感值 L_{11}、L_{22}	540μH
反激式变压器 T_f 的变比 n_f	0.75

图 5.24 所示为 APFC 变换器的 A 相输入电压、电流波形。其中，i_a 是在变换器的输入侧接入简单的 LC 低通滤波器后获得的。可以看出该 APFC 变换器工作于 DCM，实现了输入侧的功率因数校正功能。

图 5.25 所示为变压器 T 的原边电压波形，图 5.26 所示为开关管 S_1、S_2 的驱动（上）、电压（下）与电流（中）波形。将图 5.25 和图 5.26 中的电压波形与第 4 章中相应结果对比可以看出，采用本节介绍的反激式无源辅助环节的三相电流型全桥单级 APFC 变换器在电压尖峰抑制效果方面优于采用无源缓冲电路时的 APFC 变换器。

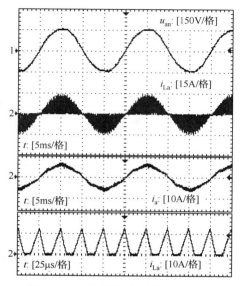

图 5.24　A 相输入电压与电流波形

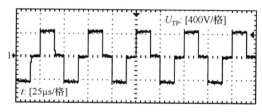

图 5.25　变压器 T 的原边电压波形

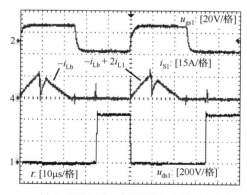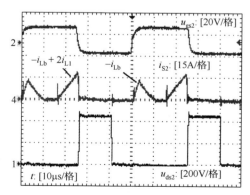

（a）S₁ 驱动（上）、电压（下）与电流（中）波形　　　（b）S₂ 驱动（上）、电压（下）与电流（中）波形

图 5.26　开关管 S₁、S₂ 的电压、电流波形

由图 5.26 中的波形可以看出：开关管 S_1 实现了零电流开通（开通时主电路电流为零）以及零电压、零电流关断，开关管 S_2 实现了零电压开通。在该 APFC 变换器中，开关管 S_3、S_4 分别与 S_1、S_2 的开关状态相同，因此这里不再给出开关管 S_3、S_4 的相关波形。

图 5.27 所示为辅助环节反激式变压器 T_f 的原、副边电感电流波形，可以看出该辅助环节严格地按照 DCM 的反激模式工作。结合图 5.24 中升压电感电流波形以及图 5.26 中的开关管电流波形可以看出，采用本节介绍的反激式无源辅助环节的 APFC 变换器开关管电流应力的附加值较小。由于该辅助环节传输功率的量值与 APFC 变换器的原边电压有关，基本不受 APFC 变换器的功率影响，所以随着该 APFC 变换器功率等级的增加，其变压器原边电压无明显变化，而其升压电感电流值将随之增加，那么由该辅助环节造成的开关管电流应力附加值的比例将随之降低。对比第 4 章的相关结果可以看出，采用本节介绍的反激式无源辅助环节的三相电流型全桥单级 APFC 变换器在附加电流应力的特性方面要明显优于采用无源缓冲电路时的 APFC 变换器。

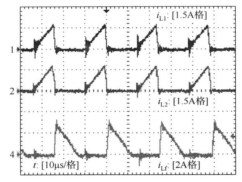

图 5.27　反激式变压器 T_f 的原、副边电流波形

图 5.28 所示为辅助环节箝位电容 C_{C1} 和 C_{C2} 的电压波形。可以看出：箝位电容 C_{C1} 和 C_{C2} 基本实现了电压的均衡变化。由图 5.27 还可以看出，反激式集成变压器的两个原边电感的电流几乎同步变化。图 5.27 和图 5.28 证明了本节关于反激式集成变压器作用机理的分析。

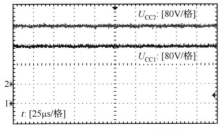

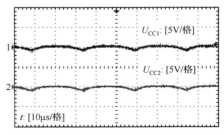

（a）C_{C1} 和 C_{C2} 的电压波形（直流档）　　　　　（b）C_{C1} 和 C_{C2} 的电压波形（交流档）

图 5.28　辅助环节箝位电容 C_{C1} 和 C_{C2} 的电压波形

　　图 5.29 所示为 APFC 变换器的效率随输出功率变化曲线。可以看出基于反激式无源辅助环节的三相电流型全桥单级 APFC 变换器具有较高的转换效率。相比于第 4 章的相关结果可以看出，采用本节介绍的反激式无源辅助环节的三相电流型全桥单级 APFC 变换器的转换效率明显高于采用无源缓冲电路时的 APFC 电路，这是由于在相同功率等级的条件下，与无源缓冲电路相比，该反激式无源辅助环节所处理的能量及其造成的开关管附件电流应力大为缩小。

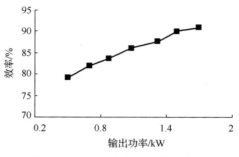

图 5.29　APFC 变换器的效率曲线

5.5　本 章 小 结

　　本章依次介绍了三种基于磁集成无源辅助环节的电压尖峰抑制方法，即基于耦合电感的双 LC 谐振无源缓冲电路、基于耦合电感的多级无源箝位电路、基于变压器集成的反激式无源辅助环节。通过对采用三种无源辅助环节的 APFC 变换器工作过程的分析，归纳了各集成磁件的作用机理与设计要素，给出了辅助环节关键电路参数的设计原则。理论分析与实验结果表明，本章介绍的基于磁集成无源辅助环节的电压尖峰抑制方法，解决了双 LC 谐振无源缓冲电路中的电压、电流变化不同步的问题，以及各种无源缓冲电路参数设计受限的问题，在提高 APFC 变换器电压尖峰抑制效果的基础上，降低了各开关管的附加电流应力。

第6章　APFC 变换器的起动方法

6.1　引　言

无论单相还是三相电流型全桥单级 APFC 变换器，其拓扑结构本身导致该类变换器存在以下两方面的问题必须解决：①由于高频变压器漏感的存在，各开关管在变换器开关状态转换瞬间会承受很大的电压尖峰；②起动时输出滤波电容的电压为零，升压电感因对滤波电容充电而产生很大的过流。第 3～5 章已经对 APFC 变换器的电压尖峰抑制问题进行了详细的介绍，这里不再叙述，本章主要针对电流型全桥单级 APFC 变换器的起动问题进行讨论。

本章首先以三相 APFC 变换器为例，对电流型全桥单级 APFC 变换器的起动过程进行分析，在此基础上，介绍一种适合该类 APFC 变换器的有损起动方法；然后以单相 APFC 变换器为例，介绍一种基于 Buck 模式的无损起动方法；最后依次介绍两种分别适合单相和三相 APFC 变换器的基于 Flyback 模式的无损起动方法。通过对各种起动方法工作原理的分析，归纳了相关起动方法的实现机制以及关键参数的设计原则，并通过仿真与实验研究进行了验证。

6.2　变换器的起动过程

6.2.1　变换器的起动过程分析

无论单相还是三相电流型全桥单级 APFC 变换器在起动时，其输出滤波电容电压即变换器的输出电压都是由零开始逐渐增加的，因此变换器的起动过程即是输出滤波电容的充电过程。由于变换器起动过程中的输出电压低于稳态时的输出电压，在不采取软起动措施的情况下，起动过程中，APFC 变换器将一直工作在最大占空比的状态。因此，下面在恒占空比的条件下以三相电流型全桥单级 APFC 变换器（在工频周期的 $0 \leqslant \omega t \leqslant \pi/6$ 阶段）为例，对该类 APFC 变换器的起动过程进行分析。

APFC 变换器在输出电压为零的条件下开始起动，经过若干个升压电感的充放电周期后，一直到输出电压增加为稳态的 U_{o}，起动过程结束。在升压电感的第 m 个充放电周期内，当桥臂开关管直通时，三相升压电感电流的增量为

$$\begin{cases} \Delta I_{Lam1} = \dfrac{u_{an}}{L} DT \\[3mm] \Delta I_{Lbm1} = \dfrac{u_{bn}}{L} DT \\[3mm] \Delta I_{Lcm1} = \dfrac{u_{cn}}{L} DT \end{cases} \tag{6.1}$$

在相同的充放电周期中，当桥臂开关管对臂导通时，各相电压与电流有如下关系：

$$\begin{cases} u_{an} - L\dfrac{di_{Lam}}{dt} - nU_{om} + L\dfrac{di_{Lbm}}{dt} = u_{bn} \\[3mm] u_{cn} - L\dfrac{di_{Lcm}}{dt} - nU_{om} + L\dfrac{di_{Lbm}}{dt} = u_{bn} \\[3mm] u_{an} + u_{bn} + u_{cn} = 0 \\[2mm] i_{Lam} + i_{Lbm} + i_{Lcm} = 0 \end{cases} \tag{6.2}$$

其中，U_{om} 为升压电感第 m 个充放电周期中输出滤波电容的电压值（这里忽略了每个周期内输出电压的变化）。

解方程组(6.2)可得到，在桥臂开关管对臂导通期间，三相升压电感电流的表达式为

$$\begin{cases} i_{Lam}(t) = \dfrac{u_{an}}{L} DT - \dfrac{nU_{om} - 3u_{an}}{3L}(t - DT) \\[3mm] i_{Lbm}(t) = \dfrac{u_{bn}}{L} DT + \dfrac{2nU_{om} + 3u_{bn}}{3L}(t - DT) \\[3mm] i_{Lcm}(t) = \dfrac{u_{cn}}{L} DT - \dfrac{nU_{om} - 3u_{cn}}{3L}(t - DT) \end{cases} \tag{6.3}$$

式(6.3)中各相升压电感电流表达式的前一项为桥臂开关管直通时的电流增量，其正负与各自相电压相同；后一项为桥臂开关管对臂导通期间电流变化的表达式。以工频周期的 $0 \leqslant \omega t \leqslant \pi / 6$ 阶段为例进行分析，由于此阶段 A 相电压最小，式(6.3)中的 nU_{om} 与 $3u_{an}$ 的大小无法确定，因此，在第 m 个充电周期内，A 相升压电感电流在桥臂开关管对臂导通期间的增量方向无法确定。若以此时电压最大的一相（即 B 相）进行分析，则该相在桥臂开关管对臂导通期间的电流增量为

$$\Delta I_{Lbm2} = \dfrac{2nU_{om} + 3u_{bn}}{3L}(1 - D)T \tag{6.4}$$

由于 $u_{bn} < 0$，$\Delta I_{Lbm1} < 0$，而 ΔI_{Lbm2} 的符号由起动过程中的输出电压与该相电压的大小关系决定，就电压最大的一相而言，在起动过程中，随着输出电压的逐渐增加，

升压电感电流的变化将分为三个阶段，如图 6.1 所示，第一阶段，$\Delta I_{\mathrm{L}bm2} \leqslant 0$；第二阶段，$\Delta I_{\mathrm{L}bm2} \geqslant 0$，但 $\Delta I_{\mathrm{L}bm1} + \Delta I_{\mathrm{L}bm2} \leqslant 0$；第三阶段，$\Delta I_{\mathrm{L}bm2} \geqslant 0$，且 $\Delta I_{\mathrm{L}bm1} + \Delta I_{\mathrm{L}bm2} \geqslant 0$。由于在 APFC 变换器的各个起动阶段中，电压最大相可能不同，而最大相电流的变化趋势却相同，所以该图中的 $\Delta I_{\mathrm{L}bm1}$ 和 $\Delta I_{\mathrm{L}bm2}$ 代表了最大相的电流增量而并非只代表 B 相本身的电流增量。

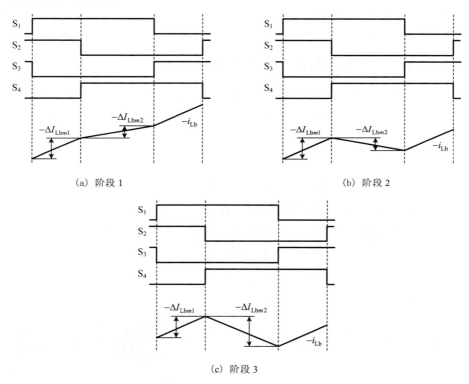

(a) 阶段 1　　　　　　　　　　　　　(b) 阶段 2

(c) 阶段 3

图 6.1　各阶段升压电感电流变化

由图 6.1 可以看出，当 APFC 变换器工作于起动阶段 1、2 时，在每个充放电周期内升压电感电流均有增加，经过若干个充放电周期后，升压电感将会出现严重的过流。升压电感电流的最大值将出现在阶段 2 向阶段 3 的过渡时刻。设该时刻为第 k 个充电周期，则起动时电流最大值为

$$I_{\mathrm{L}bk} = \frac{kDT}{L}u_{\mathrm{bn}} + \sum_{m=1}^{k} \frac{2nU_{om} + 3u_{\mathrm{bn}}}{3L}(1-D)T \tag{6.5}$$

其中，$I_{\mathrm{L}bk}$ 与 k 的值由变换器起动时 u_{bn} 的具体值决定，这里不再给出。

由式 (3.6) 可知，该 APFC 变换器的变压器原边电压尖峰与流过原边漏感的电流成正比，那么随着升压电感电流的累积，变换器起动过程中每个充放电周期的漏感

电流增量将逐渐增加。由前边章节中关于各种电压尖峰抑制方法的分析可知，吸收电容(或者箝位电容)的参数是依据变换器稳态时的原边电流值确定的，起动过程中由于原边电流值的累积，起动过程中的原边电流远大于稳态时的原边电流，所以在起动过程中，吸收电容(或者箝位电容)可能将不足以吸收由原边漏感产生的电压尖峰，这将造成变压器原边电压尖峰值的增大。

因此，为了使该类 APFC 变换器能够正常起动，必须对其起动过程中升压电感的过压与过流加以抑制。

6.2.2　变换器恒占空比起动的仿真与实验结果

为了验证本节分析的正确性，对三相电流型全桥单级 APFC 变换器的起动过程进行了仿真与实验研究。此处，APFC 变换器采用 4.2 节介绍的单 LC 谐振无源缓冲电路，其基本电路参数与之相同，这里不再介绍。

1. 仿真结果及分析

图 6.2 所示为 APFC 变换器在 $\omega t=0$ 时刻，以最大占空比$(D_{\max}=40\%)$起动时，三相升压电感电流与变压器原边电压的仿真结果。由两图可以看出：在该变换器起动时，B、C 两相过流十分明显(起动时刻，A 相电压接近于零，因此该相并无明显过流现象)；起动阶段，变压器原边的电压尖峰值非常大。

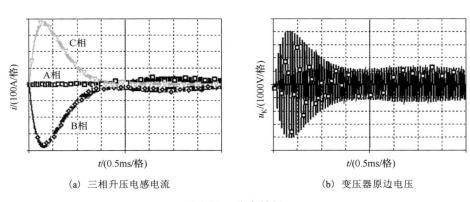

(a) 三相升压电感电流　　　　　　　　　(b) 变压器原边电压

图 6.2　仿真结果

2. 实验结果及分析

图 6.3 所示为 APFC 变换器以最大占空比$(D_{\max}=40\%)$起动时，A 相升压电感电流与变压器原边电压的实验结果。为了避免损坏电路，该实验是在将各相的输入相电压有效值降为 40V，输出滤波电容值减少为 470μF 的条件下进行的。其中，图 6.3(a)所示为经过 LC 滤波后的升压电感电流的过流波形，由于只有当变换器在输入电压

的最大值时刻附近起动，才会有最大的输入过流产生，而本实验中，变换器的起动时刻并不确定，所以该图并不代表最大的过流情况；图 6.3(b) 所示为变压器原边电压波形，可以看出，在变换器的起动过程中，变压器原边电压的平均值是不断增加并逐渐达到稳态值的，而电压尖峰值却明显高于稳态时。

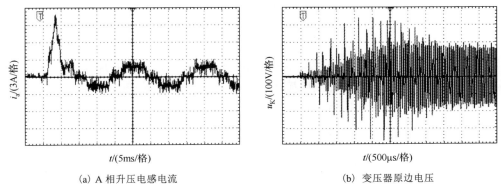

(a) A 相升压电感电流　　　　　　　　　　　(b) 变压器原边电压

图 6.3　实验结果

综上所述，仿真与实验结果相吻合，共同证明了本节理论分析的正确性。

6.3　变换器的有损起动方法

6.3.1　变换器的有损起动方法分析

由 6.2 节分析可知，电流型全桥单级 APFC 变换器起动时产生的过流与过压会造成电路的严重损坏，必须加以抑制。而 APFC 变换器处于起动阶段 1 时，在整个充电周期中(无论桥臂开关管直通还是对臂导通期间)，输入侧的升压电感电流均增加，因此，适用于传统 AC/DC 变换器的让占空比由零逐渐增加的软起动方法将不适合本电路。

以三相电流型全桥单级 APFC 变换器为例，结合该类变换器的工作原理，本节介绍一种在输出侧串联电阻的有损起动方法。如图 6.4 所示，在 APFC 变换器的输出滤波电容上串联电阻 R_r($R_r=R_1+R_2$)。该电阻的作用不是限流，而是在桥臂开关管对臂导通瞬间，将电阻 R_r 的电压与输出滤波电容 C 的电压相加，通过提升有效的输出电压来限制升压电感电流。当输出电压达到一定值时，利用开关 S_{W1} 和 S_{W2} 逐级短路电阻 R_1 与 R_2，以实现 APFC 变换器由起动状态向正常工作状态的平滑过渡。

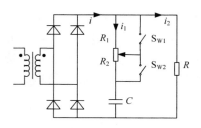

图 6.4 有损起动电路（APFC 变换器的输出侧）

仍考虑 APFC 变换器起动过程中升压电感的第 m 个充放电周期时的情况。此时，当桥臂开关管直通时，三相升压电感电流增量的表达式与式(6.1)相同；而当桥臂开关管对臂导通时，B 相升压电感电流增量变为

$$\Delta I_{\text{Lb}m2} = \frac{2nU_{\text{or}m} + 3u_{\text{bn}}}{3L}(1-D)T \tag{6.6}$$

其中，与式(6.4)相比，式(6.6)中的 U_{om} 变为 $U_{\text{or}m}$，$U_{\text{or}m}$ 为第 m 个充电周期中负载电压值，并有如下关系：

$$U_{\text{or}m} = Ri_2 = (R_1 + R_2)i_1 + U_{om} \tag{6.7}$$

$$i_1 + i_2 = i \tag{6.8}$$

由式(6.7)和式(6.8)可知，$U_{\text{or}m} > U_{om}$，因此通过合理选取电阻 R_r 的阻值，可以消除起动时 $\Delta I_{\text{Lb}m2} \leqslant 0$ 的阶段（图 6.1(a)所示的起动阶段 1），缩短 $\Delta I_{\text{Lb}m2} \geqslant 0$，但 $\Delta I_{\text{Lb}m1} + \Delta I_{\text{Lb}m2} \leqslant 0$ 的阶段（图 6.1(b)所示的起动阶段 2），使 APFC 变换器实现正常起动。由于升压电感电流越大，$U_{\text{or}m}$ 也越大，对输入侧电流的抑制效果将越明显，所以该方法本身对起动时 APFC 变换器的过流有一定的调整作用。另外，由于电阻的串联，在开关管直通期间，输入滤波电容向负载放电的速度也变慢，这样减少了起动过程中电容能量的损失，缩短了 APFC 变换器的起动时间。

6.3.2 变换器有损起动方法的仿真与实验结果

为了验证本节分析的正确性，对三相电流型全桥单级 APFC 变换器的起动过程进行了仿真与实验研究。其中，电阻 $R_1=8\Omega$，$R_2=2\Omega$，$R=30\Omega$，变换器的其他参数与 6.2 节实验中相同，这里不再重复介绍。

1. 仿真结果及分析

图 6.5 所示为 APFC 变换器在 $\omega t=0$ 时刻，以最大占空比($D_{\max}=40\%$)起动时，三相升压电感电流与变压器原边电压的仿真结果。其中，t_{W1} 和 t_{W2} 分别为开关 S_{W1} 和 S_{W2} 的闭合时刻。由两图可以看出：在变换器的起动过程中，输入侧升压电感的过流得到了明显的抑制，变压器原边的电压尖峰也基本与稳态时相当。

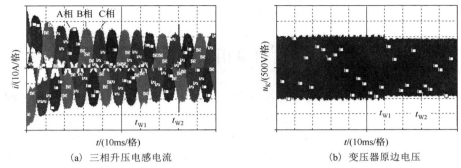

(a) 三相升压电感电流　　　　　　　　　(b) 变压器原边电压

图 6.5　仿真结果

2.　实验结果及分析

图 6.6 所示为 APFC 变换器以最大占空比($D_{\max}$=40%)起动时的实验结果。其中，图 6.6(a)所示为 A 相升压电感电流波形，可以看出经过两个工频周期左右的时间以后，APFC 变换器基本上进入了稳态，而起动时的升压电感电流只是稍大于稳态时的电流；图 6.6(b)所示为变压器原边电压波形，可以看出起动时该处的电压尖峰得到了有效的抑制；图 6.6(c)所示为输出滤波电容的电压波形，从图中可以看到电阻 R_1 与 R_2 依次短路的过程，然而状态的切换并未引起电压或电流的突变，APFC 变换器实现了从起动向正常工作状态的平滑过渡。

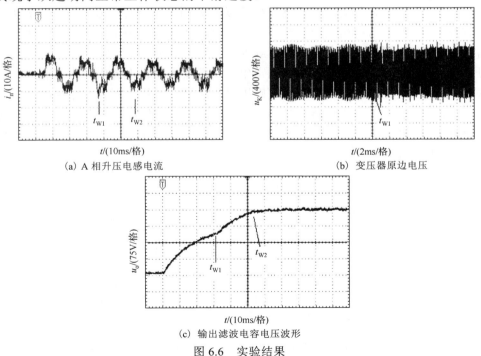

(a) A 相升压电感电流　　　　　　　　　(b) 变压器原边电压

(c) 输出滤波电容电压波形

图 6.6　实验结果

综上所述，仿真与实验结果相吻合，共同证明了本节理论分析的正确性。

6.4　基于 Buck 模式的单相 APFC 变换器起动方法

6.3 节介绍的 APFC 变换器有损起动方法利用电阻消耗了变换器起动过程中的多余能量，使 APFC 变换器得以正常起动。为了提高 APFC 变换器起动过程中的能量利用率，本节以及 6.5 节、6.6 节分别介绍一种基于 Buck 模式的单相电流型全桥单级 APFC 变换器起动方法以及两种基于 Flyback 模式的单相、三相电流型全桥单级 APFC 变换器起动方法。

6.4.1　基于 Buck 模式起动的工作机理

1. 起动方法的基本原理

由 6.2 节分析可知，由于起动过程中 APFC 变换器的输出电压较低，无法为升压电感提供反压，升压电感中的电流一直处于上升状态，所以起动过程中无法在建立输出电压的过程中同时确保输入不过流。基于有源箝位电路的 APFC 变换器由于存在箝位电路，在各开关管配合相应控制时序的前提下，可以考虑利用箝位电容的电压为升压电感提供反压，同时利用箝位电容存储的能量帮助输出电容建立初始电压。

本节以单相电流型全桥单级 APFC 变换器为例介绍该起动方法。图 6.7 所示为基于有源箝位电路的单相电流型全桥单级 APFC 变换器。由于电路中存在箝位电容（C_C），允许仅上桥臂开关管（S_1、S_3）导通或仅下桥臂开关管（S_2、S_4）导通，此时，升压电感中的电流通过箝位开关管的寄生二极管流入箝位电容中，只需箝位电容的电压高于输入电压，就能够为升压电感提供反压，使升压电感中的电流下降。鉴于箝位电容能够在桥臂开关管断开时为升压电感提供续流回路，并且能够为升压电感提供反压，可以考虑改变该变换器开关管的工作时序，从而利用箝位电容中的电压抑制升压电感过流。

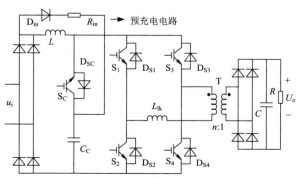

图 6.7　基于有源箝位电路的单相电流型全桥单级 APFC 变换器

　　该变换器在起动过程中工作于 Buck 模式，使升压电感电流在起动过程中可控，当输出侧建立初始电压后，开关状态切换至稳态(Boost)的工作方式。该方法主要由以下 4 个阶段构成。

　　(1)预充电过程Ⅰ：起动前利用预充电电路对箝位电容进行预充电，升高箝位电容的电压，预充电电路如图 6.7 所示。

　　(2)Buck 起动过程Ⅱ：该阶段箝位电容电压大于或等于输入电压，利用箝位电容上的电压为升压电感提供反向电压，抑制输入过流。桥臂开关管存在对臂导通和全部关断两种状态，箝位开关管的工作时序需要配合桥臂开关管的工作时序。Buck 起动过程中各开关管工作在：对臂导通且箝位管开通、对臂导通且箝位管关断、对臂关断三种方式，其等效电路如图 6.8 所示。起动时通过调节桥臂开关管的对臂导通时间以及箝位开关管的占空比，可以控制输入电流及箝位电容电压的大小，从而利用箝位电容上的电压抑制升压电感过流。

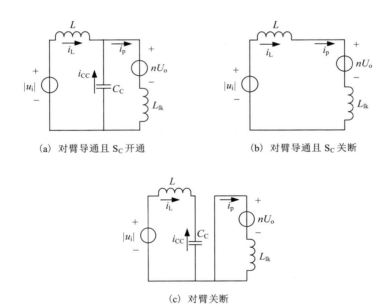

(a) 对臂导通且 S_C 开通　　　　　　　　(b) 对臂导通且 S_C 关断

(c) 对臂关断

图 6.8　Buck 模式下的等效电路

　　(3)Boost 起动过程Ⅲ：当输出电压达到 Buck 工作模式的最大值以后，APFC 变换器切换至 Boost 工作模式，变换器的工作时序与正常工作时序相同，存在桥臂开关管直通和对臂导通两种工作状态，但该阶段 nU_o 略小于输入电压的峰值。

　　(4)Boost 起动过程Ⅳ：当 nU_o 大于输入电压的峰值时，可以通过控制桥臂开关管的占空比来控制输入电流的大小。输出电压达到额定电压后，起动过程完成，APFC 变换器进入正常工作模式。

2. 起动过程分析

为方便分析,做以下定义及假设:工频整流桥输出为 $U_i|\sin\omega t|$;APFC 变换器的工作占空比为 D(其中,在 Boost 模式下占空比为桥臂开关管直通时间与整个充放电周期的比值;在 Buck 模式下占空比为桥臂开关管对臂导通且箝位开关管关断时间与整个充放电周期的比值),箝位开关管的占空比为 D_C。

1)预充电过程 I

由于初始时刻箝位电容的电压为零,为防止箝位电容的充电导致升压电感过流,增加预充电电路对箝位电容进行预充电(在箝位电容容值很小的情况下可以直接利用升压电感进行预充电)。

系统起动前,通过由二极管 D_{in} 及限流电阻 R_{in} 构成的箝位电容充电电路同升压电感一起对箝位电容进行预充电,预充电电阻能够调节升压电感与箝位电容构成谐振电路的阻尼系数,从而调节电感中电流的大小,防止升压电感过流(该充电电路仅适用于箝位电容容量较小的场合,箝位电容较大的场合可以考虑使用其他方案的预充电电路)。由于箝位电容的容值较小,该过程中限流电阻消耗的功率较小。当箝位电容上的电压达到输入电压的峰值时,预充电二极管 D_{in} 反向阻断,预充电过程结束,系统可以进入 Buck 起动状态。

2)Buck 起动过程 II

系统起动后进入 Buck 起动过程 II,主电路开关管工作在 Buck 模式,与正常工作时的时序不同。在桥臂开关管对臂导通过程中有部分时间段箝位开关管开通,其他时间段箝位开关管关断。各开关管的工作时序以及 APFC 变换器的主要波形如图 6.9 所示。

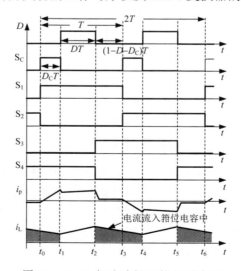

图 6.9　Buck 起动过程 II 的主要波形

在 Buck 起动过程Ⅱ中，一个工作周期存在以下 6 个工作阶段。

工作阶段 1($t_0 \sim t_1$)：t_0 时刻，开关管 S_1、S_C 开通，此前 S_4 处于开通状态，箝位电容通过箝位开关管 S_C 及桥臂开关管 S_1、S_4 向变压器副边释放能量，如图 6.10(a) 所示。此时变换器的工作可以等效成如图 6.8(a) 所示的等效模型，由于箝位电容上的电压高于变换器的输入电压，该过程中升压电感上的电流下降，输出滤波电容储能，箝位电容通过变压器向负载释放能量，箝位电容上的电压降低。本阶段的升压电感电流、输出电压、箝位电容电压可以表示为

$$
\begin{cases}
i_{\mathrm{L}}(t) = i_{\mathrm{L}}(t_0) + \dfrac{1}{L} \displaystyle\int_{t_0}^{t} (u_{\mathrm{i}} - U_{\mathrm{CC}}) \mathrm{d}t \\
U_{\mathrm{o}}(t) = U_{\mathrm{o}}(t_0) + \dfrac{1}{C} \displaystyle\int_{t_0}^{t} \left(n i_{\mathrm{L}} + n \dfrac{U_{\mathrm{CC}} - n U_{\mathrm{o}}}{L_{\mathrm{lk}}} t - \dfrac{U_{\mathrm{o}}}{R} \right) \mathrm{d}t \\
U_{\mathrm{CC}}(t) = U_{\mathrm{CC}}(t_0) + \dfrac{1}{C_{\mathrm{C}}} \displaystyle\int_{t_0}^{t} \left(-\dfrac{U_{\mathrm{CC}} - n U_{\mathrm{o}}}{L_{\mathrm{lk}}} \right) t \mathrm{d}t
\end{cases} \tag{6.9}
$$

工作阶段 2($t_1 \sim t_2$)：t_1 时刻，开关管 S_C 关断，S_1、S_4 仍然处于开通状态，升压电感和输入电压通过桥臂开关管 S_1、S_4 向变压器副边释放能量，如图 6.10(b) 所示，此时变换器的工作可以等效成如图 6.8(b) 所示的等效模型。

由于输出电压折算至变压器原边的值 $n U_{\mathrm{o}}$ 低于输入电压 u_{i}，该过程中升压电感上的电流升高，升压电感与输入电压通过高频变压器向负载释放能量，输出滤波电容储能，箝位开关管关断，且桥臂电压低于箝位电容电压，此时箝位电容上的电压保持不变。本阶段的升压电感电流、输出电压、箝位电容电压可以表示为

$$
\begin{cases}
i_{\mathrm{L}}(t) = i_{\mathrm{L}}(t_1) + \dfrac{1}{L} \displaystyle\int_{t_1}^{t} (u_{\mathrm{i}} - n U_{\mathrm{o}}) \mathrm{d}t \\
U_{\mathrm{o}}(t) = U_{\mathrm{o}}(t_1) + \dfrac{1}{C} \displaystyle\int_{t_1}^{t} \left(n i_{\mathrm{L}} - \dfrac{U_{\mathrm{o}}}{R} \right) \mathrm{d}t \\
U_{\mathrm{CC}}(t) = U_{\mathrm{CC}}(t_1)
\end{cases} \tag{6.10}
$$

工作阶段 3($t_2 \sim t_3$)：t_2 时刻，开关管 S_1 关断，如图 6.10(c) 所示。升压电感和桥臂开关管构成的电流通道断开，所以升压电感中的电流通过箝位开关管的寄生二极管 D_{SC} 流入箝位电容中，箝位电容为升压电感提供续流回路。

此时变换器的工作可以等效成如图 6.8(c) 所示的等效模型，由于箝位电容上的电压高于输入电压，升压电感电流下降，升压电感电流流入箝位电容中，箝位电容充电，箝位电容电压升高。本阶段由输出滤波电容为负载供电，输出滤波电容上的电压降低。所以，本阶段的升压电感电流、输出电压、箝位电容电压可以表示为

$$\begin{cases} i_{\mathrm{L}}(t) = i_{\mathrm{L}}(t_2) + \dfrac{1}{L}\displaystyle\int_{t_2}^{t}(u_{\mathrm{i}} - U_{\mathrm{CC}})\mathrm{d}t \\[2mm] U_{\mathrm{o}}(t) = U_{\mathrm{o}}(t_2) - \dfrac{1}{C}\displaystyle\int_{t_2}^{t}\dfrac{U_{\mathrm{o}}}{R}\mathrm{d}t \\[2mm] U_{\mathrm{CC}}(t) = U_{\mathrm{CC}}(t_2) + \dfrac{1}{C_{\mathrm{C}}}\displaystyle\int_{t_2}^{t}i_{\mathrm{L}}\mathrm{d}t \end{cases} \tag{6.11}$$

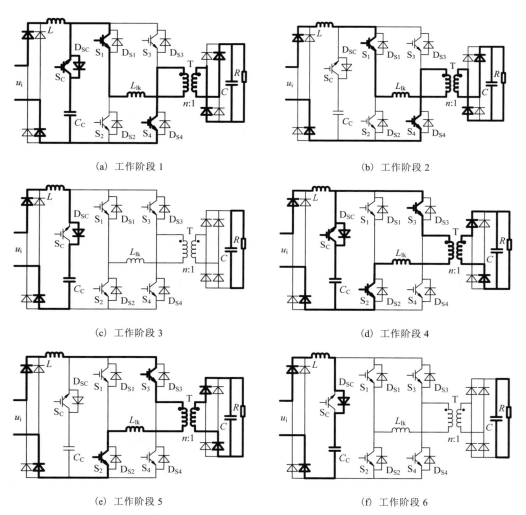

(a) 工作阶段 1　　　　　　　　　　　　　　(b) 工作阶段 2

(c) 工作阶段 3　　　　　　　　　　　　　　(d) 工作阶段 4

(e) 工作阶段 5　　　　　　　　　　　　　　(f) 工作阶段 6

图 6.10　Buck 起动过程 II 中各工作阶段的等效电路

　　可以看出，在工作阶段 1、3 期间输入电流下降，在工作阶段 2 期间输入电流升高。通过控制电流的上升与下降时间能够控制输入电流大小，抑制升压电感过流。

工作阶段 4、5、6 的工作方式与工作阶段 1、2、3 的工作方式相似，分别如图 6.10(d)、(e)、(f)所示，其中 S_1 与 S_3、S_2 与 S_4 的开关状态调换，这里不再叙述。

3) Boost 起动过程 III

变换器的输出电压在 Buck 模式下到达切换点时，开关状态由 Buck 模式切换到 Boost 模式，变换器进入 Boost 起动过程 III，期间变换器的主要波形如图 6.11 所示。

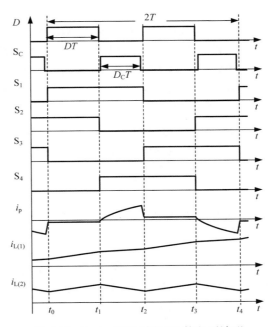

图 6.11　Boost 起动过程 III 的主要波形

本过程桥臂开关管的开关时序与正常工作时一致，各桥臂开关管存在直通和对臂导通两种工作状态，一个工作周期内主要存在以下 4 个工作阶段(这里不考虑因变换器的寄生参数谐振而实现软开关的过程)。

工作过程 1($t_0 \sim t_1$)：t_0 时刻，开关管 S_1 开通、S_C 关断，此前 S_2 处于开通状态，如图 6.12(a)所示。升压电感储能，升压电感中的电流增加，输出滤波电容为负载提供能量，输出滤波电容上的电压降低。本阶段升压电感中的电流以及输出电压可以表示为

$$\begin{cases} i_L(t) = i_L(t_0) + \dfrac{1}{L} \displaystyle\int_{t_0}^{t} u_i \, dt \\[3mm] U_o(t) = U_o(t_0) - \dfrac{1}{C} \displaystyle\int_{t_0}^{t} \dfrac{U_o}{R} \, dt \end{cases} \tag{6.12}$$

工作阶段 2($t_1 \sim t_2$)：t_1 时刻，开关管 S_2 关断、S_4 开通、S_C 开通，升压电感通过

变压器向负载释放能量，如图 6.12(b)所示。升压电感中的电流增加，输出滤波电容上的电压升高。本阶段升压电感中的电流以及输出电压可以表示为

$$\begin{cases} i_{\mathrm{L}}(t) = i_{\mathrm{L}}(t_1) + \dfrac{1}{L}\int_{t_1}^{t}(u_{\mathrm{i}} - nU_{\mathrm{o}})\mathrm{d}t \\ U_{\mathrm{o}}(t) = U_{\mathrm{o}}(t_1) + \dfrac{1}{C}\int_{t_1}^{t}\left(ni_{\mathrm{L}} - \dfrac{U_{\mathrm{o}}}{R}\right)\mathrm{d}t \end{cases} \tag{6.13}$$

本阶段 nU_{o} 小于输入电压的峰值，但大于输入电压的平均值。当输入电压处于波峰位置时，由式(6.12)和式(6.13)可知，此时输入电流不可控，即无论各桥臂开关管处于对臂导通还是直通状态，输入电流都增加，如图 6.11 中的 $i_{\mathrm{L}(1)}$ 所示。由于该阶段持续时间较短，并且 nU_{o} 仅略小于输入电压，所以该过程中升压电感不会过流(详细分析见 6.4.2 节)。

当输入电压的瞬时值处于较低位置(即 $nU_{\mathrm{o}} > u_{\mathrm{i}}$ 时)，由式(6.12)和式(6.13)可知，此时可以通过调整占空比控制升压电感电流的大小，当桥臂开关管对臂导通时输入电流降低，当桥臂开关管直通时输入电流增加，如图 6.11 中的 $i_{\mathrm{L}(2)}$ 所示，则该过程中升压电感不会过流。

工作阶段 3、4 的工作方式与工作阶段 1、2 的工作方式相似，分别如图 6.12(c)、(d)所示，其中 S_1 与 S_3、S_2 与 S_4 的开关状态调换，这里不再叙述。

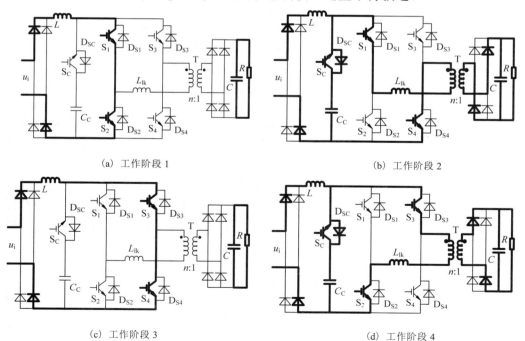

(a) 工作阶段 1　　　　　　　　　　　　(b) 工作阶段 2

(c) 工作阶段 3　　　　　　　　　　　　(d) 工作阶段 4

图 6.12　Boost 起动过程 III 中各工作阶段的等效电路

当输出电压大于可控点（即正常工作 Boost 模式下最小占空比对应的输出电压）时，输入电流可控，Boost 起动阶段Ⅲ结束。

4）Boost 起动过程Ⅳ

该起动过程中输出电压由可控点上升至额定值，由于该阶段 nU_o 大于输入电压的峰值，在一个开关周期内，当各桥臂开关管直通时，升压电感储能，电感电流升高，当各桥臂开关管对臂导通时，升压电感释放能量，电感电流降低。因此，该阶段输入电流可以通过控制系统的占空比进行有效控制。

随着占空比的增大，APFC 变换器的输出电压逐渐升高至额定电压，起动过程结束。

6.4.2　输入过流抑制能力分析

在起动预充电的过程中，由于箝位电容的容值相对于输出滤波电容较小，且存在预充电电阻，通过调节预充电电阻的大小可以有效限制输入过流，所以可以认为该过程不会发生输入过流。在 Boost 起动过程Ⅳ中，变换器的工作模式与正常工作模式完全相同，nU_o 已经高于输入电压峰值，此时通过控制变换器的占空比可以控制输入电流的大小，该阶段也不会出现输入过流。所以，这里仅需要分析 Buck 起动过程Ⅱ与 Boost 起动过程Ⅲ的输入电流变化情况。

1. Buck 起动过程Ⅱ输入电流分析

根据 6.4.1 节中 Buck 起动过程Ⅱ的工作过程分析可知 APFC 变换器在该阶段的工作情况，由式(6.9)～式(6.11)可得，升压电感电流、输出电压、箝位电容电压在升压电感的一个充放电周期结束时的值为

$$
\begin{cases}
i_L(t_0+T)=i_L(t_0)+\dfrac{T}{L}[u_i-nDU_o-(1-D)U_{CC}] \\[3mm]
U_o(t_0+T)=U_o(t_0)+\dfrac{T}{C}\left[ni_L(D+D_C)+n\dfrac{U_{CC}-nU_o}{2L_{lk}}D_C^2T-\dfrac{U_o}{R}\right] \\[3mm]
U_{CC}(t_0+T)=U_{CC}(t_0)+\dfrac{T}{C_{CC}}\left[i_L(1-D-D_C)-\dfrac{U_{CC}-nU_o}{2L_{lk}}D_C^2T\right]
\end{cases}
\tag{6.14}
$$

其中，t_0 为升压电感充放电周期开始时刻。

由式(6.14)可知，在升压电感的一个充放电周期内升压电感电流、输出电压、箝位电容电压的变化量可以表示为

$$
\begin{bmatrix} \Delta i_{\mathrm{L}} \\ \Delta U_{\mathrm{o}} \\ \Delta U_{\mathrm{CC}} \end{bmatrix} = \begin{bmatrix} i_{\mathrm{L}}(t_0+T)-i_{\mathrm{L}}(t_0) \\ U_{\mathrm{o}}(t_0+T)-U_{\mathrm{o}}(t_0) \\ U_{\mathrm{CC}}(t_0+T)-U_{\mathrm{CC}}(t_0) \end{bmatrix} = \begin{bmatrix} \dfrac{u_{\mathrm{i}}}{L} \\ 0 \\ 0 \end{bmatrix} T + \begin{bmatrix} 0 & \dfrac{-nD}{L} & \dfrac{D-1}{L} \\ \dfrac{n(D+D_{\mathrm{C}})}{C} & \dfrac{-n^2 D_{\mathrm{C}}^2 T}{2L_{\mathrm{lk}}C}-\dfrac{1}{RC} & \dfrac{nD_{\mathrm{C}}^2 T}{2L_{\mathrm{lk}}C} \\ \dfrac{1-D-D_{\mathrm{C}}}{C_{\mathrm{C}}} & \dfrac{nD_{\mathrm{C}}^2 T}{2L_{\mathrm{lk}}C_{\mathrm{C}}} & \dfrac{-D_{\mathrm{C}}^2 T}{2L_{\mathrm{lk}}C_{\mathrm{C}}} \end{bmatrix} \begin{bmatrix} i_{\mathrm{L}} \\ U_{\mathrm{o}} \\ U_{\mathrm{CC}} \end{bmatrix} T
$$

$$(6.15)$$

由于变换器的开关频率较高，与起动时间、工频周期相比，升压电感的充放电周期 T 较小，所以根据微分原理可以认为

$$
\begin{bmatrix} L & 0 & 0 \\ 0 & \dfrac{C}{n^2 D} & 0 \\ 0 & 0 & \dfrac{C_{\mathrm{C}}}{D} \end{bmatrix} \frac{\mathrm{d}}{\mathrm{d}t} \begin{bmatrix} i_{\mathrm{L}} \\ nDU_{\mathrm{o}} \\ DU_{\mathrm{CC}} \end{bmatrix} = \begin{bmatrix} u_{\mathrm{i}} \\ 0 \\ 0 \end{bmatrix} + \begin{bmatrix} 0 & 1 & \dfrac{D-1}{D} \\ D+D_{\mathrm{C}} & \dfrac{-D_{\mathrm{C}}^2 T}{2L_{\mathrm{lk}}D}-\dfrac{1}{n^2 DR} & \dfrac{D_{\mathrm{C}}^2 T}{2L_{\mathrm{lk}}D} \\ 1-D-D_{\mathrm{C}} & \dfrac{D_{\mathrm{C}}^2 T}{2L_{\mathrm{lk}}D} & \dfrac{-D_{\mathrm{C}}^2 T}{2L_{\mathrm{lk}}D} \end{bmatrix} \begin{bmatrix} i_{\mathrm{L}} \\ nDU_{\mathrm{o}} \\ DU_{\mathrm{CC}} \end{bmatrix}
$$

$$(6.16)$$

由式 (6.16) 可以得到升压电感电流、输出电压、箝位电容电压在 Buck 起动过程 II 中的变化规律。依据该变化规律可以把输入电流、输出电压、箝位电容电压等效到二阶响应电路中，其效模型如图 6.13 (a) 所示。

基于有源箝位电路的单相电流型全桥单级 APFC 变换器在 Buck 工作模式下，每个开关周期内升压电感电流、输出电压、箝位电容电压的平均值变化规律与它们在等效模型中变化规律相同。所以可以借助该等效模型来分析 APFC 变换器起动过程中升压电感电流、输出电压、箝位电容电压的变化情况。

由图 6.13 (a) 中的等效模型可知，通过控制变换器的占空比 D 以及箝位开关管的占空比 D_{C} 能够调节箝位电容的电压，使箝位电容的安秒积平衡，箝位电容电压稳定，即

$$
i_{\mathrm{L}}(1-D-D_{\mathrm{C}}) = \frac{U_{\mathrm{CC}}-nU_{\mathrm{o}}}{2L_{\mathrm{lk}}} D_{\mathrm{C}}^2 T \tag{6.17}
$$

所以图 6.13 (a) 中的等效模型可以等效为图 6.13 (b) 中的等效简化模型。由电路等效简化模型可知，通过控制箝位电容的电压 U_{CC} 及变换器的占空比 D 可以改变升压电感电流的大小，防止起动过程中输入电流过大。

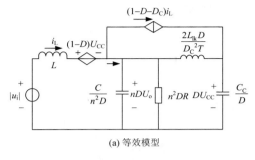

(a) 等效模型

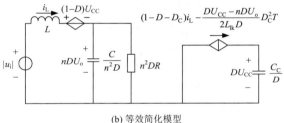

(b) 等效简化模型

图 6.13　Buck 模式下变换器的等效模型

图 6.13(b) 中等效简化模型中的升压电感的暂态电流为

$$i_{\mathrm{L}}=\frac{U_{\mathrm{i}}\sin\omega t-(1-D)U_{\mathrm{CC}}-nDU_{\mathrm{o}}}{n^2DR}-\frac{U_{\mathrm{i}}\sin\omega t-(1-D)U_{\mathrm{CC}}-nDU_{\mathrm{o}}}{L\sqrt{\dfrac{n^2D}{LC}-\dfrac{1}{4R^2C^2}}}\mathrm{e}^{\frac{-t}{2RC}}\sin\left(\sqrt{\frac{n^2D}{LC}-\frac{1}{4R^2C^2}}t+\theta\right)$$

(6.18)

其中

$$\sin\theta=\frac{L}{n^2DR}\sqrt{\frac{n^2D}{LC}-\frac{1}{4R^2C^2}}$$

(6.19)

由式 (6.18) 可知，输入电流在每二分之一工频周期会回到零点。在二分之一工频周期内，当输入电流最大值出现在输入电压波峰位置时，输入电流最大。由于 $\tau=1/RC\ll\omega$，在二分之一工频周期内 $\mathrm{e}^{\frac{-t}{2RC}}$ 变化较小，所以

$$i_{\mathrm{Lpk}}\leqslant\frac{U_{\mathrm{i}}-(1-D)U_{\mathrm{CC}}-nDU_{\mathrm{o}}}{n^2DR}-\frac{U_{\mathrm{i}}-(1-D)U_{\mathrm{CC}}-nDU_{\mathrm{o}}}{L\sqrt{\dfrac{n^2D}{LC}-\dfrac{1}{4R^2C^2}}}$$

(6.20)

变换器起动过程中输出电压逐渐升高，第一个二分之一工频周期输出电压最低，输入电流最大值出现在第一个二分之一工频周期。假设该阶段输出电压为零，在二分之一工频周期内，当输入电流最大值出现在输入电压波峰位置时，输入电流最大，所以式 (6.20) 可以化简为

$$i_{\mathrm{Lpk}} \leqslant \frac{U_{\mathrm{i}} - (1-D)U_{\mathrm{CC}}}{n^2 DR} + \frac{U_{\mathrm{i}} - (1-D)U_{\mathrm{CC}}}{L\sqrt{\dfrac{n^2 D}{LC} - \dfrac{1}{4R^2 C^2}}} \tag{6.21}$$

由此可知，通过控制 D 以及 U_{CC} 能够使输入电流的峰值可控，防止升压电感过流。

图 6.14 所示为 Buck 起动过程 II 的第一个二分之一工频周期内的输入电流峰值与占空比及箝位电压之间的关系曲线（假设输出电压为零）。

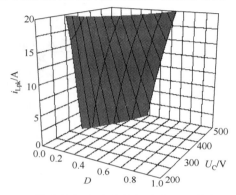

图 6.14　Buck 模式输入电流峰值与占空比、箝位电压的关系

由输入电流峰值与占空比以及箝位电压之间的关系曲线可知，当箝位电容电压较低时，升压电感的峰值电流较大；占空比越大，输入电流的峰值越大。所以，在 Buck 起动过程 II 中，通过选取适当的占空比及箝位电容电压可以抑制输入电流过大。

由式 (6.20) 可知，在相同占空比、箝位电压条件下，随着输入电压的升高，二分之一工频周期内升压电感电流峰值会降低。图 6.15 所示为固定箝位电压时（根据实验条件选取 U_{CC}=400V），输出电压、占空比与输入电流的峰值关系曲线。所以，随着输出电压的升高，可以提高占空比，此时不会引起输入过流。

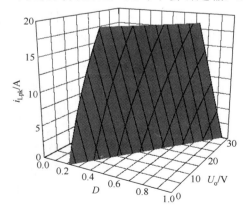

图 6.15　Buck 模式输入电流峰值与占空比、输出电压的关系

2. Boost 起动过程 III 输入电流分析

根据 6.4.1 节中 Boost 起动过程 III 的工作过程分析可以知道变换器在该阶段的工作情况，由式(6.12)和式(6.13)可以得到，输入电流、输出电压在升压电感的一个充放电周期结束时的值为(t_0 为电感充放电周期开始时刻)

$$\begin{cases} i_L(t_0+T) = i_L(t_0) + \dfrac{T[u_i-(1-D)nU_o]}{L} \\ U_o(t_0+T) = U_o(t_0) + \dfrac{n(1-D)i_L T}{C} - \dfrac{U_o T}{CR} \end{cases} \quad (6.22)$$

升压电感电流及输出电压在升压电感的一个充放电周期内的变化情况为

$$\begin{bmatrix} \Delta i_L \\ \Delta U_o \end{bmatrix} = \begin{bmatrix} i_L(t_0+T)-i_L(t_0) \\ U_o(t_0+T)-U_o(t_0) \end{bmatrix} = \begin{bmatrix} \dfrac{u_i}{L} \\ 0 \end{bmatrix} T + \begin{bmatrix} 0 & \dfrac{-n(1-D)}{L} \\ \dfrac{n(1-D)}{C} & \dfrac{1}{CR} \end{bmatrix} \begin{bmatrix} i_L \\ U_o \end{bmatrix} T \quad (6.23)$$

变换器的开关频率较高，与起动时间、工频周期相比，升压电感的充放电周期 T 较小，所以根据微分原理可以认为

$$\begin{bmatrix} L & 0 \\ 0 & \dfrac{C}{n^2(1-D)^2} \end{bmatrix} \dfrac{d}{dt} \begin{bmatrix} i_L \\ n(1-D)U_o \end{bmatrix} = \begin{bmatrix} U_i \\ 0 \end{bmatrix} + \begin{bmatrix} 0 & 1 \\ 1 & \dfrac{-1}{n^2(1-D)^2 R} \end{bmatrix} \begin{bmatrix} i_L \\ n(1-D)U_o \end{bmatrix} \quad (6.24)$$

由式(6.24)可得输入电流、输出电压在 Boost 起动过程 III 的变化规律，依据该变化规律把输入电流、输出电压、箝位电容电压等效到二阶响应电路中，等效模型如图 6.16 所示。借助等效模型分析升压电感电流、输出电压的变化情况。

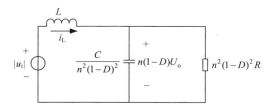

图 6.16 Boost III 模式下的简化模型

简化电路中升压电感的暂态电流为

$$i_L = \dfrac{u_i-n(1-D)U_o}{n^2(1-D)^2 R} - \dfrac{u_i-n(1-D)U_o}{L\sqrt{\dfrac{1}{LC}-\dfrac{1}{4R^2C^2}}} e^{-\frac{t}{2RC}} \sin\left(\sqrt{\dfrac{n^2(1-D)^2}{LC}-\dfrac{1}{4R^2C^2}}\, t + \theta \right) \quad (6.25)$$

其中

$$\sin\theta = \frac{L}{n^2(1-D)^2 R}\sqrt{\frac{n^2(1-D)^2}{LC} - \frac{1}{4R^2C^2}} \tag{6.26}$$

起动过程中输出电压逐渐升高，输入电流的最大值出现在切换至 Boost 工作模式后的第一个二分之一工频周期内。在二分之一工频周期内，当输入电流最大值出现在输入电压波峰位置时，输入电流最大，并且由于 $\tau=1/RC<<\omega$，在二分之一工频周期内 $\mathrm{e}^{\frac{-t}{2RC}}$ 变化较小，所以

$$i_{\mathrm{Lpk}} \leqslant \frac{U_i - n(1-D)U_{B\max}}{n^2(1-D)^2 R} + \frac{U_i - n(1-D)U_{B\max}}{L\sqrt{\dfrac{n^2(1-D)^2}{LC} - \dfrac{1}{4R^2C^2}}} \tag{6.27}$$

其中，$U_{B\max}$ 是本起动过程输出电压的最大值。

图 6.17 所示为输入电流峰值与占空比及输出电压之间的关系曲线。由图中输入电感峰值电流的变化规律可知，在 Boost 起动过程Ⅲ中，通过控制占空比可以抑制输入电流过大。

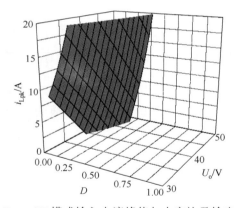

图 6.17　Boost Ⅲ 模式输入电流峰值与占空比及输出电压关系

6.4.3　起动参数分析

1. 起动过程切换点设计

1）Buck-Boost 起动切换点

由 6.4.1 节的分析可知，在 Buck 起动过程Ⅱ切换至 Boost 起动过程Ⅲ时，存在 Buck-Boost 起动切换点。由 6.4.1 节的分析可知，Boost Ⅲ模式升压电感的最大电流与 Buck-Boost 起动切换点的输出电压有关，切换点的输出电压越低，变换器输入电

流的峰值越大，所以应尽量提高切换点的输出电压，即切换点输出电压为 Buck 模态下输出电压的最大值。

由图 6.13 中的等效模型可知，当变换器达到稳态时，输出电压可以表示为

$$nDU_o = u_i = U_i |\sin \omega t| \tag{6.28}$$

所以，Buck 模式下输出电压的最大值为

$$U_{Bmax} = \frac{U_i}{n} D_{stmax} \tag{6.29}$$

当输出电压高于 Buck-Boost 起动切换点电压时，变换器由 Boost 起动过程Ⅲ切换至 Boost 起动过程Ⅳ。

2）Boost Ⅲ-Boost Ⅳ 起动切换点

变换器由 Boost 起动过程Ⅲ切换至 Boost 起动过程Ⅳ时，开关管的工作时序没有发生变化，都与正常工作时的开关时序一致。区别在于占空比的控制方式不同。两个过程的切换点，即系统受控点的最低电压为

$$U_{ost} = \frac{U_i}{n(1 - D_{min})} \tag{6.30}$$

当输出电压 U_o 高于受控电压 U_{ost} 时，变换器由 Boost 起动过程Ⅲ切换至 Boost 起动过程Ⅳ。该工作过程切换不需要改变开关管的开关时序，仅改变了占空比的变化规律。

2. 占空比控制规律

1）桥臂开关管占空比

由图 6.14 可知，Buck 起动过程Ⅱ中箝位电容电压较低时起动过程中输入电流的峰值较大，因此 Buck 模式下应将箝位电容电压控制在合适的范围；同时，变换器的占空比越大，输入电流的峰值越大，所以输出电压较低时尽量减小变换器的占空比。

由式（6.27）可知，Boost 起动过程Ⅲ的最大输入电流与切换点电压有关，为减小 Boost 起动过程Ⅲ中的电压尖峰，应尽可能提高 Buck 模式输出的最高电压，所以在 Buck 起动过程中，随着输出电压的升高，适当提高变换器占空比，直至达到 Buck 模式下的最高电压。在 Boost 起动过程Ⅲ中，变换器的占空比越大，输入电流的峰值越大，所以输出电压较低时尽量减小占空比，直至 Boost 起动过程Ⅲ结束。

起动过程中占空比变化规律如图 6.18 所示。

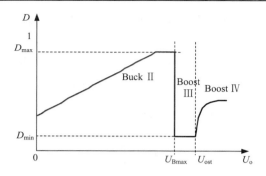

图 6.18　起动过程占空比变化曲线

因此，变换器的占空比变化规律为：Buck Ⅱ 起动过程占空比由小增大，直至达到最大占空比(理论值为 1，根据实验条件取 0.95)，其变化规律应确保能够抑制升压电感过流(控制电路依据输入电流的大小调节 D)；进入 Boost Ⅲ 阶段，占空比应保持最小占空比(根据实验条件取 0.05)，直至输出电压达到可控点；Boost Ⅳ 阶段占空比根据输出电压、输入电流调节，以满足功率因数校正及 DC/DC 变换。

2) 箝位开关管占空比

在 BuckⅡ起动过程中，通过调整箝位开关管占空比 D_C 来控制箝位电容的电压，由式(6.17)可得

$$D_C = \frac{L_{lk}\left[\sqrt{i_L^2 + \dfrac{4(1-D)(U_{CC}-nU_o)T}{2L_{lk}}i_L} - i_L\right]}{(U_{CC}-nU_o)T} \tag{6.31}$$

为确保箝位电容上的电压在适当的范围，可得 D_C 与 D、输入电流关系如图 6.19 所示(取 U_o=0 时为例，随着输出电压升高，D_C 增加)。

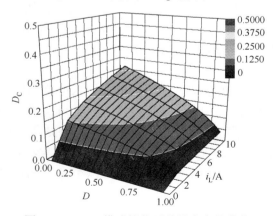

图 6.19　Buck 模式箝位开关管占空比曲线

此外，箝位电容输出的最大电流应小于变换器开关管所允许的最大电流，根据箝位电容的放电电流表达式可知

$$D_C < \frac{i_{Qmax} L_{lk}}{(U_{CC} - nU_o)T}$$ (6.32)

可以通过增加开关管容量、适当增加高频变压器漏感等措施使箝位占空比满足式(6.32)。

Boost 起动过程Ⅲ及 Boost 起动过程Ⅳ中，箝位开关管的工作模式与正常工作状态时的工作模式一致，在桥臂开关管对臂导通时箝位开关管开通，桥臂开关管直通时箝位开关管关断。

3. 箝位电容设计

由 6.4.1 节 Buck 起动过程Ⅱ中工作阶段 1、3 的工作情况可知，箝位电容充电过程中，箝位电容电压升高，根据充电时间以及充电电流可知，箝位电容电压峰值可以表示为

$$u_{Cmax} = \frac{i_L T(1 - D - D_C)}{C_C} + U_{CC}$$ (6.33)

由式(6.33)可知，如果箝位电容取值较小，则会导致开关管的电压应力过大。所以，箝位电容的取值应确保箝位电容电压的峰值小于开关管的电压应力，即

$$C_C \geqslant \frac{i_L T(1 - D_{min} - D_{Cmin})}{u_{Qmax} - U_{CC}}$$ (6.34)

由式(6.34)可得箝位电容的最小取值。如果箝位电容取值较大，会导致起动前预充电电路的损耗较大，则要使用大功率的预充电限流电阻 R_{in}，影响系统的功率密度，所以箝位电容的选取应折中考虑预充电电路与主电路开关管的电压应力。

6.4.4 仿真与实验验证

为验证本节介绍起动方法的可行性，搭建了仿真与实验系统，主要参数及部分实验结果如表 6.1 所示。

表 6.1 实验条件及结果

	参数	数值
条件	输入电压	220V（AC）
	输出	48V/12A（DC）
	升压电感	1mH
	输出滤波电容	4400μF
	变压器变比	8.5∶1
	箝位电容	4μF
	开关频率	50kHz
结果	直接起动冲击电流(仿真)	10.5A
	起动冲击电流(起动方法)	4.2A

1. 仿真验证

为验证本节的理论分析，使用计算机仿真软件进行仿真验证（仿真参数与表 6.1 中的实验参数一致），在不使用任何起动措施的前提下，单相电流型全桥单级 APFC 变换器的起动波形如图 6.20 所示。可以看出起动过程中升压电感中有较大电流尖峰（仿真约为 10.5A），因此必须采取一定的措施解决起动问题。

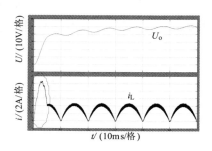

图 6.20　直接起动的仿真波形

2. 实验验证

为了实现本节介绍的 Buck 起动方法，设计了实现方案框图。箝位电容预充电结束后，变换器开始起动，系统控制电路示意图如图 6.21 所示。

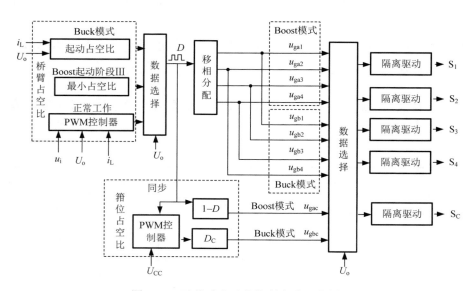

图 6.21　开关时序及其控制电路示意图

　　根据输出电压的不同，来确定变换器所处的起动阶段，并选取相应的控制器产生占空比 D 及箝位占空比 D_C。当输出电压低于 Buck-Boost 切换点电压时，变换器工作于 Buck 模式，使用 Buck 模式下的控制电路产生的 D；当输出电压升高至 U_{Bmax} 后，使用最小占空比控制桥臂开关管；当输出电压升高至可控电压 U_{ost} 后，使用正常工作时的 PWM 控制器产生控制信号，完成变换器的起动。

　　变换器处于 Buck 起动过程 II 时，数据选择环节将 $u_{gb1} \sim u_{gb4}$ 及 u_{gbc} 选中并送给相应的开关驱动器，用于驱动开关管 $S_1 \sim S_4$ 及 S_C。当输出电压升高到 U_{Bmax}，变换器进入 Boost 起动过程 III 工作，数据选择环节重新将 $u_{ga1} \sim u_{ga4}$ 及 u_{gac} 选中并送给驱动器，用于驱动开关管 $S_1 \sim S_4$ 及 S_C，以实现变换器开关时序的变化。此后开关管工作时序一直处于 Boost 模式，不再发生改变。

　　图 6.22 所示为不使用任何起动措施的实验波形（为防止输入电流过大损坏开关管，降低输入、输出电压进行实验，此时控制系统处于开环状态），由输入电流的变化情况可知，起动过程中输入电流较大。

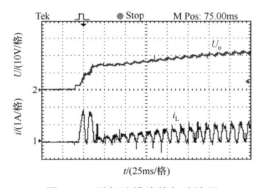

图 6.22　无起动措施的起动波形

　　图 6.23 所示为 Buck 起动过程 II 的输入电流及变压器原边电流波形，可以看出升压电感在一个充放电周期内存在上升阶段和下降阶段，与理论分析一致。

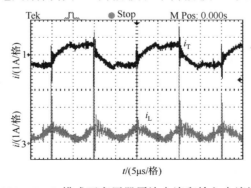

图 6.23　Buck 模式下变压器原边电流和输入电流波形

图 6.24 所示为变换器起动过程中输入电流及输出电压波形。首先变换器工作在
Buck 模式下，当输出电压到达 Buck-Boost 切换点以后，电路由 Buck 模式切换至
Boost 模式，通过设计合理的切换电压能够确保升压电感中的电流在较小的范围。

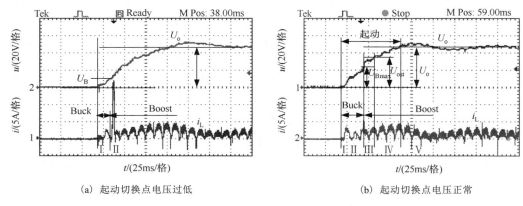

（a）起动切换点电压过低　　　　　　　　　（b）起动切换点电压正常

图 6.24　使用起动方案的起动波形

图 6.24（a）所示为 Buck-Boost 模式切换点较低时的波形，此时输出电压未达到
Buck 模式下最大值，切换至 Boost 模式后，由于输出电压较低，输入电流过大，
升压电感电流过大导致电感磁芯饱和，出现较大的电流尖峰，与理论分析一致。
图 6.24（b）所示为切换点电压正常时起动过程输入电流及变压器原边电流波形。由
实验波形可知，变换器在起动阶段工作于 Buck 模式，经过 1.25 个工频周期左右
的时间以后，输出电压基本建立，达到了 Buck-Boost 模式切换点（即 U_{Bmax}），变
换器切换至 Boost 工作模式，进入 Boost 起动过程Ⅲ；经过 0.75 个工频周期左右
的时间以后，输出电压达到了受控点 U_{ost}，进入 Boost 起动过程Ⅳ；经过 1.5 个工
频周期左右的时间以后，输出电压达到额定输出，起动过程结束。整个起动过程
中升压电感上的最大峰值电流约为 4.2A，且没有发生过流现象，切换点设计合理，
与理论分析一致。

由上述实验结果可以看出，基于 Buck 模式的起动方法能够有效抑制变换器起
动过程中的输入过流。

6.5　基于 Flyback 模式的单相 APFC 变换器起动方法

6.5.1　起动方法的基本原理

本节在 5.3 节介绍的基于耦合电感的多级无源箝位电路的基础上，介绍一种适
合单相电流型全桥单级 APFC 变换器、基于 Flyback 模式的起动方法。如图 6.25 所

示，为了简化分析，这里以采用 2 级无源箝位电路为例进行介绍。其中，在升压电感 L 和箝位电路耦合电感上分别增加反激电感 L_b 和 L_f，以及相应的整流二极管 D_b 和 D_f，n_b 和 n_f 分别为原、副边绕组的匝数比。所增加的电感与二极管只在 APFC 变换器的起动状态使用，而在其正常工作状态中不使用。由于变换器的起动时间相对较短，所以可以不用考虑电感 L_b、L_f，以及二极管 D_b、D_f 的发热问题，电感 L_b、L_f 绕组的电流密度可以远高于正常值。增加器件对 APFC 变换器体积(主要是磁性器件与散热器体积)的影响很小。

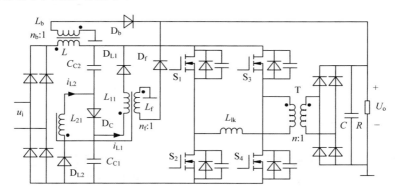

图 6.25　基于 Flyback 起动的单相电流型全桥单级 APFC 变换器

在稳态时，图 6.25 所示的 APFC 变换器工作于 Boost 模式；在起动状态时，该变换器工作于 Flyback 模式，并且在起动过程中，各开关管的开关频率与稳态时相同。图 6.26(a) 所示为起动和稳态时各开关管的开关时序。图 6.26(b) 所示为各开关管开关时序变化的控制框图，其中，$x_1 \sim x_4$、$X_1 \sim X_4$ 分别为变换器在 Flyback 与 Boost 模式工作时，开关 $S_1 \sim S_4$ 的开关逻辑信号。当变换器起动时，图中数据选择环节将 $x_1 \sim x_4$ 选中并送给相应的开关驱动器，而当输出电压升高到一定值后，数据选择环节重新将 $X_1 \sim X_4$ 选中并送给驱动器，以实现变换器开关时序的变化。

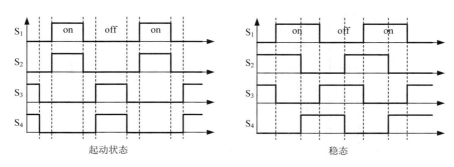

(a) 起动和稳态时各开关管的开关时序

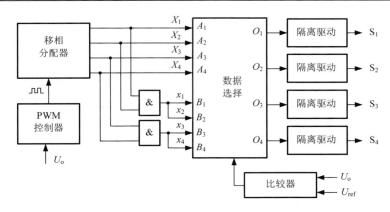

(b) 开关时序变化的控制框图

图 6.26 各开关管的开关时序及其控制框图

6.5.2 起动过程分析

与稳态时候相似，在起动阶段耦合电感工作于 DCM。然而，在起动阶段，升压电感不会在整个工频周期内都工作于 CCM，在输入电压接近于零的时间段内，升压电感将工作于 DCM。

在起动阶段，图 6.25 所示的 APFC 变换器存在两种工作模式：当 $u_i < NU_{Cf} - n_b U_{of}$ 时，APFC 变换器工作于工作模式 1；当 $u_i > NU_{Cf} - n_b U_{of}$ 时，APFC 变换器工作于工作模式 2。这里，U_{Cf} 为起动阶段箝位电容 C_{C1}、C_{C2} 的电压，U_{of} 为起动阶段 APFC 变换器的输出电压。

1. 工作模式 1

工作模式 1 中，在升压电感的一个充放电周期内，共有 3 个工作阶段，各工作阶段的等效电路如图 6.27 所示。

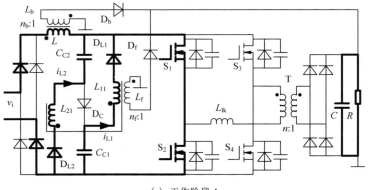

(a) 工作阶段 1

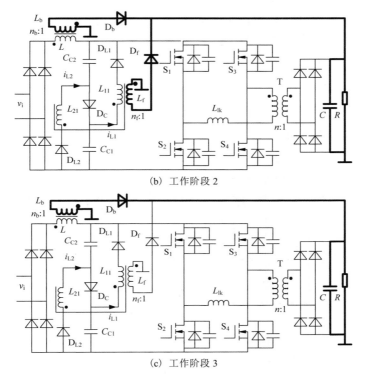

(b)　工作阶段 2

(c)　工作阶段 3

图 6.27　起动状态工作模式 1 时各工作阶段的等效电路

工作阶段 1($t_0 \sim t_1$)：本阶段，桥臂开关管直通（这里假设开关管 S_1、S_2 导通），升压电感 L 电流上升，电感 L_{11}、L_{21} 由零开始上升，变换器的输出电流仅由输出滤波电容放电提供。本阶段，升压电感 L 以及电感 L_{11}、L_{21} 的电流表达式为

$$i_L(t) = i_L(t_0) + \frac{u_i}{L}(t - t_0) \tag{6.35}$$

$$i_{L1/L2}(t) = \frac{U_{Cf}}{L_{11}}(t - t_0) \tag{6.36}$$

到 t_1 时刻，各电感电流达到一个充放电周期内的最大值。

工作阶段 2($t_1 \sim t_2$)：t_1 时刻，开关管 S_1、S_2 关断，升压电感 L 以及电感 L_{11}、L_{21} 的能量分别通过各自的反激电感 L_b、L_f 向负载传递。本阶段，反激电感 L_b、L_f 的电流表达式为

$$i_{Lb}(t) = n_b i_L(t_0) + \frac{u_i D_f T n_b}{L} - \frac{U_{of}}{L_b}(t - t_1) \tag{6.37}$$

$$i_{Lf}(t) = \frac{2U_{Cf} D_f T n_f}{L_{11}} - \frac{U_{of}}{L_f}(t - t_1) \tag{6.38}$$

其中，$D_f = (t_1 - t_0)/T$ 为 APFC 变换器在起动阶段的占空比。

到 t_2 时刻，反激电感 L_f 电流下降为零。

工作阶段 3($t_2 \sim t_3$)：本阶段，反激电感 L_b 能量继续向负载传递。到 t_3 时刻以后，变换器进入到下一个充放电周期的工作中。

2. 工作模式 2

工作模式 2 中，在升压电感的一个充放电周期内，共有 3 个工作阶段，各工作阶段的等效电路如图 6.28 所示。

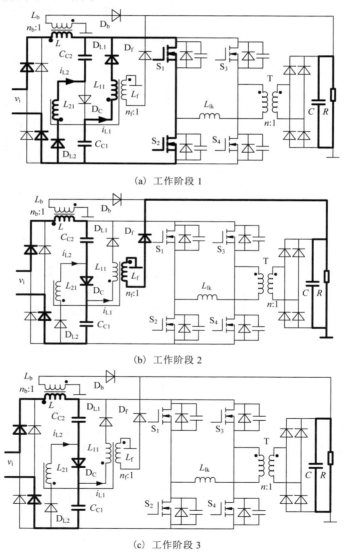

(a) 工作阶段 1

(b) 工作阶段 2

(c) 工作阶段 3

图 6.28 起动状态工作模式 2 时各工作阶段的等效电路

　　工作阶段 1($t_0 \sim t_1$)：本阶段，桥臂开关管直通(这里假设开关管 S_1、S_2 导通)，升压电感 L 电流上升，电感 L_{11}、L_{21} 由零开始上升，变换器的输出电流仅由输出滤波电容放电提供。本阶段，升压电感 L 以及电感 L_{11}、L_{21} 的电流表达式如式(6.35)和式(6.36)所示。到 t_1 时刻，各电感电流达到一个充放电周期内的最大值。

　　工作阶段 2($t_1 \sim t_2$)：t_1 时刻，开关管 S_1、S_2 关断。箝位电容 C_{C1}、C_{C2} 被输入电压与升压电感充电，电感 L_{11}、L_{21} 的能量通过反激电感 L_f 向负载传递，L_f 的电流表达式如式(6.38)所示。到 t_2 时刻，反激电感 L_f 电流下降为零。

　　工作阶段 3($t_2 \sim t_3$)：本阶段，箝位电容 C_{C1}、C_{C2} 继续被输入电压与升压电感充电。到 t_3 时刻以后，变换器进入到下一个充放电周期的工作中。

6.5.3　关键参数分析与设计

　　以下的参数分析与设计是针对带 N 级无源箝位电路的单相电流型全桥单级 APFC 变换器进行的。

　　由于 APFC 变换器在稳态时工作于 Boost 模式，所以其升压比是大于 1 的，即

$$M = \frac{nU_o}{U_i} > 1 \tag{6.39}$$

　　该 APFC 变换器要想实现正常的起动，必须满足

$$\frac{nU_{of}}{U_i} \geqslant 1 \Rightarrow U_{of} \geqslant \frac{U_i}{n} \tag{6.40}$$

　　由 5.3 节的分析可知，与升压电感的能量相比，箝位电路中耦合电感的能量要少得多，因此前述工作模式 2 的持续时间要远小于工作模式 1 的持续时间。因此，在起动过程中，APFC 变换器各开关管的电压应力可近似表示为

$$U_{Sf} = NU_{Cf} = n_b U_{of} + U_i \tag{6.41}$$

　　1.　匝数比 n_b

　　反激电感 L_b 只在变换器的起动阶段工作，在稳态时不工作，因此有

$$n_b U_o \geqslant nU_o - |u_i| \tag{6.42}$$

　　在整个工频周期内有 $-U_i \leqslant u_i \leqslant U_i$，因此，由式(6.42)可得

$$n_b \geqslant n \tag{6.43}$$

　　在起动阶段，无源箝位电路的电压可能会高于稳态时，这将造成变换器各开关器件过压。那么，在起动阶段，如果限制各开关管电压应力不超过 anU_o($a \geqslant 1$，稳态时开关管电压应力为 nU_o)，则由式(6.41)可以得到

$$U_{Sf} = NU_{Cf} = n_b U_{of} + U_i \leqslant anU_o \tag{6.44}$$

由式 (6.39)、式 (6.40) 和式 (6.44) 可以得到

$$U_{\mathrm{Cf}} \leqslant \frac{an}{N} U_{\mathrm{o}} \tag{6.45}$$

$$n_{\mathrm{b}} \leqslant (aM - 1)n \tag{6.46}$$

由式 (6.43) 和式 (6.46) 可以得到匝数比 n_{b} 的设计限制为

$$n \leqslant n_{\mathrm{b}} \leqslant (aM - 1)n \tag{6.47}$$

2. APFC 变换器起动阶段的占空比

稳态时，为了避免磁路饱和，N 级无源箝位电路中耦合电感的电流必须在每个充放电周期内回零。由 5.3 节的分析可以得到，稳态时 APFC 变换器最大占空比的限制为

$$D_{\max} = \frac{N - 1}{N} \tag{6.48}$$

因此，在稳态时的一个充放电周期内，N 级无源箝位电路中耦合电感各等效电感的最大电流表达式为

$$I_{\mathrm{L1}} = \frac{nU_{\mathrm{o}}}{N(N-1)L_{11}} D_{\max} T = \frac{nU_{\mathrm{o}}T}{N^2 L_{11}} \tag{6.49}$$

由式 (6.36) 可以得到，在起动阶段的一个充放电周期内，N 级无源箝位电路中耦合电感各等效电感的最大电流表达式为

$$I_{\mathrm{L1f}} = \frac{U_{\mathrm{Cf}}}{(N-1)L_{11}} D_{\mathrm{fmax}} T \tag{6.50}$$

为了避免起动阶段各等效电感过流，应满足 $I_{\mathrm{L1f}} \leqslant I_{\mathrm{L1}}$。由式 (6.45) 可以得出在起动阶段 APFC 变换器的最大占空比限制为

$$D_{\mathrm{f}} \leqslant \frac{N - 1}{aN} \tag{6.51}$$

在起动阶段，如果升压电感工作于 CCM，则

$$\frac{|u_{\mathrm{i}}|}{L} D_{\mathrm{f}} T n_{\mathrm{b}} = \frac{U_{\mathrm{of}}}{L_{\mathrm{b}}} (1 - D_{\mathrm{f}}) T \tag{6.52}$$

由式 (6.52) 可得

$$D_{\mathrm{f}} = \frac{U_{\mathrm{of}} n_{\mathrm{b}}}{U_{\mathrm{i}} |\sin \omega t| + U_{\mathrm{of}} n_{\mathrm{b}}} \tag{6.53}$$

那么，由式 (6.40) 和式 (6.53) 可以得到

$$D_f \geqslant \frac{n_b}{n|\sin \omega t| + n_b} \tag{6.54}$$

由上述分析可知，在整个工频周期内，当式(6.54)满足时，升压电感工作于CCM，反之，升压电感工作于DCM。

3. 匝数比 n_f

反激电感 L_f 只在变换器的起动阶段工作，在稳态时不工作，因此有

$$Nn_f U_o \geqslant nU_o \Rightarrow n_f \geqslant \frac{n}{N} \tag{6.55}$$

$$n_f U_{of} \leqslant U_{Cf} \tag{6.56}$$

由式(6.39)、式(6.40)、式(6.45)和式(6.56)可以得到

$$n_f \leqslant \frac{anM}{N} \tag{6.57}$$

由于起动阶段箝位电路中的耦合电感工作于DCM，由式(6.38)可知，对于 N 级无源箝位电路，必须满足

$$\frac{N(N-1)U_{Cf}D_f Tn_f}{(N-1)L_{11}} \leqslant \frac{U_{of}}{L_f}(1-D_f)T \tag{6.58}$$

由 5.3 节分析可知，$n_f^2 = L_1/L_f$，其中 $L_1 = L_{11}/N(N-1)$ 是耦合电感各等效电感的自感值。

由式(6.39)、式(6.40)、式(6.45)、式(6.51)和式(6.58)可以得到确保耦合电感工作于DCM的充分条件为

$$n_f \geqslant \frac{anM}{(a-1)N^2 + N} \tag{6.59}$$

由上述分析可知，匝数比 n_f 应按照式(6.55)、式(6.57)和式(6.59)限制条件来进行设计。

6.5.4　实验验证

为了验证本节的分析，在基于 5 级无源箝位电路的单相电流型全桥单级 APFC 变换器的实验平台上进行了实验研究。单相 APFC 变换器的相关参数与 5.3 节实验平台相同。其他关键参数为：$n_b = 2$，$n_f = 0.5$，$D_{fmax} = 66\%$。

图 6.29 所示为 APFC 变换器各开关管在起动阶段和稳态时的驱动波形，可以看出各开关管的开关时序变化情况。

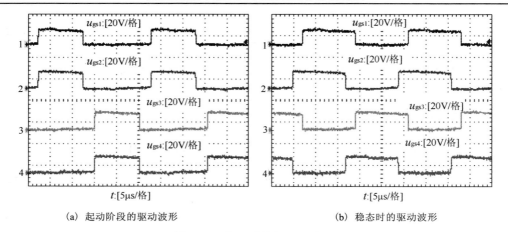

（a）起动阶段的驱动波形　　　　　　　　　（b）稳态时的驱动波形

图 6.29　各开关管的驱动波形

图 6.30（a）所示为 APFC 变换器工作在 Flyback 模式时的输入电流与输出电压波形，图 6.30（b）所示为在整个起动阶段 APFC 变换器的输入电流与输出电压波形。可以看出该变换器实现了正常的起动，在整个起动过程中没有明显的过流现象。

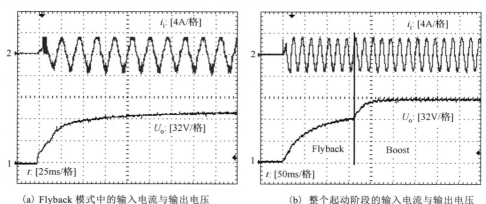

（a）Flyback 模式中的输入电流与输出电压　　　（b）整个起动阶段的输入电流与输出电压

图 6.30　起动阶段的输入电流与输出电压波形

图 6.31 所示为 APFC 变换器在稳态工作时的输入电压、电流波形。可以看出变换器具有很好的功率因数校正效果。

图 6.32 所示为稳态时各开关管的驱动、电流和电压波形（为了清楚地进行对比，图中开关管电流波形是在与 5.3 节相关实验结果相同的轻载条件下获得的）可以看出 S_1 实现了零电压关断，S_2 实现了零电压开通。在 APFC 变换器中，开关管 S_3、S_4 分别与 S_1、S_2 的开关状态相同，因此这里不再给出开关管 S_3、S_4 的相关波形。

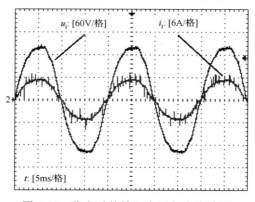

图 6.31　稳态时的输入电压与电流波形

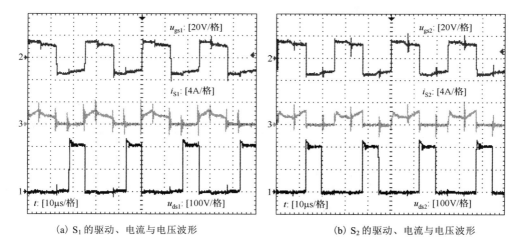

(a) S₁ 的驱动、电流与电压波形　　　　　　　　(b) S₂ 的驱动、电流与电压波形

图 6.32　稳态时各开关管的电压电流波形

将图 6.31 和图 6.32 中的实验结果与 5.3 节相关的实验结果对比可以看出，采用本节介绍的 Flyback 起动方法后，APFC 变换器在稳态时的工作机理并没有改变。

6.6　基于 Flyback 模式的三相 APFC 变换器起动方法

6.6.1　起动方法的基本原理

对于三相电流型全桥单级 APFC 变换器，其升压电感位于变换器的交流侧，电感电流双向流动(电流方向由该相输入电压的正负决定)很难在变换器起动时对升压电感电流进行控制。本节在 5.4 节介绍的基于变压器集成的反激式无源辅助环节的基础上，介绍一种适合三相电流型全桥单级 APFC 变换器、基于 Flyback 模式的起动方法。图 6.33 所示为基于反激式无源辅助环节的三相电流型全桥单级 APFC 变换器的变形结构。其中，原 APFC 变换器的升压电感 L_a、L_b、L_c 被反激式变压器 T_a、T_b、T_c 代替，L_{a1}、L_{a2}、L_{b1}、L_{b2} 和 L_{c1}、L_{c2}（$L_{a1}=L_{a2}=L_{b1}=L_{b2}=L_{c1}=L_{c2}=L$）是原边电感，$L_{af}$、$L_{bf}$、$L_{cf}$（$L_{af}=L_{bf}=L_{cf}$）是副边电感，$n_F$ 是变压器原、副边绕组匝数比。

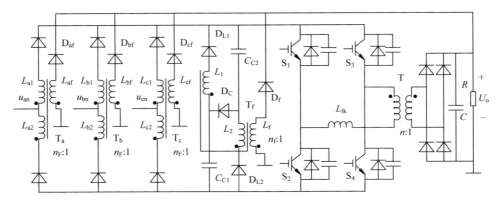

图 6.33　基于 Flyback 起动的三相电流型全桥单级 APFC 变换器

以 A 相为例，当 $u_{an}>0$ 时，该相输入电流流过 L_{a1}，反之，当 $u_{an}<0$ 时，该相输入电流流过 L_{a2}，而 L_{af} 只在变换器的起动阶段使用。电感 L_{a1}（或 L_{a2}）的平均电流为原升压电感 L_a 平均电流的一半，电感 L_{af} 绕组的电流密度可以远高于正常值，与原升压电感 L_a 相比，反激式变压器 T_a 的体积并未有明显增加。另外，所增加的二极管 D_{af} 只在短暂的起动阶段使用，可以不用考虑其发热问题。由此可见，经过图 6.33 所示的变形后，增加器件对 APFC 变换器体积（主要是磁性器件与散热器体积）的影响很小。

在稳态时，图 6.33 所示的 APFC 变换器工作于 Boost 模式；在起动状态时，该变换器工作于 Flyback 模式，并且在起动过程中，各开关管的开关频率与稳态时相同。起动和稳态时各开关管的开关时序，以及各开关管开关时序的切换机制与 6.5 节介绍的相同，具体如图 6.26 所示，这里不再重复叙述。

6.6.2　工作过程分析

1．稳态时的基本工作过程

在稳态时，图 6.33 所示的 APFC 变换器工作于 DCM 和 Boost 模式，电感 L_{af}、L_{bf}、L_{cf} 的电流为零，变换器的工作原理与 5.4 节所述相似。然而，为了后面相关分析的进行，这里将稳态时变换器在升压电感一个充放电周期内的工作分为 2 个基本的工作过程进行分析，变换器的主要波形以及各工作阶段的等效电路分别如图 6.34 和图 6.35 所示。

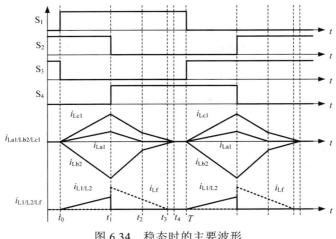

图 6.34　稳态时的主要波形

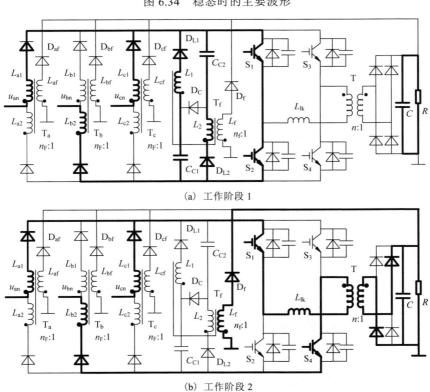

（a）工作阶段 1

（b）工作阶段 2

图 6.35　稳态时各工作阶段的等效电路

工作阶段 1($t_0 \sim t_1$)：本阶段，桥臂开关管直通（这里假设开关管 S_1、S_2 导通）。电感 L_{a1}、L_{b2}、L_{c1} 和 L_1、L_2 电流由零开始上升，变换器的输出电流仅由输出滤波电容放电提供。本阶段，电感 L_{a1}、L_{b2}、L_{c1} 和 L_1、L_2 的电流表达式为

$$i_{La1/Lb2/Lc1}(t) = \frac{u_{an/bn/cn}}{L}(t - t_0) \tag{6.60}$$

$$i_{L1/L2}(t) = \frac{U_{CC}}{L_1}(t - t_0) \tag{6.61}$$

到 t_1 时刻，各电感电流达到一个充放电周期内的最大值。

工作阶段 2 ($t_1 \sim T$)：t_1 时刻，开关管 S_2 关断，S_4 开通。能量由变换器的输入侧向输出侧传递，L_{a1}、L_{b2}、L_{c1} 的电流开始下降。在辅助环节中，L_1、L_2 的电流为零，它们的能量通过反激电感 L_f 向负载转移。本阶段，电感 L_{a1}、L_{b2}、L_{c1} 和 L_f 的电流表达式为

$$\begin{cases} i_{La1}(t) = \dfrac{u_{an}}{L}DT - \dfrac{nU_o - 3u_{an}}{3L}(t - t_1) \\[2mm] i_{Lb2}(t) = \dfrac{u_{bn}}{L}DT + \dfrac{2nU_o + 3u_{bn}}{3L}(t - t_1) \\[2mm] i_{Lc1}(t) = \dfrac{u_{cn}}{L}DT - \dfrac{nU_o - 3u_{cn}}{3L}(t - t_1) \end{cases} \tag{6.62}$$

$$i_{Lf}(t) = \frac{2U_{CC}DTn_f}{L_1} - \frac{U_o}{L_f}(t - t_1) \tag{6.63}$$

在本阶段的开始时刻，箝位电容 C_{C1}、C_{C2} 被电感 L_{a1}、L_{b2}、L_{c1} 充电，箝位电容增加的能量与工作阶段 1 中减少的能量相等。由于辅助环节向负载转移的能量远小于 APFC 变换器主电路，所以箝位电容的这个充电过程持续时间很短，并且在这个充电过程中可以忽略各电感电流的下降。

到 t_2 时刻，电感 L_{a1} 的下降为零。t_2 时刻以后，电感 L_{b2}、L_{c1} 的电流表达式变为

$$i_{Lb2}(t) = -i_{Lc1}(t) = i_{Lb2}(t_2) + \frac{u_{bn} + nU_o - u_{cn}}{2L}(t - t_2) \tag{6.64}$$

电感 L_f 以及 L_{b2}、L_{c1} 的电流分别在 t_3、t_4 时刻下降到零。

2. 起动阶段的工作过程

在起动阶段，图 6.33 所示的 APFC 变换器工作于 DCM 和 Flyback 模式，其中各开关管的开关频率与稳态时相同，并且输入能量由反激式变压器 T_a、T_b、T_c 和 T_f 向负载转移。在升压电感的一个充放电周期内，该变换器共有 2 个工作阶段，各工作阶段的主要波形与等效电路分别如图 6.36 和图 6.37 所示。

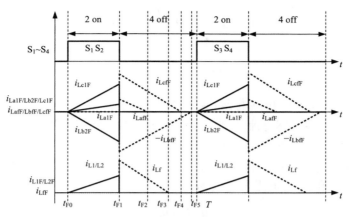

图 6.36 起动阶段的主要波形

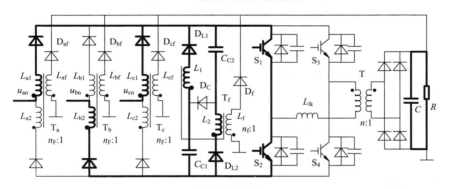

(a) 工作阶段 1

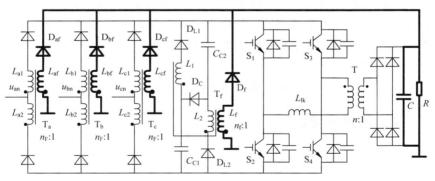

(b) 工作阶段 2

图 6.37 起动时各工作阶段的等效电路

工作阶段 $1(t_{F0} \sim t_{F1})$：本阶段，桥臂开关管直通(这里假设开关管 S_1、S_2 导通)电感 L_{a1}、L_{b2}、L_{c1} 和 L_1、L_2 电流由零开始上升，变换器的输出电流仅由输出滤波电容放电提供。本阶段，电感 L_{a1}、L_{b2}、L_{c1} 和 L_1、L_2 的电流表达式为

$$i_{\text{La1F/Lb2F/Lc1F}}(t) = \frac{u_{\text{an/bn/cn}}}{L}(t - t_{\text{F0}}) \tag{6.65}$$

$$i_{\text{L1F/L2F}}(t) = \frac{U_{\text{CCF}}}{L_1}(t - t_{\text{F0}}) \tag{6.66}$$

其中，U_{CCF} 是起动阶段箝位电容 C_{C1}、C_{C2} 的电压。

到 t_{F1} 时刻，各电感电流达到一个充放电周期内的最大值。

工作阶段 2($t_{\text{F1}} \sim T$)：t_{F1} 时刻，开关管 S_1、S_2 关断。电感 L_{a1}、L_{b2}、L_{c1} 的能量通过 L_{af}、L_{bf}、L_{cf} 向负载转移，电感 L_1、L_2 的能量通过 L_{f} 向负载转移。本阶段，电感 L_{af}、L_{bf}、L_{cf} 和 L_{f} 的电流表达式为

$$\begin{cases} i_{\text{LafF}}(t) = \dfrac{u_{\text{an}} D_{\text{F}} T n_{\text{F}}}{L} - \dfrac{U_{\text{oF}}}{L_{\text{af}}}(t - t_{\text{F1}}) \\[2mm] i_{\text{LbfF}}(t) = -\dfrac{u_{\text{bn}} D_{\text{F}} T n_{\text{F}}}{L} - \dfrac{U_{\text{oF}}}{L_{\text{bf}}}(t - t_{\text{F1}}) \\[2mm] i_{\text{LcfF}}(t) = \dfrac{u_{\text{cn}} D_{\text{F}} T n_{\text{F}}}{L} - \dfrac{U_{\text{oF}}}{L_{\text{cf}}}(t - t_{\text{F1}}) \end{cases} \tag{6.67}$$

$$i_{\text{LfF}}(t) = \frac{2U_{\text{CCF}} D_{\text{F}} T n_{\text{f}}}{L_1} - \frac{U_{\text{oF}}}{L_{\text{f}}}(t - t_{\text{F1}}) \tag{6.68}$$

其中，$D_{\text{F}} = (t_{\text{F1}} - t_{\text{F0}})/T$ 为 APFC 变换器在起动阶段的占空比；U_{oF} 为起动阶段 APFC 变换器的输出电压。

在本阶段的开始时刻，箝位电容 C_{C1}、C_{C2} 被电感 L_{a1}、L_{b2}、L_{c1} 充电，箝位电容增加的能量与工作阶段 1 中减少的能量相等。由于辅助环节向负载转移的能量远小于 APFC 变换器主电路，所以箝位电容的这个充电过程持续时间很短，并且在这个充电过程中可以忽略各电感电流的下降。

电感 L_{af}、L_{f}、L_{cf} 和 L_{bf} 的电流依次在 t_{F2}、t_{F3}、t_{F4} 和 t_{F5} 时刻下降到零。

6.6.3　关键参数分析与设计

图 6.33 所示的 APFC 变换器在稳态时的参数分析设计与 5.4 节所述相似，这里不再重复介绍。下面主要对起动阶段 APFC 变换器的关键参数进行分析与设计。

1. 起动阶段的输出电压

在起动阶段升压电感的一个充放电周期内，电感 L_{a1}、L_{b2}、L_{c1} 电流的平均值计算为

$$\begin{cases} I_{\text{La1Favg}} = \dfrac{1}{2} i_{\text{La1F}}(t_{\text{F1}}) D_{\text{F}} = \dfrac{u_{\text{an}} D_{\text{F}}^2 T}{2L} \\[3mm] I_{\text{Lb2Favg}} = \dfrac{1}{2} i_{\text{Lb2F}}(t_{\text{F1}}) D_{\text{F}} = \dfrac{u_{\text{bn}} D_{\text{F}}^2 T}{2L} \\[3mm] I_{\text{Lc1Favg}} = \dfrac{1}{2} i_{\text{Lc1F}}(t_{\text{F1}}) D_{\text{F}} = \dfrac{u_{\text{cn}} D_{\text{F}}^2 T}{2L} \end{cases} \tag{6.69}$$

由于辅助环节向负载传输的能量远小于主电路，所以在升压电感的一个充放电周期内，APFC 变换器的平均输入功率可表示为

$$P_{\text{iF}} = u_{\text{an}} I_{\text{La1Favg}} + u_{\text{bn}} I_{\text{Lb2Favg}} + u_{\text{cn}} I_{\text{Lc1Favg}} = \frac{3U^2 D_{\text{F}}^2 T}{4L} \tag{6.70}$$

如果忽略变换器的损耗，则可以认为 APFC 变换器的输出功率与平均输入功率相等，因此可以得到

$$P_{\text{iF}} = P_{\text{oF}} = \frac{U_{\text{oF}}^2}{R} \tag{6.71}$$

由式(6.70)和式(6.71)可以得到该 APFC 变换器在起动阶段的输出电压表达式为

$$U_{\text{oF}} = \sqrt{\frac{3RT}{4L}} D_{\text{F}} U \tag{6.72}$$

由式(6.72)可以看出，在起动阶段，APFC 变换器的输出电压随着其占空比的增加而增加。

2. 起动阶段的最大占空比

在稳态时，APFC 变换器工作于 Boost 模式，所以变换器的升压比必须满足

$$M = \frac{nU_{\text{o}}}{\sqrt{3}U} > 1 \tag{6.73}$$

在起动阶段，APFC 变换器工作于 Flyback 模式。然而，要想实现变换器由 Flyback 模式向 Boost 模式的正常切换，必须满足

$$\frac{nU_{\text{oFmax}}}{\sqrt{3}U} \geqslant 1 \tag{6.74}$$

由式(6.72)和式(6.74)可以计算得到 APFC 变换器起动阶段最大占空比的第 1 个限制条件为

$$D_{\text{Fmax}} \geqslant \frac{1}{n} \sqrt{\frac{4L}{RT}} \tag{6.75}$$

在起动阶段，反激式变压器 T_{a}、T_{b}、T_{c} 工作于 DCM，因此必须满足如下关系：

$$
\begin{cases}
\dfrac{|u_{\mathrm{an}}|}{L}D_{\mathrm{F}}Tn_{\mathrm{F}} \leqslant \dfrac{U_{\mathrm{oF}}}{L_{\mathrm{af}}}(1-D_{\mathrm{F}})T \\[3mm]
\dfrac{|u_{\mathrm{bn}}|}{L}D_{\mathrm{F}}Tn_{\mathrm{F}} \leqslant \dfrac{U_{\mathrm{oF}}}{L_{\mathrm{bf}}}(1-D_{\mathrm{F}})T \\[3mm]
\dfrac{|u_{\mathrm{cn}}|}{L}D_{\mathrm{F}}Tn_{\mathrm{F}} \leqslant \dfrac{U_{\mathrm{oF}}}{L_{\mathrm{cf}}}(1-D_{\mathrm{F}})T
\end{cases}
\tag{6.76}
$$

由式(6.72)和式(6.76)可以计算得到 APFC 变换器起动阶段最大占空比的第 2 个限制条件为

$$
D_{\mathrm{Fmax}} \leqslant 1-\frac{1}{n_{\mathrm{F}}}\sqrt{\frac{4L}{3RT}}
\tag{6.77}
$$

在起动阶段,反激式变压器 T_{f} 同样工作于 DCM,因此,由式(6.68)可以得到如下关系:

$$
\frac{2U_{\mathrm{CCF}}D_{\mathrm{F}}Tn_{\mathrm{f}}}{L_1} \leqslant \frac{U_{\mathrm{oF}}}{L_{\mathrm{f}}}(1-D_{\mathrm{F}})T
\tag{6.78}
$$

由 5.4 节的分析可知:①$n_{\mathrm{f}}^2=L_{11}/L_{\mathrm{f}}$,其中 $L_{11}=L_1/2$ 是反激式变压器 T_{f} 原边电感的自感值;②稳态时,各开关管的电压应力为 $2U_{\mathrm{CC}}=anU_{\mathrm{o}}(a>1)$。在起动阶段各开关管的电压应力为 $2U_{\mathrm{CCF}}$。这里定义:$2V_{\mathrm{CCF}}=bnU_{\mathrm{o}}$,那么与稳态相比,如果限制起动阶段各开关管的过压不超过 20%,则系数 b 的限制条件为

$$
b \leqslant 1.2a
\tag{6.79}
$$

由式(6.72)、式(6.73)、式(6.78)和式(6.79)可以计算得到 APFC 变换器起动阶段最大占空比的第 3 个限制条件为

$$
D_{\mathrm{Fmax}} \leqslant 1-\frac{bM}{n_{\mathrm{f}}}\sqrt{\frac{L}{RT}}
\tag{6.80}
$$

由工作过程分析可知,电感 L_{a1}、L_{b2}、L_{c1} 和 L_1、L_2 的充电过程与稳态时相同,所以为了避免起动阶段电感 L_{a1}、L_{b2}、L_{c1} 和 L_1、L_2 过流,由式(6.60)、式(6.61)和式(6.65)、式(6.66)可以得到如下两个关系式:

$$
\frac{u_{\mathrm{an/bn/cn}}}{L}D_{\mathrm{Fmax}}T \leqslant \frac{u_{\mathrm{an/bn/cn}}}{L}D_{\mathrm{max}}T
\tag{6.81}
$$

$$
\frac{U_{\mathrm{CCF}}}{L_1}D_{\mathrm{Fmax}}T \leqslant \frac{U_{\mathrm{CC}}}{L_1}D_{\mathrm{max}}T
\tag{6.82}
$$

由式(6.81)和式(6.82)可以得到 APFC 变换器起动阶段最大占空比的第 4、5 个限制条件为

$$D_{\mathrm{Fmax}} \leqslant D_{\max} \tag{6.83}$$

$$D_{\mathrm{Fmax}} \leqslant \frac{a}{b} D_{\max} \tag{6.84}$$

3. 匝数比 n_{F}

在稳态时，电感 L_{af}、L_{bf}、L_{cf} 的电流为零，所以为了避免二极管 D_{af}、D_{bf}、D_{cf} 在稳态时导通，在稳态时的工作阶段 2 中，电感 L_{af}、L_{bf}、L_{cf} 的电压必须低于输出电压。因此由工作过程分析可以得到如下关系：

$$\begin{cases} \dfrac{1}{n_{\mathrm{F}}}\left(\dfrac{anU_{\mathrm{o}}}{3} - u_{\mathrm{an}} \right) \leqslant U_{\mathrm{o}} \\[3mm] \dfrac{1}{n_{\mathrm{F}}}\left(\dfrac{2anU_{\mathrm{o}}}{3} + u_{\mathrm{bn}} \right) \leqslant U_{\mathrm{o}} \\[3mm] \dfrac{1}{n_{\mathrm{F}}}\left(\dfrac{an_{\mathrm{o}}U}{3} - u_{\mathrm{cn}} \right) \leqslant U_{\mathrm{o}} \end{cases} \tag{6.85}$$

$$\frac{u_{\mathrm{bn}} + nU_{\mathrm{o}} - u_{\mathrm{cn}}}{2n_{\mathrm{F}}} \leqslant U_{\mathrm{o}} \tag{6.86}$$

由式 (6.73)、式 (6.85) 和式 (6.86) 可以得到关于 n_{F} 的第 1 组限制条件为

$$\begin{cases} n_{\mathrm{F}} \geqslant \dfrac{a}{3} n \\[3mm] n_{\mathrm{F}} \geqslant \left(\dfrac{2a}{3} - \dfrac{1}{2M} \right) n \\[3mm] n_{\mathrm{F}} \geqslant \left(1 - \dfrac{1}{M} \right) \dfrac{n}{2} \end{cases} \tag{6.87}$$

在起动阶段，APFC 变换器输入的能量主要由电感 L_{af}、L_{bf}、L_{cf} 转移至输出侧，由此可以得到如下关系：

$$\begin{cases} u_{\mathrm{an}} + U_{\mathrm{La1F\text{-}2}} + U_{\mathrm{Lb2F\text{-}2}} - u_{\mathrm{bn}} \leqslant 2U_{\mathrm{CCF}} \\[2mm] u_{\mathrm{cn}} + U_{\mathrm{Lc1F\text{-}2}} + U_{\mathrm{Lb2F\text{-}2}} - u_{\mathrm{bn}} \leqslant 2U_{\mathrm{CCF}} \end{cases} \tag{6.88}$$

其中，$U_{\mathrm{La1F\text{-}2}} = U_{\mathrm{Lb2F\text{-}2}} = U_{\mathrm{Lc1F\text{-}2}} = n_{\mathrm{F}} U_{\mathrm{oF}}$ 是电感 L_{af}、L_{bf}、L_{cf} 在起动时工作阶段 2 中的电压。

由式 (6.72) 和式 (6.88) 可以得到关于 n_{F} 的第 2 组限制条件为

$$n_{\mathrm{F}} \leqslant \frac{bM - 1}{D_{\mathrm{Fmax}}} \sqrt{\frac{L}{RT}} \tag{6.89}$$

由上述分析可以得出，APFC 变换器起动阶段的关键参数（D_{Fmax} 和 n_{F}）应分别按照限制条件（式 (6.75)、式 (6.77)、式 (6.79)、式 (6.80)、式 (6.83)、式 (6.84)、式 (6.87) 和式 (6.89)）来进行设计。

6.6.4　实验验证

为了验证本节的分析，在 5.4 节的实验电路平台上进行相应的结构变形后进行了实验研究。结构变形后的相关参数为：$L_{a1}=L_{a2}=L_{b1}=L_{b2}=L_{c1}=L_{c2}=76\mu H$，$n_F=1.1$，$D_{max}=40\%$，$D_{Fmax}=33\%$。

图 6.38 所示为在起动阶段 APFC 变换器工作于 Flyback 模式时，A 相输入电压与电流波形。可以看出，起动阶段变换器工作于 DCM，并且在起动阶段变换器同样实现了输入侧的功率因数校正功能。

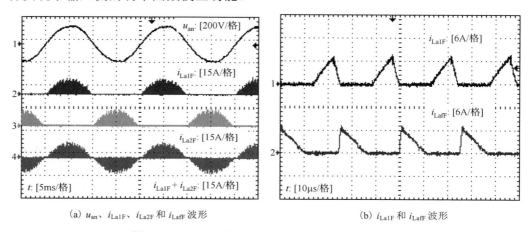

(a) u_{an}、i_{La1F}、i_{La2F} 和 i_{LafF} 波形　　　　　(b) i_{La1F} 和 i_{LafF} 波形

图 6.38　Flyback 模式下 A 相输入电压与电流波形

图 6.39 所示为在起动阶段 APFC 变换器的 A 相输入电流与输出电压波形。可以看出，该 APFC 变换器实现了正常的起动，并且在整个起动过程中未出现明显的过流现象。

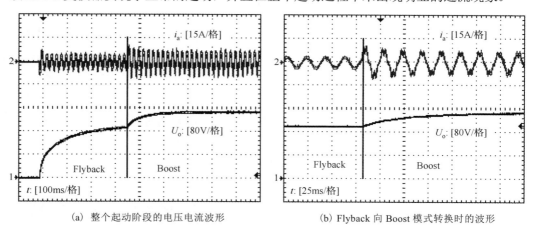

(a) 整个起动阶段的电压电流波形　　　　　(b) Flyback 向 Boost 模式转换时的波形

图 6.39　起动阶段 A 相输入电流与输出电压波形

图 6.40 所示为在稳态时 APFC 变换器的 A 相输入电压与电流波形，其中，i_a 是在变换器的输入侧接入简单的 LC 滤波器后获得的。可以看出，稳态时该 APFC 变换器工作于 DCM，并且有效地实现了功率因数校正功能。

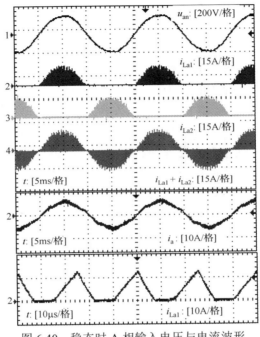

图 6.40　稳态时 A 相输入电压与电流波形

图 6.41 所示为稳态时 APFC 变换器开关管 S_1、S_2 的驱动、电流与电压波形。可以看出，S_1 实现了零电压关断，S_2 实现了零电压开通。在 APFC 变换器中，开关管 S_3、S_4 分别与 S_1、S_2 的开关状态相同，因此这里不再给出开关管 S_3、S_4 的相关波形。

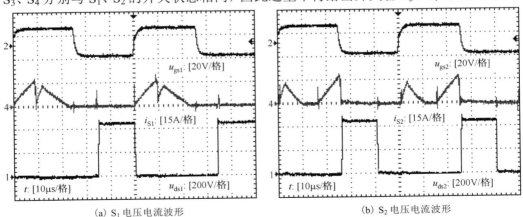

(a) S_1 电压电流波形　　　　　　　(b) S_2 电压电流波形

图 6.41　稳态时开关管 S_1、S_2 的电压电流波形

　　将图 6.40 和图 6.41 中的实验结果与 5.4 节相关的实验结果对比可以看出，采用本节介绍的 Flyback 起动方法后，APFC 变换器在稳态时的工作机理并没有改变。

6.7　本章小结

　　本章主要对电流型全桥单级 APFC 变换器的起动问题与起动方法进行了介绍与分析。首先，以三相 APFC 变换器为例，对电流型全桥单级 APFC 变换器起动过程中的过压、过流问题进行了分析，在此基础上，介绍了一种在变换器输出滤波电容上串联电阻的有损起动方法；接下来以单相 APFC 变换器为例，介绍了一种基于 Buck 模式的无损起动方法，以及两种分别适合于单相、三相 APFC 变换器的基于 Flyback 模式的无损起动方法。通过对采用各种起动方法的 APFC 变换器在起动阶段工作过程的分析，归纳了采用相关起动方法时变换器关键参数的设计方法，并在相应的实验研究中实现了 APFC 变换器的正常起动。

第7章 单相APFC变换器变压器偏磁机理及其抑制方法

7.1 引 言

单相电流型全桥单级 APFC 变换器的高频变压器具有调整输出电压、使输入输出间具有电气隔离的作用,且该变压器双向励磁,磁芯利用率较高。但是由于该 APFC 变换器将功率因数校正与 DC/DC 变换集成到一级电路中实现,工作模式不同于传统的 DC/DC 变换器,该变换器的高频变压器存在着特有的偏磁问题。如果不采取一定的措施加以抑制,则其变压器磁芯很容易发生饱和,并造成开关管过流等故障,影响系统正常运行。

本章在对单相电流型全桥单级 APFC 变换器变压器偏磁机理进行分析的基础上,以基于有源箝位电路的单相 APFC 变换器为例,介绍一种基于死区调节的偏磁抑制策略。在变压器的正、负向励磁过程中分别添加死区,通过调节正、负向死区时间的大小来确保变压器的伏秒积平衡,消除偏磁。死区的加入不影响升压电感电流的变化规律,因此,该策略具有不影响系统性能、不改变 APFC 变换器主电路结构的优点。

7.2 变压器偏磁机理分析

7.2.1 传统全桥电路的偏磁机理

传统全桥电路的高频变压器双向励磁,在理想情况下变压器两端所加的正、负脉冲对称,变压器的伏秒积平衡,磁芯的磁化曲线工作的中心点在原点并保持在饱和磁化曲线以内,变压器正常工作。

实际工作中正、负脉冲的伏秒积很难完全相等,传统全桥电路变压器偏磁的产生机理主要有以下 3 方面因素。

1) 开关器件的特性不一致

全桥电路中的 4 只开关管通常使用相同型号的开关管,理论上 4 只开关管的特性相同,但实际应用中开关管的通态压降、开关速度等往往存在差异。如果开关管的通态压降存在差异,则会导致高频变压器两端所加的正向电压与负向电压不能保持一致；如果开关管的开关速度不一致，则会导致变压器正、负向的励磁时间不同。变压器两端所加的伏秒积不平衡，磁芯磁化曲线的中心点发生偏移，导致变压器偏磁。

2）驱动电路不一致

开关管驱动电路的参数往往存在差异，这会导致开关管的开关速度无法保持一致，影响变压器的正、负向励磁时间，造成变压器的伏秒积不平衡，最终导致变压器偏磁。

3）系统动态调节

当系统的输入、输出情况发生变化时，系统将动态地调节占空比，在调节过程中会导致正、负向励磁时间发生变化，加在变压器两端的伏秒积不平衡，造成变压器的偏磁。

7.2.2　单相电流型全桥单级 APFC 变换器变压器偏磁机理分析

除了具有传统全桥电路的偏磁机理外，单相电流型全桥单级 APFC 变换器因其工作上的特点导致其具有独特的偏磁机理。单相电流型全桥单级 APFC 变换器的输入电压为正弦波，经过输入侧的工频整流后变为在四分之一个工频周期内单调递增或单调递减的单相半波。由于变换器的占空比在四分之一工频周期内单调变化，相邻的正、负向励磁时间出现差异，加在变压器两端的伏秒积（$U_T \times t_T$）平衡，如图 7.1 所示。

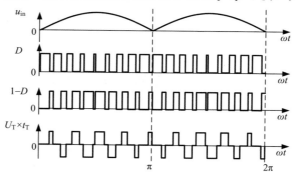

图 7.1　占空比变化示意图

为了便于分析，做以下定义及假设：变压器变比为 $n:1$，原边绕组匝数为 N_1，副边绕组匝数为 N_2；变压器磁芯的截面积为 A_e；磁芯正、负向励磁的磁感应强度分别为 B_p、B_q；B_o 表示磁化曲线中心点；下面在 $u_i > 0$ 的半个工频周期内分析变换器工作情况，并且假设初始状态变压器未发生偏磁。

在 CCM 下的单相电流型全桥单级 APFC 变换器的占空比可以近似表示为

$$D_{(k)} = \frac{nU_o - u_{i(k)}}{nU_o} = 1 - \frac{U_i \sin \omega kT}{nU_o} \tag{7.1}$$

单相电流型全桥单级 APFC 变换器的占空比按照式(7.1)的规律变化，在第 k 个工作周期内(对应的升压电感工作周期为：$2k-1$、$2k$)变压器的正、负向励磁时间(分别对应两个方向的对臂导通时间)可以分别表示为

$$\begin{cases} t_{p(2k-1)} = [1 - D_{p(2k-1)}]T \\ t_{q(2k)} = [1 - D_{q(2k)}]T \end{cases} \tag{7.2}$$

一个开关周期内，升压电感进行两次充放电，在放电过程中高频变压器励磁，所以变压器正、负向励磁时间的差值为

$$t_{q(2k)} - t_{p(2k-1)} = T\Delta(1-D)_{(k)} = \frac{u_{i(2k)} - u_{i(2k-1)}}{nU_o}T \tag{7.3}$$

APFC 变换器占空比的变化规律导致在一个开关周期内变压器的正、负向励磁时间存在差异，因此变压器正、负向励磁的伏秒积不平衡。变压器磁芯在升压电感充放电周期结束后的磁感应强度分别为

$$\begin{cases} B_{p(2k-1)} = B_{q(2k-2)} + \dfrac{[1 - D_{(2k-1)}]TnU_o}{N_1 A_e} \\ B_{q(2k)} = B_{p(2k-1)} - \dfrac{[1 - D_{(2k)}]TnU_o}{N_1 A_e} \end{cases} \tag{7.4}$$

由于在四分之一工频周期内占空比单调变化，所以一个开关周期内产生的偏磁量会积累到下一个开关周期。假设系统初始状态 $\omega t=0$ 时，未发生偏磁，所以 $B_0=0$，由式(7.1)、式(7.4)可知，在第 k 个开关周期内变压器正、负向的最大磁感应强度分别为

$$\begin{cases} B_{p(2k-1)} = B_0 + \dfrac{TnU_o}{N_1 A_e}\sum_{m=1}^{2k-1}[(-1)^{m+1}(1-D_{(m)})] = B_0 + \dfrac{TU_i\left[\sin\dfrac{\omega T}{2} + \sin\left(2k - \dfrac{1}{2}\right)\omega T\right]}{2N_1 A_e \cos\dfrac{\omega T}{2}} \\[4mm] B_{q(2k)} = B_{p(1)} + \dfrac{TnU_o}{N_1 A_e}\sum_{m=1}^{2k}[(-1)^{m+1}(1-D_{(m)})] = B_{p(1)} + \dfrac{TU_i\left[\sin\dfrac{\omega T}{2} - \sin\left(2k + \dfrac{1}{2}\right)\omega T\right]}{2N_1 A_e \cos\dfrac{\omega T}{2}} \end{cases} \tag{7.5}$$

所以，一个开关周期内变压器磁化曲线中心点产生的偏移量为

$$B_{o(k)} - B_{o(k-1)} = \frac{nU_o T\Delta(1-D)_{(k)}}{2N_1 A_e} = \frac{U_i 2\sin\dfrac{\omega T}{2}\cos\dfrac{(4k-1)\omega T}{2}}{2N_1 A_e} \tag{7.6}$$

由式(7.5)和式(7.6)可知，k 个开关周期后，变压器磁芯的磁化曲线中心点可以表示为

$$B_{o(k)} = \frac{B_{p(2k-1)} + B_{q(2k)}}{2} = B_{o(0)} + \frac{TU_i[1 - \cos 2k\omega T]}{2N_1 A_e} \tan \frac{\omega T}{2} \tag{7.7}$$

四分之一工频周期后，输入电压处于波峰位置，磁化曲线中心点的偏移量最大。同时，变换器的占空比最小，对应的正、负向励磁时间最大：$(1-D)T$，正、负向磁感应强度的最大值为

$$\begin{cases} B_{p\left(\frac{\pi}{2}\right)} = B_0 + \dfrac{TU_i\left(\sin\dfrac{\omega T}{2} + \cos\dfrac{\omega T}{2}\right)}{2N_1 A_e \cos\dfrac{\omega T}{2}} \\[6mm] B_{q\left(\frac{\pi}{2}\right)} = B_0 + \dfrac{TU_i\left(\sin\dfrac{\omega T}{2} - \cos\dfrac{\omega T}{2}\right)}{2N_1 A_e \cos\dfrac{\omega T}{2}} \end{cases} \tag{7.8}$$

对应磁化曲线中心点的偏移量为

$$B_{o\left(\frac{\pi}{2}\right)} = \frac{TU_i}{2N_1 A_e} \tan\frac{\omega T}{2} \tag{7.9}$$

此时，变压器磁芯的磁化曲线中心点发生较大的偏移。在后四分之一工频周期，即 $0.5\pi < \omega t < \pi$，占空比的变化规律由单调递减变为单调递增，由式(7.7)可知，磁芯工作点的偏移量降低。所以在二分之一工频周期内，当输入电压处于峰值位置时，变压器磁芯的磁感应强度最大，并且磁化曲线中心点偏移量最大，最容易导致变压饱和。随着磁化曲线偏移量的积累，当偏磁严重到一定程度时，磁芯将进入单向饱和区，磁导率将急剧下降，造成单向磁化电流急剧增加，回路电流瞬间上升，并最终导致功率器件烧毁，使电路无法正常工作。

综上所述，占空比的变化规律是导致单相电流型全桥单级 APFC 变换器变压器偏磁的主要原因，但是为了实现功率因数校正和 DC/DC 变换，不能改变占空比的变化规律。

7.3 基于死区调节的变压器偏磁抑制方法

7.3.1 变压器偏磁抑制的基本原理

由 7.2.2 节分析可知，单相电流型全桥单级 APFC 变换器变压器磁芯的磁化曲线中心点 B_o 不为零，这将导致偏磁的产生，如图 7.2(a)所示。如果变压器磁芯的磁化曲线中心点在每个开关周期都能保持在原点位置，则能够消除变压器的偏磁，即

$$B_{o(k)} = \frac{B_{p(2k-1)} + B_{q(2k)}}{2} = 0 \tag{7.10}$$

其中，$k = 1, 2, 3, \cdots$。

当式 (7.10) 成立时，磁化曲线始终围绕原点工作，如图 7.2 (b) 所示。变压器磁芯在一个开关周期内无偏磁积累，B_o 始终为 0，高频变压器偏磁得到抑制。

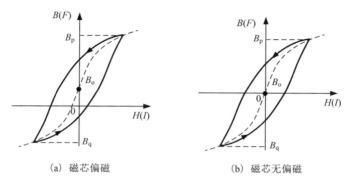

(a) 磁芯偏磁　　　　　　　　　(b) 磁芯无偏磁

图 7.2　变压器磁芯的磁化曲线

在高频变压器励磁的过程中，变压器的副边电压与输出电压相同，变压器励磁电压大小始终为 nU_o。因此，如果不改变电路结构，则只能通过改变变压器正、负向励磁时间来改变伏秒积，消除偏磁。

单相电流型全桥单级 APFC 变换器工作在恒频模式，由式 (7.2) 可知，如果要改变正、负向的励磁时间，则只能通过改变变换器的占空比实现，但是改变变换器的占空比会影响输入电流的变化规律，影响功率因数校正效果。

针对单相电流型全桥单级 APFC 变换器的高频变压器存在偏磁的问题，介绍一种基于死区调节的偏磁抑制策略。由于箝位电路的存在，允许在开关管的工作时序中添加死区，通过调整死区来改变加在变压器两端的伏秒积，消除偏磁。下面以基于有源箝位电路的单相电流型全桥单级 APFC 变换器为例进行介绍。

基于有源箝位电路的单相电流型全桥单级 APFC 变换器如图 7.3 所示。由于箝位电容的存在，允许变换器出现只有一只开关管导通的状态。仅一只开关管导通时（该阶段称为死区），升压电感中的电流通过箝位开关管的寄生二极管流入箝位电容 C_C 中，升压电感中的电流不会发生突变。所以基于有源箝位电路的单相电流型全桥单级 APFC 变换器，可以在桥臂开关管对臂导通切换至直通前加入死区。在死区时间内，仅有一只开关管处于开通状态，其他开关管处于关断状态，使用该偏磁抑制方案后电路主要波形如图 7.4 所示。

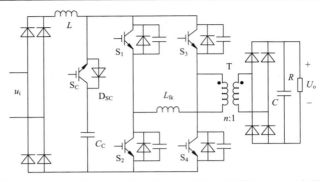

图 7.3　基于有源箝位电路的单相电流型全桥单级 APFC 变换器

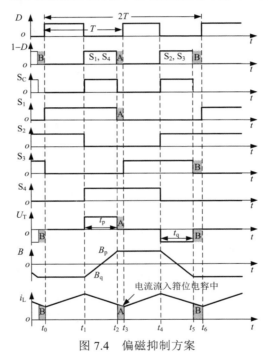

图 7.4　偏磁抑制方案

为抑制高频变压器的偏磁，在正向励磁和负向励磁结束前，分别添加适当死区 A、B。在死区 A 期间，电路中仅有开关管 S_4 开通，直至升压电感的一个充放电周期结束；在死区 B 期间，电路中仅有开关管 S_2 开通，直至升压电感的一个充放电周期结束。在死区期间，变压器两端的电压为开关管通态压降及寄生二极管的管压降之和，远小于 nU_o，可以近似为 0。在一个工作周期内，调节死区 A、B 时间的大小能够分别改变变压器正、负向励磁时间，即

$$\begin{cases} t_{p(2k-1)} = T - D_{p(2k-1)}T - t_A \\ t_{q(2k)} = T - D_{q(2k)}T - t_{B(2k)} \end{cases} \tag{7.11}$$

由式(7.11)可知，通过控制死区 A、B 的大小能够调节变压器正、负向励磁的伏秒积，从而使变压器两端的伏秒积平衡。

7.3.2 变压器偏磁抑制工作机理分析

使用偏磁抑制方案后，APFC 变换器的工作过程如图 7.5 所示(由于各开关管的软开关过程对偏磁抑制没有影响，所以此处的分析中省略软开关过程)。

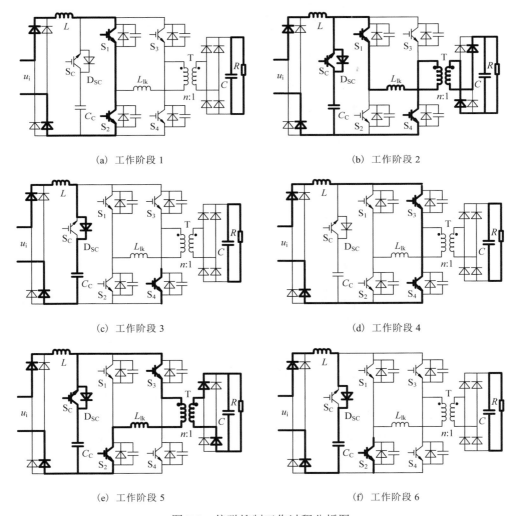

图 7.5 偏磁抑制工作过程分析图

工作阶段 1($t_0 \sim t_1$)：升压电感处于充电阶段。t_0 时刻，开关管 S_1 开通，此前开关管 S_2 处于开通状态。桥臂开关管 S_1、S_2 将升压电感两端直接接在整流后的输入

电源上，升压电感中的电流线性增加。桥臂被开关管短路，变压器两端所加的电压为 0，变压器磁芯的磁感应强度未发生变化，即

$$B_p(t_1) = B_p(t_0) \tag{7.12}$$

工作阶段 2 $(t_1 \sim t_2)$：变压器正向励磁阶段。t_1 时刻，开关管 S_4 开通，S_2 关断，此前开关管 S_1 处于导通状态。升压电感由充电状态转换为放电状态，升压电感中的电流开始降低。升压电感电流通过开关管 S_1、S_4 流入高频变压器中，通过变压器向负载传递能量。此时，变压器正向励磁，变压器原边所加的电压为 nU_o。变压器磁芯的磁感应强度发生变化，即

$$B_p(t_2) = B_p(t_1) + \frac{t_p n U_o}{N_1 A_e} \tag{7.13}$$

工作阶段 3 $(t_2 \sim t_3)$：正向死区阶段。t_2 时刻，开关管 S_1 关断，此时只有开关管 S_4 处于导通状态。系统进入正向死区 A 阶段，变压器正向励磁结束，两端电压为 0。变压器磁芯的磁感应强度未发生变化，即

$$B_p(t_3) = B_p(t_2) \tag{7.14}$$

升压电感中的电流通过箝位开关管的寄生二极管 D_{SC} 流入箝位电容 C_C 中，箝位电容的电压约为 nU_o，所以升压电感的工作情况与工作 2 相同。该阶段持续时间为 t_A。

工作阶段 4 $(t_3 \sim t_4)$：升压电感处于充电阶段。t_3 时刻，开关管 S_3 开通，此前开关管 S_4 处于导通状态。桥臂开关管 S_3、S_4 的导通将升压电感两端直接接在整流后的输入电源上，升压电感中的电流线性增加。桥臂被开关管短路，变压器两端所加的电压为 0，变压器磁芯的磁感应强度未发生变化，即

$$B_q(t_4) = B_q(t_3) \tag{7.15}$$

工作阶段 5 $(t_4 \sim t_5)$：变压器负向励磁阶段。t_4 时刻，开关管 S_2 开通，S_4 关断，此前开关管 S_3 处于导通状态。升压电感由充电状态转换为放电状态，升压电感中的电流开始降低。升压电感电流通过开关管 S_2、S_3 流入高频变压器中，通过变压器向负载传递能量。高频变压器负向励磁，变压器原边所加的电压为 $-nU_o$，变压器磁芯的磁感应强度发生变化，即

$$B_q(t_5) = B_p(t_2) - \frac{t_q n U_o}{N_1 A_e} \tag{7.16}$$

工作阶段 6 $(t_5 \sim t_6)$：负向死区阶段。t_5 时刻，开关管 S_3 关断，此时只有开关管 S_2 处于导通状态。系统进入负向死区 B 阶段，变压器负向励磁结束，两端所加电压为 0。变压器磁芯的磁感应强度未发生变化，即

$$B_q(t_6) = B_q(t_5) \tag{7.17}$$

此时升压电感中的电流通过箝位开关管的寄生二极管 D_{SC} 流入箝位电容 C_C 中，箝位电容的电压约为 nU_o，所以升压电感的工作情况与工作阶段 5 相同。该阶段持续时间为 t_B，直至本工作周期结束，系统进入下一工作周期。

由以上分析可知，在一个开关周期内，变压器磁芯的正、负向最大磁感应强度为

$$\begin{cases} B_{p(2k-1)} = B_{q(2k-2)} + \dfrac{[T - D_{(2k-1)}T - t_A]nU_o}{N_1 A_e} \\ B_{q(2k)} = B_{p(2k-1)} - \dfrac{[T - D_{(2k)}T - t_{B(2k)}]nU_o}{N_1 A_e} \end{cases} \tag{7.18}$$

在正向死区（工作阶段 3）、负向死区（工作阶段 6）期间，高频变压器两端所加的电压为零，磁感应强度不变。由式（7.18）可知，通过调整死区时间的大小能够改变变压器正、负向励磁时间，从而改变变压器的伏秒积，调整磁芯工作情况。如果死区 A 持续时间 t_A 固定，则合理调节每个工作周期内负向死区 B 持续的时间 $t_{B(2k)}$，使变压器在每个工作周期内，磁化曲线的中心点始终为原点，即式（7.10）在每个工作周期都能够成立。

将式（7.10）、式（7.11）代入式（7.18）中，通过递推法由 $k=1,2,3,\cdots,$ 递推可得

$$t_{q(2k)} = -2(t_{p1} - t_{q2} + t_{p3} - \cdots - t_{q(2k)}) \tag{7.19}$$

此时，负向死区可以表示为

$$t_{B(2k)} = T - D_{(2k)}T + 2(t_{p1} - t_{q2} + t_{p3} - \cdots - t_{q(2k)}) \tag{7.20}$$

所以，当式（7.19）和式（7.20）成立时，$B_{p(2k-1)} = -B_{q(2k)}$，一个开关周期内变压器的磁滞回线中心点偏移量 $B_o = 0$，偏磁消除。

在死区时间内，升压电感中的电流会流入箝位电容中，箝位电容的电压与 nU_o 接近，所以该过程中升压电感的工作状态与对臂导通阶段一致（工作阶段 3 中输入电流变化情况与工作阶段 2 一致，工作阶段 6 中输入电流变化情况与工作阶段 5 一致），升压电感电流的变化规律未发生改变，因此增加死区不影响变换器的功率因数校正效果。

7.3.3　其他因素导致的变压器偏磁抑制能力分析

单相电流型全桥单级 APFC 变换器除其特有的工作机理会导致高频变压器偏磁外，其他诸如开关管开关速度、通态压降、驱动速度不一致、系统动态调节等因素同样会导致高频变压器偏磁。本章介绍的死区调节策略在抑制单相电流型全桥单级 APFC 变换器特有的工作机理导致偏磁的同时，同样也能够对其他因素引起的偏磁起到抑制作用。

(1)开关管的通态压降、开关速度、驱动速度往往存在差异，这就导致变压器每

个工作周期的伏秒积不平衡，假设每个开关周期内变压器正、负向励磁的伏秒积存在的差异为 ΔVS，即

$$\Delta B_{\text{p}} = \Delta B_{\text{q}} + \frac{\Delta VS}{N_1 A_{\text{e}}} \tag{7.21}$$

此时，如果不使用任何偏磁抑制策略，则在一个开关周期内，有

$$\begin{cases} B_{\text{p}(2k-1)} = B_{\text{q}(2k-2)} + \dfrac{[1 - D_{(2k-1)}]TnU_{\text{o}} + \Delta VS}{N_1 A_{\text{e}}} \\[3mm] B_{\text{q}(2k)} = B_{\text{p}(2k-1)} - \dfrac{[1 - D_{(2k)}]TnU_{\text{o}}}{N_1 A_{\text{e}}} \end{cases} \tag{7.22}$$

则

$$B_{0(k)} = B_0 + \frac{B_{\text{p}(2k-1)} + B_{\text{q}(2k)}}{2} = B_0 + \frac{[D_{(2k)} - D_{(2k-1)}]TnU_{\text{o}}}{N_1 A_{\text{e}}} + \frac{\Delta VS}{N_1 A_{\text{e}}} \tag{7.23}$$

使用偏磁抑制后，添加了正、负向死区，即

$$\begin{cases} B_{\text{p}(2k-1)} = B_{\text{q}(2k-2)} + \dfrac{[T - D_{(2k-1)}T - t_{\text{A}}]nU_{\text{o}}}{N_1 A_{\text{e}}} + \dfrac{\Delta VS}{N_1 A_{\text{e}}} \\[3mm] B_{\text{q}(2k)} = B_{\text{p}(2k-1)} - \dfrac{[T - D_{(2k)}T - t_{\text{B}(2k)}]nU_{\text{o}}}{N_1 A_{\text{e}}} \end{cases} \tag{7.24}$$

由式 (7.24) 可知，当死区大小满足

$$\frac{nU_{\text{o}}t_{\text{A}}}{N_1 A_{\text{e}}} > \left| \frac{\Delta VS}{N_1 A_{\text{e}}} \right| + \left| \frac{D_{2k-1} - D_{2k}}{N_1 A_{\text{e}}} \right| T \tag{7.25}$$

此时，能够满足负向死区时间 $t_{\text{B}} > 0$，死区在可调范围内。将式 (7.24)、式 (7.25) 代入式 (7.10) 中，通过递推法由 $k = 1, 2, 3, \cdots$，递推可得，负向励磁时间为

$$t_{\text{q}(2k)} = -2[t_{\text{p}1} - t_{\text{q}2} + t_{\text{p}3} - \cdots - t_{\text{q}(2k)}] - 2\frac{\Delta VS}{nU_{\text{o}}} \tag{7.26}$$

当式 (7.26) 成立时，$B_{\text{p}(2k-1)} = -B_{\text{q}(2k)}$，一个工作周期内变压器磁化曲线的中心点偏移量 $B_{\text{o}} = 0$，在一个工作周期内完全消除偏磁。

所以，使用基于死区调节偏磁抑制策略能够确保每个开关周期内高频变压器磁芯的磁化曲线的中心点为原点，解决了开关管的通态压降、开关速度、驱动速度等因素带来的偏磁问题。

(2) 输入输出变化、系统调整等因素导致变压器的伏秒积出现不平衡，该类型的

偏磁出现频率较低且偏移量较大。如果不使用任何措施，偏磁逐渐积累，多次调整后容易发生磁芯饱和，则影响系统的稳定性。

由于该类型的偏磁出现的频率较低，所以允许使用多个工作周期抑制偏磁。磁化曲线中心点偏移量较大，假设为

$$B_{o(k)} = \frac{B_{p(2k-1)} + B_{q(2k)}}{2} = \frac{\Delta VS}{N_1 A_e} > \frac{nU_o t_A}{N_1 A_e} \tag{7.27}$$

所以使用偏磁抑制方案前，一个开关周期内变压器正、负向的磁通为

$$\begin{cases} B_{p(2k-1)} = B_{q(2k-2)} + \dfrac{[1 - D_{(2k-1)}]TnU_o + \Delta VS}{N_1 A_e} \\[3mm] B_{q(2k)} = B_{p(2k-1)} - \dfrac{[1 - D_{(2k)}]TnU_o}{N_1 A_e} \end{cases} \tag{7.28}$$

使用偏磁抑制后为

$$\begin{cases} B_{p(2k-1)} = B_{q(2k-2)} + \dfrac{[T - D_{(2k-1)}T - t_A]nU_o}{N_1 A_e} + \dfrac{\Delta VS}{N_1 A_e} \\[3mm] B_{q(2k)} = B_{p(2k-1)} - \dfrac{[T - D_{(2k)}T - t_{B(2k)}]nU_o}{N_1 A_e} \end{cases} \tag{7.29}$$

由于偏磁量较大，无法在一个开关周期完全消除，此时，有

$$B_{o(k)} = \frac{\Delta VS}{N_1 A_e} - \frac{nU_o t_A}{N_1 A_e} \tag{7.30}$$

经过 m 个开关周期后，有

$$B_{o(k+m)} = \frac{\Delta VS}{N_1 A_e} - m\frac{nU_o t_A}{N_1 A_e} = 0 \tag{7.31}$$

此时，变压器的偏磁被彻底消除，即经过 m 个工作周期后，变压器磁芯磁化曲线的工作中心点回到零点。由式 (7.31) 可知，磁化曲线中心点偏移量一定时，死区越大，消除偏磁所用的时间 mT 越短。

所以，基于死区调节的偏磁抑制策略不仅能够解决单相电流型全桥单级 APFC 变换器变压器特有的偏磁问题，还能够解决开关管压降、驱动电路驱动速度、系统动态调节等因素带来的偏磁问题，有利于提高系统的可靠性。

总之，基于死区调节的偏磁抑制策略能够抑制单相电流型全桥单级 APFC 变换器的变压器偏磁，具有不需要改变 APFC 变换器主电路结构、不影响功率因数校正效果、不影响变换器的工作性能实现等优点，并且既能够使用模拟电路实现，又能够使用数字电路实现，适用范围更加广泛。

7.4　实现方案及关键参数分析

基于死区调节的偏磁抑制策略能够使用数字控制或模拟控制实现,本书以模拟控制为例介绍偏磁抑制策略的具体实现方案。为实现死区调节抑制策略,设计了一种积分复位电路,固定变压器正向励磁时间,调整负向励磁的时间,从而消除变压器偏磁。

7.4.1　积分复位电路设计

系统预先设置正向死区 A,通过积分复位获得负向死区 B,使式(7.20)成立,抑制变压器的偏磁。积分复位电路如图 7.6 所示,该电路通过调整开关管 S_3 导通的占空比,来控制负向死区 B 的大小。

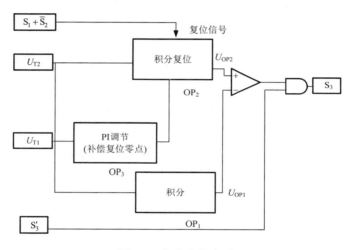

图 7.6　积分复位电路

控制电路由两个积分器组成,积分器 OP_1 从系统工作的初始状态对变压器两端电压进行积分;积分器 OP_2 在一个开关周期内,对变压器的负向励磁电压进行积分。变压器原边电压为 U_{T1},变压器副边电压为 U_{T2}。变压器负向励磁时,复位开关断开,积分器 OP_2 输出电压由零开始增加,开关周期结束后复位开关闭合。变压器负向励磁期间,当 OP_1 输出大于 OP_2 时,开关管 S_3 关断,即由 7.3.2 节工作过程分析中的工作过程 5 切换至工作过程 6,电路进入负向死区 B 阶段,直至开关周期结束,控制电路主要波形如图 7.7 所示。

由于变压器存在漏感,考虑到变压器漏感上存在压降,所以在积分复位环节可以取变压器副边电压 U_{T2} 进行积分,消除变压器漏感带来的影响。

为消除器件误差等因素的影响,加入补偿器 OP_3,动态调整积分器 OP_2 的复位零点。分析过程中认为器件理想、系统处于稳态,OP_3 输出为 0。

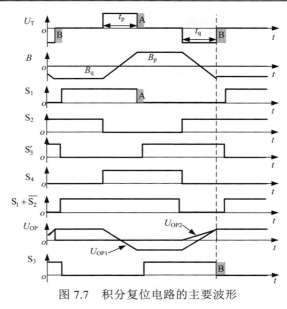

图 7.7 积分复位电路的主要波形

在高频变压器的第 m 个开关周期，变压器负向励磁期间，积分器 OP_1、OP_2 输出分别为

$$\begin{cases} U_{OP1} = -\int_0^{mT} \dfrac{1}{R_1 C_1} U_T \mathrm{d}t = -\dfrac{n U_o}{R_1 C_1} \left[t_{p(2m-1)} - t_{qx} + \sum_{k=1}^{m-1} (t_{p(2k-1)} - t_{q2k}) \right] \\ U_{OP2} = -\int_{mT}^{mT+t_{qx}} \dfrac{1}{R_2 C_2} U_T \mathrm{d}t = \dfrac{n U_o t_{qx}}{R_2 C_2} \end{cases} \tag{7.32}$$

其中，$C_1 = C_2$；$2R_1 = R_2$，当 $U_{OP1} = U_{OP2}$ 时，系统由负向励磁状态（工作阶段 5）进入负向死区状态（工作阶段 6），直至该开关周期结束，所以

$$t_{q2m} = t_{qx} = -2[t_{p1} - t_{q2} + t_{p3} - \cdots - t_{q(2m)}] \tag{7.33}$$

此时，式(7.10)成立，变压器磁芯 $B_o = 0$，磁化曲线的中心点在一个工作周期内未发生偏移。

7.4.2 死区影响分析

基于死区调节的偏磁抑制策略通过固定变压器一个励磁方向的死区，调节另一个励磁方向的死区，消除偏磁。正向死区 A 是预先设置的，负向死区 B 是系统通过积分复位电路获得的。所以正向死区的大小影响偏磁抑制效果。此外，由 7.3 节中的工作过程分析可知，正向死区 A 对系统的最大占空比、箝位电容上的电压波动产生影响。

一个开关周期内变压器正、负向励磁时间存在差异是导致变压器两端的伏秒积不平衡的主要原因。为实现偏磁抑制，预先设置的正向死区时间应该大于或等于一个工作周期内加在变压器两端的励磁时间差，所以

$$t_{\mathrm{A}} \geqslant \max[T\Delta(1-D)_{(k)}] \approx \frac{TU_{\mathrm{i}}}{nU_{\mathrm{o}}} \times \omega T \tag{7.34}$$

将系统占空比表达式(7.1)代入式(7.11)、式(7.20)可知，为抑制高频变压器偏磁，负向死区时间为

$$t_{\mathrm{B}(2k)} = 2t_{\mathrm{A}} - \frac{TU_{\mathrm{i}}}{nU_{\mathrm{o}}}\left(\frac{1}{\cos\omega T} - 1\right)|\sin 2k\omega T| \tag{7.35}$$

所以，负向死区的大小受正向死区的影响，式(7.34)成立就能确保 $t_{\mathrm{B}}>0$，此时，控制系统动态调节 t_{B} 的大小，使正、负向励磁时间满足偏磁抑制的需要，消除高频变压器偏磁。

由式(7.35)可知，在工频周期内负向死区的最大值为

$$t_{\mathrm{Bmax}} = 2t_{\mathrm{A}} \tag{7.36}$$

如果正向死区过大，则会导致箝位电容上的电压波动较大和桥臂电压过高，损坏开关管及箝位电容。同时，死区过大会导致系统的最大占空比降低，影响系统的性能。

由于死区的加入，系统的最大占空比受到限制，假设系统的最大占空比为 1，则加入死区后，有

$$D_{\mathrm{max}} = 1 - \frac{2t_{\mathrm{A}}}{T} \tag{7.37}$$

在死区期间升压电感中的电流全部流入箝位电容中，死区越大，箝位电容电压波动越多。死区导致箝位电容上的电压波动约为

$$\Delta U_{\mathrm{Cmax}} = \frac{i_{\mathrm{i}}}{C_{\mathrm{C}}} \times 2t_{\mathrm{A}} \tag{7.38}$$

由式(7.37)可得不同开关频率下，死区大小对系统的最大占空比的影响，其特性曲线如图 7.8(a)所示。由式(7.38)可得不同开关频率下，死区大小对箝位电容电压波动的影响，其关系如图 7.8(b)所示。

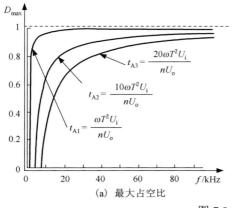

(a) 最大占空比

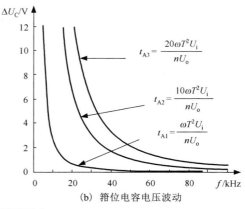

(b) 箝位电容电压波动

图 7.8 死区影响

由以上分析可知，正向死区大小的选取与系统的开关频率、输入输出电压、变压器变比有关，并且正向死区的设置影响系统的最大占空比、箝位电容电压纹波。所以正向死区的选取需要综合考虑偏磁的抑制效果以及系统的最大占空比、桥臂电压纹波等因素。

根据式 (7.25)、式 (7.31) 可知，死区越小，对其他因素导致的变压器偏磁的抑制能力越差，所以 t_A 必须留有一定余量，需要折中考虑对系统的影响和偏磁抑制能力。结合实验条件，在实验电路中选取 (若有特殊情况导致系统偏磁量较大，则可以适当增加或减小 t_A)

$$t_A = \frac{10\omega T^2 U_i}{nU_o} \tag{7.39}$$

通常情况下，APFC 变换器的开关频率远高于工频频率，由式 (7.37)、式 (7.38) 可知，t_A 按照式 (7.39) 取值对变换器的最大占空比、箝位电容电压的影响较小，不影响系统性能以及变换器的正常工作。

7.5　实　验　验　证

为验证本章介绍偏磁抑制策略的可行性及理论分析的正确性，在理论分析的基础上，搭建了实验系统，实验参数如表 7.1 所示。

表 7.1　实验参数

参数	数值
输入电压	220V（AC）
输出	48V/12A（DC）
变压器磁芯种类	ETD49
开关频率	50kHz
变压器变比	8.5∶1
箝位电容	4μF
正向死区	0.7μs

图 7.9 所示为基于死区调节的偏磁抑制策略的控制电路示意图，其中正向死区通过触发电路获得，加在开关管 S_1 上，从而添加到正向励磁过程中；负向死区通过图中的积分复位电路获得，加在开关管 S_3 上，从而添加到负向励磁过程中。

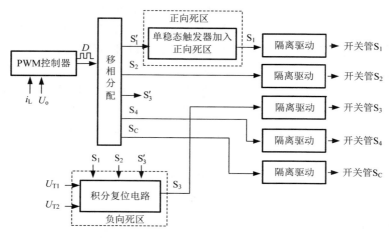

图 7.9　控制电路示意图

图 7.10 所示为未使用任何偏磁抑制措施时的变压器原边电压、电流波形。可以看出，在一个开关周期内，高频变压器原边电流的正、负半周不对称，高频变压器原边电流在正半周变化较快，并且在正半周接近结束的时刻，电流升高的幅度明显加快。这说明该情况下高频变压器的磁芯工作点发生偏移，并且变压器磁芯有饱和趋势，如果偏磁继续积累，则将会导致变压器饱和。

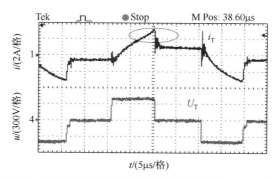

图 7.10　不使用偏磁抑制的变压器原边电流、电压波形

图 7.11 所示为基于死区调节的偏磁抑制策略的积分复位电路波形。其中，系统预先设置了死区 A，由积分复位电路产生死区 B。由实验波形可知，高频变压器正向励磁时，积分电路 OP$_1$ 输出减小，积分电路 OP$_2$ 不工作；高频变压器负向励磁时，积分电路 OP$_1$、OP$_2$ 输出同时增加，积分电路 OP$_1$ 输出小于积分电路 OP$_2$ 的输出电压，OP$_1$ 输出电压升高较快。当积分电路 OP$_1$ 的输出电压大于积分电路 OP$_2$ 的输出电压时，负向励磁对应的超前臂开关管 Q$_3$ 关断，系统进入死区 B 阶

段，负向励磁时间发生改变，能够满足偏磁抑制的需求，所以积分复位电路设计合理。

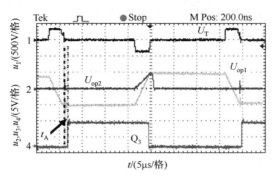

图 7.11　控制电路波形

图 7.12 所示为使用偏磁抑制策略的变压器原边电压、电流在开关周期内的波形。可以看出，一个开关周期内输入电流正、负半周对称，开关管关断前变压器原边的电流未发生突变。由此可知，该情况下高变压器正常工作，磁芯未饱和。

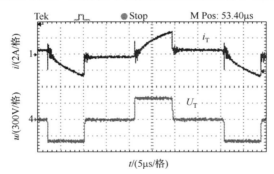

图 7.12　使用偏磁抑制策略后的变压器原边电流、电压波形

对比图 7.10 与图 7.12 中的结果可以看出，在实验条件相同的条件下测得：未使用偏磁抑制时，高频变压器有饱和趋势，存在偏磁；使用死区调节偏磁抑制方案后，高频变压器未发生饱和，偏磁得到有效抑制。

由实验分析可知，只要控制电路及参数设计合理，偏磁抑制策略能够有效抑制单相电流型全桥单级 APFC 变换器的高频变压器偏磁现象，与理论分析一致。

7.6　本　章　小　结

本章针对单相电流型全桥单级 APFC 变换器高频变压器存在偏磁的问题进行了分析，并介绍了相应的解决方案。首先，在对单相电流型全桥单级 APFC 变换器的变压器磁芯工作情况分析的基础上，得出了高频变压器的偏磁产生机理。其次，针对基于有源箝位电路的单相电流型全桥单级 APFC 变换器提出了基于死区调节的偏磁抑制策略，该抑制策略在不增加主电路复杂程度的基础上，通过控制开关管的开关时序有效抑制了偏磁；根据使用偏磁抑制策略后电路的工作情况，分析了变压器磁芯的磁感应强度的变化情况，从理论上验证了偏磁抑制策略的可行性；在所介绍偏磁抑制策略的基础上设计了基于积分复位的实现电路，并分析了死区大小对系统的影响规律，给出了死区设计方法。最后，进行了实验验证，实验结果表明偏磁抑制策略能够有效抑制偏磁，实现电路以及死区设计合理。

第 8 章　基于辅助环节的单相 APFC 变换器输出电压纹波抑制策略

8.1　引　　言

由前面各章的分析可知，各种有源、无源箝位电路，无源缓冲环节等能够较好地解决单相电流型全桥单级 APFC 变换器中存在的桥臂电压尖峰、变压器偏磁以及起动过程中的输入过流等问题。在对输出电压纹波要求相对较低或者对系统动态响应速度要求不高的场合，以上相关结构能够完全满足应用需求，但是在某些对输出电压纹波要求较高的场合需要针对 APFC 变换器输出电压纹波较大的问题进行研究。

为了抑制单相电流型全桥单级 APFC 变换器的输出电压纹波，本章结合箝位技术介绍一种基于反激式辅助环节的输出电压纹波抑制策略。该结构利用箝位电容吸收变压漏感在变换器开关状态转换过程中产生的桥臂电压尖峰，并通过辅助环节将箝位电容的能量释放到负载侧，通过控制辅助环节输出电流的大小以及相位来抑制 APFC 变换器的输出电压纹波，从而解决单相电流型全桥单级 APFC 变换器输出电压纹波过大的问题。该纹波抑制策略能够在不影响系统的动态响应特性的基础上降低输出电压纹波。

8.2　单相电流型全桥单级 APFC 变换器输出电压纹波的影响因素分析

与两级 APFC 变换器相比，本书介绍的单相单级 APFC 变换器的输出电压中存在较大的二倍工频的纹波。两级 APFC 变换器的能量流动示意图如图 8.1(a) 所示，该类变换器使用两级电路分别实现功率因数校正以及 DC/DC 变换的功能，PFC 级的输出端使用了输出滤波电容滤波，由于 PFC 电路输入功率呈现二倍工频波动，所以 PFC 级电路的输出滤波电容 C_{o1} 的纹波电压较大。但是 PFC 级电路的输出作为 DC/DC 级电路的输入，DC/DC 级电路通过控制系统调节、输出滤波电容滤波，可以降低输出电压纹波，使最终的输出电压纹波变得很小，不会影响整个系统的输出特性，所以两级 APFC 变换器基本上不存在输出电压纹波大的问题。

　　本书介绍的单级 APFC 变换器的能量流动示意图如图 8.1(b)所示,该变换器使用一级电路同时实现功率因数校正及 DC/DC 变换的功能。在实现功率因数校正功能后,输入电流为正弦波且与输入电压同相位,输入功率呈现二倍工频的波动,而变换器的输出电压为直流,输出功率相对恒定。除了升压电感以及输出滤波电容外,在整个功率变换的过程中没有其他储能装置,因此其输出端不可避免地存在相对较大的二倍工频的电压波动。

　　基于有源箝位电路的单相电流型全桥单级 APFC 变换器的能量流动示意图如图 8.1(c)所示,箝位电路并联在 APFC 变换器的桥臂上,箝位电容可以吸收变压器漏感在开关状态转换过程中产生的桥臂电压尖峰,并且在一个工作周期内通过主电路直接释放到负载侧,但是箝位电路不能降低输出电压纹波,其等效电路如图 8.2(a)所示。

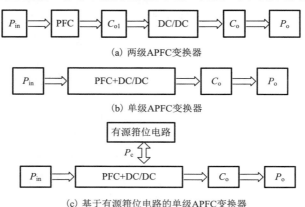

图 8.1　APFC 变换器的能量流动示意图

　　在变换器的正常工作过程中,箝位电容电压保持稳定,在升压电感的一个充放电周期内箝位电容的安秒积平衡,流入箝位电容的平均电流与流出的平均电流相等,在升压电感的一个充放电周期内箝位电容的平均电流为零,如图 8.2(b)所示。

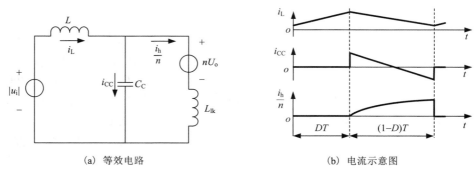

图 8.2　基于有源箝位电路的单相 APFC 变换器箝位电容工作状况

　　根据基尔霍夫电流定律可知,变压器副边的高频整流桥输出电流(取一个开关周期内的平均电流)为

$$i_{\text{h}} = n[(1-D)i_{\text{L}} + i_{\text{CC}}] = n(1-D)i_{\text{L}} \tag{8.1}$$

输出滤波电容上的电流为

$$i_{\text{co}} = i_{\text{h}} - I_{\text{o}} = n(1-D)i_{\text{L}} - \frac{P_{\text{o}}}{R} = \frac{U_{\text{i}}i_{\text{L}}\sin\omega t}{U_{\text{o}}} - \frac{P_{\text{o}}}{R} \tag{8.2}$$

输出电容上电压纹波可以表示为

$$\Delta u_{\text{co}} = \frac{1}{C}\int i_{\text{co}}\text{d}t = \frac{1}{C}\int\left(\frac{P_{\text{in}}}{U_{\text{o}}} - \frac{P_{\text{o}}}{R}\right)\text{d}t = -\frac{P_{\text{o}}}{2\omega CU_{\text{o}}}\sin 2\omega t \tag{8.3}$$

　　结合式(8.2)与式(8.3)可知,输出滤波电容上的电压(输出电压)存在二倍工频波动,有源箝位电路对输出电压纹波没有影响,输出电压纹波的大小与变换器的输出功率、输出滤波电容的电容量、输出电压有关。

8.3　基于反激式辅助环节的单相 APFC 变换器

8.3.1　电路结构

　　基本的单相电流型全桥单级 APFC 变换器的主电路部分仅有升压电感、输出滤波电容可以储能。前边相关章节介绍的无论带箝位电路还是缓冲电路的单相电流型全桥单级 APFC 变换器都具有箝位(吸收)电容,该箝位电容可以存储一定的能量。由于升压电感、输出滤波电容中存储的能量不能直接用于降低变换器的输出电压纹波,这里可以考虑使用箝位(吸收)电容中的能量来抑制输出电压纹波。

　　基于有源箝位电路的单相电流型全桥单级 APFC 变换器能够很好地解决桥臂电压尖峰大的问题,但是箝位电路的工作状况需要与 APFC 主电路保持一致,箝位电路工作情况受主电路的影响。基于有源箝位电路的单相电流型全桥单级 APFC 变换器的箝位电容在吸收能量后直接通过主电路释放,能量流动示意图如图 8.1(c)所示,所以箝位电容没有起到抑制输出电压纹波的作用。同样道理,基于无源箝位电路、无源缓冲电路的单相电流型全桥单级 APFC 变换器的箝位(吸收)电容也不能起到抑制输出电压纹波的作用。

　　如果箝位电容中存储的能量可以通过其他途径释放到负载侧,则能够通过控制其能量释放的变化规律,使之与输出电压纹波的相位相配合,抵消部分输出电压纹波,达到降低输出电压纹波的目的。为了使箝位电路的工作状况不受主电路影响,

从而达到利用箝位电容中的能量降低输出电压纹波的目的，本章在基于反激式辅助环节的单相电流型全桥单级 APFC 变换器的基础上提出一种输出电压的纹波抑制策略，基于反激式辅助环节的单相电流型全桥单级 APFC 变换器电路结构如图 8.3 所示。

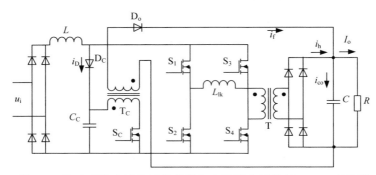

图 8.3　基于反激式辅助环节的单相电流型全桥单级 APFC 变换器

该电路在基本的单相电流型全桥单级 APFC 变换器的基础上，增加了一个由箝位二极管 D_C、箝位电容 C_C、辅助开关管 S_C、辅助（反激式）高频变压器 T_C 以及整流二极管 D_o 构成的反激式辅助环节。利用箝位电容吸收变压器漏感在变换器开关状态转换过程中产生的桥臂电压尖峰，将桥臂电压箝位在相对较低的范围内。箝位电容中的能量可通过辅助环节释放到负载侧，辅助环节的工作情况不受主电路各开关管工作情况的影响，利用辅助变压器以及辅助开关管构成的反激式电路将箝位电容吸收的能量释放到变换器的输出侧。

8.3.2　主电路工作原理

基于反激式辅助环节的单相电流型全桥单级 APFC 变换器的主电路工作情况与基本的单相电流型全桥单级 APFC 变换器相同，变换器在一个开关周期内的主要波形如图 8.4 所示。其中，T 为升压电感的充放电周期，i_p 为变压器原边电流，i_{CC} 表示箝位电容电流，u_m 表示桥臂电压。

在一个开关周期内升压电感完成两次充放电，高频变压器进行两次励磁，通过控制系统占空比来控制输入电流的大小，实现功率因数校正，各工作阶段的等效电路如图 8.5 所示（辅助环节的工作情况不受主电路的影响，因此分析主电路工作原理时可以不分析辅助环节的工作情况），主电路的主要工作过程如下。

工作阶段 1($t_0 \sim t_1$)：t_0 时刻开关管 S_1 开通，变换器的工作状态如图 8.5(a) 所示。开关管 S_1、S_2 同时处于开通状态，将升压电感直接接到输入电源两端，升压电感中的电流上升，即

$$i_L(t) = \frac{u_i}{L}(t - t_0) + i_L(t_0) \tag{8.4}$$

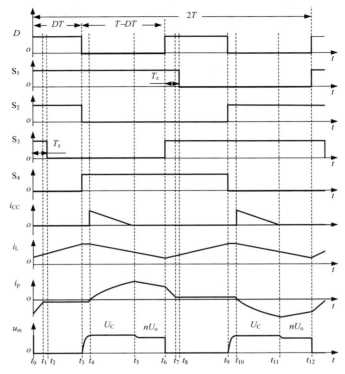

图 8.4　基于反激式辅助环节的单相电流型全桥单级 APFC 变换器的主要波形

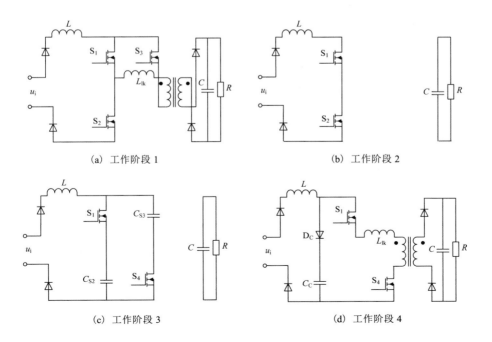

（a）工作阶段 1　　　　　　　　　　　（b）工作阶段 2

（c）工作阶段 3　　　　　　　　　　　（d）工作阶段 4

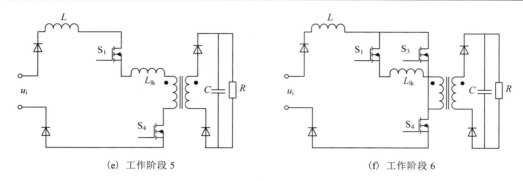

（e）工作阶段 5　　　　　　　　　　　（f）工作阶段 6

图 8.5　APFC 变换器主电路的工作过程

开关管 S_1 开通后，桥臂开关管直通，桥臂电压降低为零，升压电感以及输入电源不再向负载供电。由开关管 S_2、S_3 为变压器漏感提供续流回路，变压器原边电流降低，即

$$i_p(t) = i_p(t_0) - \frac{nU_o}{L_{1k}}(t - t_0) \tag{8.5}$$

所以，本阶段持续时间为

$$t_{01} = \frac{i_p(t_0)L_{1k}}{nU_o} \tag{8.6}$$

升压电感以及输入电源不再向负载供电，高频变压器两端所加的电压为零，由于变压器存在漏感，所以其原边电流不能突变，由开关管 S_2、S_3 为变压器漏感提供续流回路，变压器原边电流降低，该过程可等效为图 8.6 所示等效电路。高频变压器原边电流降低为零后，工作阶段 1 结束，开关管 S_3 关断，此时开关管 S_3 流过的电流为零，开关管 S_3 可实现零电流关断。所以超前臂开关管 S_3 实现零电流关断的条件为（定义开关管 S_1、S_3 为超前臂开关管，开关管 S_2、S_4 为滞后臂开关管）：开关管 S_3 的关断时间滞后于开关管 S_1 开通，并且在滞后时间内高频变压器的原边电流能够回到零。

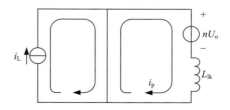

图 8.6　开关状态转换过程中的等效电路

所以，超前臂开关管实现零电流关断的条件为

$$T_z > t_{01} = \frac{i_p(t_0)L_{1k}}{nU_o} \approx \frac{i_L(t_0)L_{1k}}{nU_o} \tag{8.7}$$

工作阶段 $2(t_1 \sim t_3)$：t_1 时刻高频变压器原边电流降低为零，变压器漏感续流过程结束，如图 8.5(b)所示。升压电感的工作情况与工作阶段 1 相同，电感电流继续线性升高。

t_2 时刻开关管 S_3 关断，此时由于变压器原边电流降低为零，流过开关管 S_3 的电流为零，所以开关管 S_3 为零电流关断。

工作阶段 1、2 所持续的时间为：$t_{02}=DT$。

工作阶段 $3(t_3 \sim t_4)$：t_3 时刻开关管 S_4 开通、S_2 关断，如图 8.5(c)所示。变换器由桥臂开关管直通状态转换为对臂导通状态。升压电感电流为桥臂开关管 S_2、S_3 的寄生电容充电，升压电感中的电流开始下降，即

$$i_L(t) = \frac{u_i - u_m}{L}(t-t_3) + i_L(t_3) \tag{8.8}$$

本阶段持续时间为

$$t_{34} = \frac{(C_{S2} + C_{S3})U_C}{i_L} \tag{8.9}$$

本阶段持续的时间较短，可以近似认为变压器原边电流保持不变。此时，变换器的桥臂电压低于箝位电容电压，箝位二极管处于反向截止状态。

开关管 S_4 开通前，桥臂电压为零，开关管两端的电压为零，所以开关管 S_4 为零电压开通。

在滞后臂开关管 S_4 开通前，变换器处于桥臂开关管直通的状态(S_4 开通前，S_1、S_2 处于导通状态)，此时，开关管将桥臂短路，桥臂电压为零，开关管 S_4 漏源极的电压为零，因此开关管 S_4 为零电压开通。

工作阶段 $4(t_4 \sim t_5)$：t_4 时刻，桥臂电压升至箝位电容电压，箝位二极管正向导通，升压电感中的部分电流通过箝位二极管流入箝位电容中，如图 8.5(d)所示。该过程相当于箝位电容与变压器漏感谐振，由于箝位电容的容量较大，箝位电容吸收了变压器漏感在开关状态转换过程中产生的电压尖峰，APFC 变换器的桥臂电压尖峰的问题得到了解决。

高频变压器两端的电压等于桥臂电压，高频变压器开始励磁。该阶段桥臂电压近似等于箝位电容电压。升压电感开始通过高频变压器 T 向负载侧释放能量，变压器原边电流开始升高，即

$$i_p(t) = \frac{u_c - nU_o}{L_{1k}}(t-t_4) + i_p(t_4) \tag{8.10}$$

本阶段持续时间为

$$t_{45} = \frac{L_{lk}i_L}{U_C - nU_o} \tag{8.11}$$

工作阶段 5（$t_5 \sim t_6$）：t_5 时刻箝位电容电压高于桥臂电压，箝位电容充电状态结束，箝位二极管反向截止，如图 8.5（e）所示。升压电感中的电流全部通过主电路变压器传递至负载侧。

t_6 时刻，开关管 S_3 开通，本阶段结束，至此，升压电感的一个充放电周期结束。

工作阶段 6～10（$t_6 \sim t_{12}$）：t_6 时刻开关管 S_3 开通，变换器由桥臂开关管对臂导通状态切换至直通状态，升压电感进入下一个充放电周期。

在工作阶段 6～10 中，升压电感再完成一次充放电，整个过程电路的工作情况与工作阶段 1～5 相似，区别在于：在工作阶段 1～5 期间，开关管 S_1、S_2 导通，升压电感储能，开关管 S_1、S_4 导通，升压电感释放能量；在工作阶段 6～10 期间，开关管 S_3、S_4 导通，升压电感储能，开关管 S_2、S_3 导通，升压电感释放能量。升压电感的充放电变化情况完全相同，高频变压器流过电流方向相反，各工作阶段的变化规律相同，因此不再详细分析。

由以上分析可知，在工作阶段 4 与工作阶段 9 期间，箝位电容吸收了变压器漏感在变换器开关状态转换过程中产生的桥臂电压尖峰，解决了单相电流型全桥单级 APFC 变换器桥臂电压尖峰大的问题。

8.3.3　辅助环节工作原理

当 APFC 变换器主电路的工作状态由桥臂开关管直通状态切换至对臂导通状态后，箝位电容吸收了变压器漏感在变换器开关状态转换过程中产生的桥臂电压尖峰，箝位电容充电，其等效电路如图 8.7（a）所示。

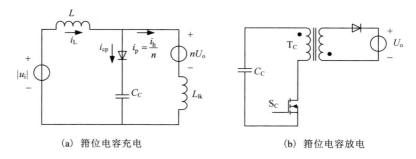

(a) 箝位电容充电　　　　　　　　　　(b) 箝位电容放电

图 8.7　箝位电路的工作状态

APFC 变换器主电路工作状态进入桥臂开关管对臂导通状态时箝位电容充电，部分升压电感中的电流流入箝位电容，箝位电容的输入电流示意图如图 8.8 所示。

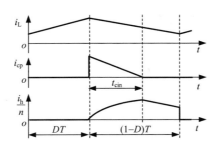

图 8.8　箝位电容的输入电流示意图

箝位电容电压大于或等于输出电压折算至变压器原边的值 nU_o 与高频变压器漏感上所产生的压降之和，即

$$u_c \geqslant nU_o + \frac{L_{lk}i_L}{T(1-D)} \tag{8.12}$$

由式 (8.12) 可知，一个开关周期内箝位电容的充电时间表示为

$$t_{cin} = \frac{L_{lk}(i_L + i_m)}{U_C - nU_o} \leqslant (1-D)T \tag{8.13}$$

其中，i_m 表示变压器的励磁电流。

由式 (8.13) 可知，箝位电容充电时间小于桥臂开关管的对臂导通时间。一个开关周期内流入箝位电容的平均电流为

$$i_{cp} = \frac{1}{2}i_L \frac{t_{cin}}{T} = \frac{L_{lk}i_L(i_L + i_m)}{2(U_C - nU_o)T} \tag{8.14}$$

与漏感相比，高频变压器的励磁电感通常较大，励磁电流较小，可以忽略不计，箝位电容的输入电流为

$$i_{cp} = \frac{L_{lk}i_L^2}{2(U_C - nU_o)T} = \frac{L_{lk}I_L^2 \sin^2 \omega t}{2(U_C - nU_o)T} \tag{8.15}$$

箝位电容吸收的能量通过辅助环节释放到变压器副边，其等效电路如图 8.7 (b) 所示。箝位电容释放的能量与输入的能量需在工频周期保持平衡，以确保箝位电容电压的平均值稳定。

8.4　基于反激式辅助环节的输出电压纹波抑制策略

8.4.1　纹波抑制原理

为方便分析，做以下定义及假设：工频整流桥输出为 $U_i|\sin\omega t|$；辅助环节中开关管的占空比为 D_C；箝位电容电压瞬时值为 u_c，平均值为 U_C；箝位电容的充电电

流为 i_{cp}；箝位电容的输入功率为 P_{peak}；辅助环节输出电流为 i_f；输出滤波电容上的电流为 i_o；辅助环节输出功率为 P_f；辅助变压器变比为 $n_f:1$；APFC 变换器主电路高频整流桥输出电流为 i_h（若以上定义未加特殊说明，则平均值表示工频周期内的平均值，瞬时值表示开关周期内的平均值）。

基于反激式辅助环节的单相电流型全桥单级 APFC 变换器通过辅助环节将箝位电容中的能量释放到负载侧，其能量流动的示意图如图 8.9 所示，辅助电路的工作情况不受 APFC 变换器主电路的直接影响。所以，基于反激式辅助环节的单相电流型全桥单级 APFC 变换器配合一定的控制策略，使辅助环节在输出电压纹波处于波峰位置时释放的能量相对较少，在输出电压纹波处于波谷位置时释放的能量相对较多，就能够降低输出电压纹波。

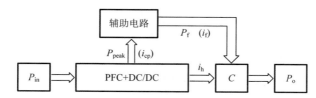

图 8.9 基于反激式辅助环节的单相电流型全桥单级 APFC 变换器的能量流动示意图

为了降低单相电流型全桥单级 APFC 变换器的输出电压纹波，下面结合基于反激式辅助环节的单相电流型全桥单级 APFC 变换器介绍一种输出电压纹波抑制策略，在不增加输出滤波电容的基础上，通过控制辅助环节输出电流的大小以及相位使其与输出电压纹波相匹配，从而达到一致输出电压纹波的目的。

APFC 变换器输出电压纹波的频率与相位如图 8.10 所示，其相位与输入电压有关，频率为二倍工频。

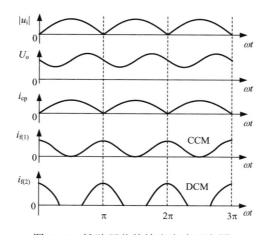

图 8.10 辅助环节的输出电流示意图

　　通过控制反激式辅助环节的输出电流,使其同样具有二倍工频的分量,并且相位与输出电压纹波的相位呈特定的关系:当输出电压纹波处于波峰位置时,辅助环节向负载侧释放的能量相对较少;当输出电压纹波处于波谷位置时,辅助环节向负载侧释放的能量相对较多。这样,就能够有效降低输出电压纹波。

8.4.2　补偿电流设计

　　APFC 变换器的输出电压纹波与滤波电容上的电流有关,由图 8.3 可知,输出滤波电容上的电流可以表示为

$$i_{co} = i_h + i_f - I_o \tag{8.16}$$

其中,I_o 为输出电流在一个开关周期内的平均值,这里可以认为是恒定值。

　　根据如图 8.8 所示的电流关系可以得出,APFC 变换器的主电路输出侧高频整流桥的输出电流为

$$\frac{i_h}{n} = (1-D)i_L - i_{cp} = \frac{U_i i_L \sin\omega t}{U_o} - \frac{P_c U_C}{U_C U_o} \tag{8.17}$$

　　在半个工频周期内,流入箝位电容的平均功率 P_c 与辅助环节的平均功率 P_f 相同,所以在半个工频周期内,辅助环节输出的平均电流(即辅助环节输出电流的直流分量值)为

$$I_f = \frac{\overline{P_f}}{U_o} = \frac{\overline{P_c}}{U_o} \tag{8.18}$$

　　将式(8.17)、式(8.18)代入式(8.16)中,得到输出滤波电容上的电流为

$$i_{co} = -\frac{U_i I_L \cos 2\omega t}{U_o} + i_f - I_f + I_f \cos 2\omega t \tag{8.19}$$

　　由式(8.19)可知,在半个工频周期内,输出电压纹波为

$$\Delta u_{co} = \frac{-I_o}{2\omega C}\sin 2\omega t + \frac{1}{C}\int (i_f - I_f)dt + \frac{I_f}{2\omega C}\sin 2\omega t \tag{8.20}$$

　　由式(8.20)可知,辅助环节输出电流能够影响输出电压纹波,输出电压纹波呈二倍工频波动,所以为了降低输出电压纹波,辅助环节输出电流也应该呈二倍工频波动。辅助环节输出电流的直流分量为输出滤波电容储能,交流分量能够抵消部分输出电压纹波。通过控制辅助环节的输出电流可以减小输出电压纹波,辅助环节输出电流的相位和幅值能够影响纹波抑制效果。

　　在二分之一工频周期内辅助环节的电流(取开关周期内的平均电流)可以是连续模式,也可以是断续模式。如图 8.10 所示,其中 $i_{f(1)}$ 为连续模式的电流,$i_{f(2)}$ 为断续模式的电流。

1. 辅助环节输出电流断续

当辅助环节输出电流为断续模式时，其构成成分为：直流分量、二倍工频交流分量、谐波。假设辅助环节输出电流为(取一个开关周期内的平均值)

$$i_f = I_f + k\cos(2\omega t + \theta) + i_{fx} \tag{8.21}$$

其中，I_f 为辅助环节输出电流的直流分量；k 为基波分量；i_{fx} 为谐波分量；基波的频率为二倍工频。

将式(8.21)代入式(8.19)中，可得输出滤波电容上的电流为

$$i_{co} = \frac{-U_i I_L \cos 2\omega t}{U_o} + k\cos(2\omega t + \theta) + i_{fx} + I_f \cos 2\omega t \tag{8.22}$$

经过输出滤波电容后，直流分量为电容储能；二倍工频的交流分量用于抑制输出电压纹波；谐波部分会导致输出电压的纹波产生新的谐波。由式(8.22)可知，此时输出电容上的电压纹波为

$$\Delta u_{co} = \frac{-I_o}{2\omega C}\sin 2\omega t + \frac{1}{C}\int[k\cos(2\omega t + \theta) + i_{fx}]dt + \frac{I_f}{2\omega C}\sin 2\omega t \tag{8.23}$$

当辅助电流断续时，由于纹波抑制策略会给输出电压引入高于二倍工频的谐波，所以补偿电流应采用连续模式(对输出高次谐波要求较低的场合可以考虑使用电流断续补偿模式)。

2. 辅助环节输出电流连续

当辅助环节输出电流为连续模式时，由直流分量、二倍工频交流分量构成。假设辅助环节输出电流(取一个开关周期内的平均值)为

$$i_f = I_f + k\cos(2\omega t + \theta) \tag{8.24}$$

其中，I_f 为辅助环节输出电流的直流分量；k 为基波分量。由于辅助环节输出电流为单向电流，所以 $i_f > k$。

将式(8.24)代入式(8.19)中，可得滤波电容输出电流为

$$i_{co} = i_h + i_f - I_o = \frac{-U_i I_L \cos 2\omega t}{U_o} + k\cos(2\omega t + \theta) + I_f \cos 2\omega t \tag{8.25}$$

经过输出滤波电容滤波后，直流分量为输出滤波电容储能；二倍工频的交流分量用于抑制输出电压纹波。此时，输出电压在二分之一工频周期内的纹波为

$$\Delta u_{co} = -\frac{I_o}{2\omega C}\sin 2\omega t + \frac{I_f}{2\omega C}\sin 2\omega t + \frac{k}{2\omega C}\sin(2\omega t + \theta) \tag{8.26}$$

由式(8.26)可知，在辅助环节输出平均电流 I_f 一定的情况下，k 越大，纹波抑制效果越好。为了最大限度地降低输出纹波，取 $k=I_f$。当 $\theta=0$ 时，输出电压纹波抑制效果最好。所以辅助环节的输出电流取

$$i_f = I_f + I_f \cos 2\omega t = \frac{\overline{P_f}}{U_o}(1+\cos 2\omega t) \tag{8.27}$$

使用输出电压纹波抑制策略，即辅助绕组的输出电流按照式(8.27)取值，此时输出电压纹波为

$$\Delta u_{co} = -\frac{I_o}{2\omega C}\sin 2\omega t + \frac{I_f}{\omega C}\sin 2\omega t = -\frac{P_o \sin 2\omega t}{2\omega CU_o} + \frac{\overline{P_f}\sin 2\omega t}{\omega CU_o} \tag{8.28}$$

此时，能够最大限度地利用箝位电容中的能量抑制输出电压纹波。

8.5　辅助环节功率分析

对比使用纹波抑制策略前后，由式(8.3)与式(8.28)可知，通过使用纹波抑制策略可以降低输出电压纹波。图 8.11 所示为辅助环节输出功率与纹波补偿效果的关系曲线，其中纵轴表示纹波抑制情况，为使用输出电压纹波抑制策略后的输出电压纹波与无任何抑制策略的输出电压纹波的比例；横轴为辅助环节输出功率。辅助环节输出功率越大，纹波补偿效果越好，可以看出，当辅助环节输出功率占总功率 50%时，系统输出电压的二倍工频纹波为零。

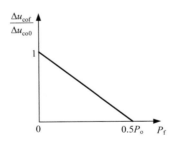

图 8.11　纹波抑制效果与辅助环节输出功率的关系

辅助环节输出功率越大，纹波补偿效果越好。但是如果辅助电路传递的功率过大，则将会影响系统功率密度。

8.5.1　箝位电容输入功率

由前面的分析可知，箝位电容吸收变压器漏感在主电路开关状态转换过程中产

生的桥臂电压尖峰，辅助环节利用箝位电容中储存能量来抑制输出电压纹波。在工频周期内辅助环节的输出功率与箝位电容的输入功率应该保持相等，保持箝位电容的安秒积平衡，维持箝位电容电压稳定。

从图 8.7(a) 中的箝位电容的充电等效电路可以看出，在一个开关周期内箝位电容的输入功率(为方便分析,定义箝位电容的输入功率仅为箝位电容吸收变压器漏感在换流过程中产生桥臂电压尖峰的功率 P_{peak}，不包括 U_C 小于 nU_o 时升压电感中的部分能量流入输入电容中的功率) 为

$$P_{\mathrm{peak}} = \frac{U_C i_{\mathrm{cp}}}{T} = \frac{L_{\mathrm{lk}} U_C i_{\mathrm{L}}^2}{2(U_C - nU_o)T} = \frac{L_{\mathrm{lk}} U_C I_i^2 (1 - \cos 2\omega t)}{2(U_C - nU_o)T} \tag{8.29}$$

半个工频周期内，箝位电容的平均输入功率为

$$\overline{P_{\mathrm{peak}}} = \frac{L_{\mathrm{lk}} U_C I_i^2}{2(U_C - nU_o)T} \tag{8.30}$$

所以，箝位电容的输入功率与变压器漏感、箝位电容电压、输入电流有关。通过改变 APFC 变换器主电路高频变压器的漏感、箝位电容电压可以控制 P_{peak}。

图 8.12 所示为箝位电容平均电压与箝位电容输入功率的关系，可以看出箝位电容的电压越低，箝位电容的输入功率越大。

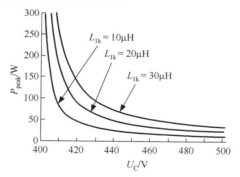

图 8.12　箝位电容输入功率与箝位电压的关系

8.5.2　辅助环节输出功率

辅助环节输出功率不受 APFC 变换器主电路的直接控制，由辅助环节自身决定。为了确保箝位电容电压在工频周期内稳定，辅助环节根据 P_{peak} 调整输出功率。

1. 辅助环节输出功率大于 P_{peak}

当辅助环节输出功率高于 P_{peak} 时，箝位电容电压降低，当箝位电容电压降低至

nU_o 时，由升压电感中的部分电流流入箝位电容中，从而使箝位电容在二分之一工频周期内保持安秒积平衡，其电路示意图如图 8.13（a）所示。

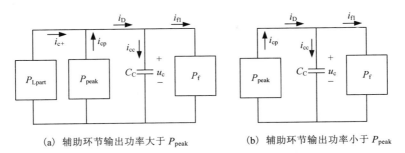

　　（a）辅助环节输出功率大于 P_{peak}　　　　（b）辅助环节输出功率小于 P_{peak}

图 8.13　辅助环节输入输出关系图

　　变换器的主要波形示意图如图 8.14 所示。辅助环节输出功率高于 P_{peak}，导致箝位电容电压降低。

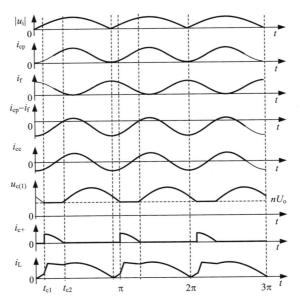

图 8.14　箝位电压较低时电路主要波形

　　如图 8.14 中的 $u_{c(1)}$ 所示，箝位电容电压上存在二倍工频的纹波，当箝位电容电压低于 nU_o 时，由电路结构可知在桥臂开关管对臂导通过程中箝位电容的电压应该不低于变压器原边电压。此时，升压电感中的部分电流流入箝位电容中，确保二分之一工频周期内箝位电容的安秒积平衡。所以，在二分之一工频周期内箝位二极管流过的平均电流为

$$\overline{i_{\mathrm{D}}} = \overline{i_{\mathrm{cp}}} + \overline{i_{\mathrm{c+}}} = \overline{i_{\mathrm{f1}}} = \frac{\overline{P_{\mathrm{f}}}}{U_{\mathrm{C}}} \tag{8.31}$$

箝位电容上的电流为

$$i_{\mathrm{cc}} = i_{\mathrm{cp}} + i_{\mathrm{c+}} - i_{\mathrm{f1}} = -\frac{2\overline{P_{\mathrm{f}}}\cos 2\omega t}{U_{\mathrm{C}}} \tag{8.32}$$

箝位电容电压 u_{c} 等于 nU_{o} 时，升压电感电流开始流入箝位电容中，输入电流发生畸变，此时，有

$$u_{\mathrm{c}}(2\omega t_{\mathrm{c}}) = U_{\mathrm{C}} - \frac{1}{C_{\mathrm{C}}}\int i_{\mathrm{cc}}\mathrm{d}t = U_{\mathrm{C}} - \frac{\overline{P_{\mathrm{f}}}\sin 2\omega t}{\omega C_{\mathrm{C}} nU_{\mathrm{o}}} = nU_{\mathrm{o}} \tag{8.33}$$

所以输入电流开始发生畸变和畸变结束的时间可以表示为

$$\begin{cases} 2\omega t_{\mathrm{c1}} = \arcsin\dfrac{(U_{\mathrm{C}} - nU_{\mathrm{o}})nU_{\mathrm{o}}\omega C_{\mathrm{C}}}{\overline{P_{\mathrm{f}}}} \\[4mm] 2\omega t_{\mathrm{c2}} = \pi - \arcsin\dfrac{(U_{\mathrm{C}} - nU_{\mathrm{o}})nU_{\mathrm{o}}\omega C_{\mathrm{C}}}{\overline{P_{\mathrm{f}}}} \end{cases} \tag{8.34}$$

其中，t_{c1}、t_{c2} 分别表示畸变开始时刻和畸变结束时刻。

由此可知，箝位电容电压可以表示为

$$\begin{cases} u_{\mathrm{c}} = U_{\mathrm{C}} - \dfrac{\overline{P_{\mathrm{f}}}\sin 2\omega t}{\omega C_{\mathrm{C}} U_{\mathrm{C}}}, & 2\omega t < 2\omega t_{\mathrm{c1}}, \ 2\omega t > 2\omega t_{\mathrm{c2}} \\[4mm] u_{\mathrm{c}} = U_{\mathrm{C}}, & 2\omega t_{\mathrm{c1}} < 2\omega t < 2\omega t_{\mathrm{c2}} \end{cases} \tag{8.35}$$

在 $u_{\mathrm{c}}=nU_{\mathrm{o}}$ 期间（即 $2\omega t_{\mathrm{c1}} < 2\omega t < 2\omega t_{\mathrm{c2}}$），畸变电流可以表示为

$$i_{\mathrm{c+}} = i_{\mathrm{f1}} - i_{\mathrm{cp}} = \frac{\overline{P_{\mathrm{f}}}}{U_{\mathrm{o}}}(2 - 2\sin^2\omega t) - \frac{\overline{P_{\mathrm{peak}}}}{U_{\mathrm{C}}}2\sin^2\omega t \tag{8.36}$$

在其他时刻畸变电流为零，所以在二分之一工频周期内畸变电流为

$$\begin{cases} i_{\mathrm{c+}} = 0, & 2\omega t < 2\omega t_{\mathrm{c1}}, \ 2\omega t > 2\omega t_{\mathrm{c2}} \\[2mm] i_{\mathrm{c+}} = i_{\mathrm{f1}} - i_{\mathrm{cp}}, & 2\omega t_{\mathrm{c1}} < 2\omega t < 2\omega t_{\mathrm{c2}} \end{cases} \tag{8.37}$$

升压电感中的部分电流流入箝位电容中，会导致升压电感中的电流发生畸变，影响输入电流的正弦度，导致系统的功率因数降低。因此设计过程中为避免因采用纹波抑制策略而影响系统的功率因数校正效果，应确保箝位电容电压始终大于 nU_{o}，使 P_{f} 小于或等于 P_{peak}，此时，辅助环节不影响系统的功率因数校正效果。

2. 辅助环节输出功率小于或等于 P_{peak}

当辅助环节输出功率低于 P_{peak} 时，箝位电容的输入功率大于输出功率，箝位电容的电压升高。由式 (8.30) 可知，随着箝位电容电压的升高，箝位电容的输入功率降低，直到辅助环节输出功率等于 P_{peak} 时，箝位电容的电压稳定。通过调整箝位电容电压能够使箝位电容的安秒积在二分之一工频周期内保持平衡，电路主要波形示意图如图 8.15 所示。

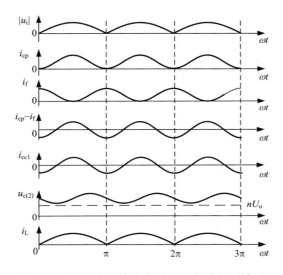

图 8.15　箝位电压始终高于 nU_o 电路主要波形

随着辅助环节输出瞬时功率的变化，箝位电容的电压上下波动，二分之一工频周期内箝位电容的安秒积平衡，所以，二分之一工频周期内，箝位二极管流过的平均电流为

$$\overline{i_D} = \overline{i_{cp}} = \overline{i_{f1}} = \frac{\overline{P_f}}{U_C} \tag{8.38}$$

箝位电容上的电流为

$$i_{cc} = i_{cp} - i_{f1} = -\frac{2\overline{P_f}\cos 2\omega t}{U_C} \tag{8.39}$$

由于箝位电容电压始终大于 nU_o，此时仅漏感换流引起的电压尖峰的能量流入箝位电容中，升压电感中的电流完全受全桥桥臂开关管通断控制，如图 8.13 (b) 所示。所以，当辅助环节输出功率小于等于 P_{peak} 时，纹波抑制不影响系统功率因数校正效果。

如果 P_f 过小，则会导致箝位电容电压升高，从而降低 P_{peak} 使之与 P_f 相等，容易导致箝位电容的电压过高，增大了开关管的电压应力。所以 P_f 的取值应确保开关管的电压应力较低。

在二分之一工频周期内，箝位电容的输入功率与输出功率相等，所以辅助环节的平均功率应选取为

$$\overline{P_f} = \overline{P_{peak}} = \frac{L_{lk}U_C I_i^2}{2(U_C - nU_o)T} \tag{8.40}$$

所以辅助环节的功率为

$$P_f = \frac{L_{lk}U_C I_i^2}{2(U_C - nU_o)T}(1 + \cos 2\omega t) \tag{8.41}$$

根据式 (8.41) 设计辅助环节的输出功率，选取箝位电容电压在确保辅助环节不影响系统的功率因数校正效果的同时降低开关管的电压应力。

由以上分析可知，APFC 变换器主电路高频变压器的漏感越大，辅助环节的功率越大，此外辅助环节的功率受桥臂电压的影响，取辅助环节的输出功率等于 P_{peak}。通过控制辅助环节的输出功率使箝位电容的电压高于 nU_o，确保纹波抑制不影响系统的功率因数校正效果。

8.5.3　箝位电容影响规律分析

由前面的分析可知，箝位电容的电压能够影响箝位电容的输入功率以及功率因数校正效果。当箝位电容的输入功率与辅助环节的输出功率保持平衡时，箝位电容电压稳定，并且随着输入、输出功率的波动，箝位电容上存在二倍工频的波动，由式 (8.39) 可知，辅助环节输出功率按照式 (8.41) 取值时，箝位电容上的电压可以表示为

$$u_c = U_C - \frac{1}{C_C}\int i_{cc}dt = U_C - \frac{L_{lk}I_i^2 \sin 2\omega t}{2\omega C_C(U_C - nU_o)T} \tag{8.42}$$

由前面的分析可知，箝位电容电压的高低影响箝位电容的输入、输出功率，当箝位电容电压升高时，P_{peak} 降低，当箝位电容降低时，P_{peak} 升高。

箝位电容电压的最小值应高于输出电压折算至变压器原边的值。此时，辅助环节的输出功率与箝位电容的输入功率平衡，并且不会引起输入电流畸变。为降低开关管的电压应力，减小箝位电容的取值，通过控制电路使箝位电容电压满足

$$u_{\text{cmin}} = U_{\text{C}} - \frac{\overline{P_{\text{f}}}}{\omega C_{\text{C}} U_{\text{C}}} = nU_{\text{o}} \tag{8.43}$$

此时，能够兼顾功率因数校正效果和开关管电压应力，由式(8.42)式(8.43)可以推导出箝位电压的平均值为

$$U_{\text{C}} = nU_{\text{o}} + I_{\text{L}} \sqrt{\frac{L_{\text{lk}}}{\omega C_{\text{C}} T}} \tag{8.44}$$

箝位电容上的电压峰值决定桥臂电压峰值，所以当箝位电容电压按照式(8.44)取值时，桥臂电压峰值为

$$u_{\text{cmax}} = nU_{\text{o}} + 2I_{\text{L}} \sqrt{\frac{L_{\text{lk}}}{\omega C_{\text{C}} T}} \tag{8.45}$$

由式(8.45)可知，当辅助环节的输出功率一定时，箝位电容越小，桥臂开关管的电压应力越大。图 8.16 所示为箝位电容和变压器漏感以及开关管电压应力关系曲线。由关系曲线可知，变压器漏感越大，开关管的电压应力越高；变压器漏感一定时，箝位电容越大，开关管的电压应力越低。但是过大的箝位电容影响系统的功率密度，所以箝位电容的电容量应该折中考虑开关管的电压应力以及系统的功率密度。

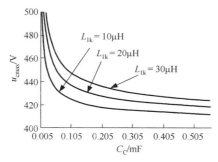

图 8.16　开关管电压应力与箝位电容关系

8.6　实　验　验　证

8.6.1　辅助环节控制方案

为实现本章介绍的输出电压纹波抑制策略，设计了辅助环节的控制电路，控制示意图如图 8.17 所示，取 APFC 变换器输出电压的交流分量作为反馈控制辅助环节的输出电流，达到抑制输出电压纹波的目的。

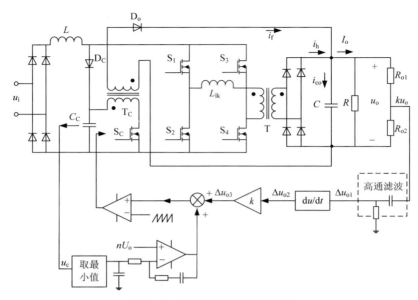

图 8.17　辅助环节控制方案图

使用高通滤波器对输出电压的采样信号滤波，滤除输出电压上的直流信号，获得输出电压纹波的交流分量：$\Delta u_{o1}=x\sin 2\omega t$。对交流分量进行微分运算，从而改变纹波信号的相位，假设获得纹波移相信号：$\Delta u_{o2}=y\cos 2\omega t$。

由 8.5.2 节的第 2 部分分析可知，当箝位电压低于 nU_o 时，升压电感中的电流会流入箝位电容中，导致箝位电容电压发生突变，影响功率因数校正效果。通过取箝位电压的最小值，构成前馈，使箝位电压的最小值等于 nU_o，确保箝位电压始终不低于 nU_o。

选取合适的比例系数 k，通过控制电路获得辅助环节开关管的占空比为

$$D_C = q + q\cos 2\omega t \tag{8.46}$$

当箝位电压平均值趋于稳定时，箝位电容电压的最小值恰好等于 nU_o，此时辅助环节的输出功率等于 P_{peak}，能够满足设计要求，并且纹波抑制不影响系统的功率因数校正效果。所以，辅助环节的输出电流为

$$i_f = I_f + I_f\cos 2\omega t \tag{8.47}$$

这样通过该控制电路能够达到辅助环节电流的设计要求，即能够使辅助环节更好地抑制输出电压纹波。

8.6.2　实验结果分析

为验证本章介绍输出电压纹波抑制策略的可行性，进行了实验研究，APFC 变换器实验平台的参数见表 8.1。

表 8.1　实验平台参数

参数	数值
输入电压	220V（AC）
输出	48V/12A（DC）
输入电感	1mH
输出滤波电容	4400μF
箝位电容	100μF
辅助环节输出功率	144W
变压器变比	8.5∶1
开关频率	50kHz

　　这里选取辅助环节功率为 APFC 变换器输出功率的四分之一。此时输出电压纹波降低为原来的二分之一（在输出滤波电容相同条件下，与基本的单相电流型全桥单级 APFC 变换器相比）。

　　图 8.18（a）所示为超前臂开关管驱动、漏源极电压、变压器原边电流波形，在给出开关管的关断信号之前，超前臂开关管上的电流已经回到零点。图 8.18（b）所示为滞后臂开关管驱动、漏源极电压、变压器原边电流波形，开关管在开通之前，开关管两端的电压波形已经降为零，滞后臂开关管零电压开通。由图 8.18 的波形可以看出，开关管的漏源极电压没有电压尖峰，开关管电压应力相对较低，即箝位电容有效地将变压器漏感在变换器开关状态转换过程中产生的桥臂电压尖峰吸收。

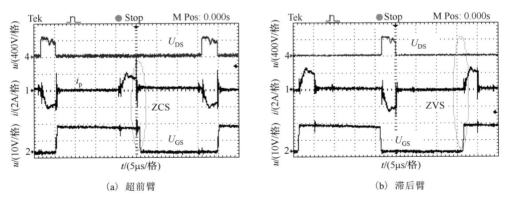

(a) 超前臂　　　　　　　　　　　　(b) 滞后臂

图 8.18　桥臂开关管电压电流波形

　　图 8.19 所示为辅助开关管的驱动波形以及漏源极电压波形。实验系统中的辅助环节采用的是反激式结构，由实验波形可以看出，辅助电路的工作情况与传统 DC/DC 变换中的反激式变换器一致。

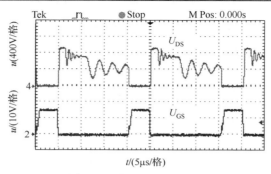

图 8.19　辅助开关管波形

由以上的实验结果可以看出，基于反激式辅助环节的单相电流型全桥单级 APFC 变换器具有较高的功率因数，变压器漏感在开关状态转换过程中产生的电压尖峰被有效抑制，主电路开关管能够实现软开关。

为了验证所提纹波抑制策略的有效性，这里进行了相关的对比实验，图 8.20(a) 所示为基于有源箝位电路的单相电流型全桥单级 APFC 变换器的输出电压波形，由于使用的滤波电容相对较小，输出电压纹波的峰峰值占输出电压的 6.25%。图 8.20(b) 所示为负载由二分之一额定负载切换至额定负载、再由额定负载切换至二分之一额定负载时变换器的输入电流以及输出电压的动态响应波形。

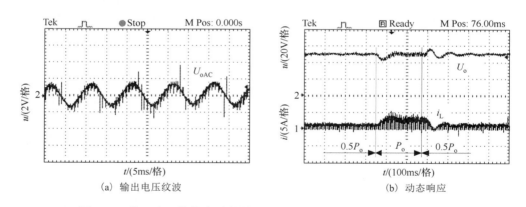

（a）输出电压纹波　　　　　　　（b）动态响应

图 8.20　基于有源箝位电路的单相电流型全桥单级 APFC 变换器波形

图 8.21(a) 所示为基于反激式辅助环节的单相电流型全桥单级 APFC 变换器的输出电压波形，可以得出，使用本章所提纹波抑制策略以后，变换器输出电压纹波的峰峰值占输出电压的 3.125%。图 8.20(a) 与图 8.21(a) 的实验结果是在输出滤波电容相同的条件下测得的，对比可以看出，使用纹波抑制策略后的输出电压纹波小于使用纹波抑制策略前的结果，因此输出电压纹波得到了有效的抑制。

图 8.21(b) 所示为负载由二分之一额定负载切换至额定负载、再由额定负载切换

至二分之一额定负载时变换器的输入电流以及输出电压的动态响应波形。图 8.20 (b)
与图 8.21 (b) 实验波形在相同条件下获得，对比实验波形可以看出，使用本章所提
的纹波抑制策略没有降低 APFC 变换器的动态响应速度，并且在动态响应过程中，
电路的超调较小。所以采用纹波抑制策略并没有降低变换器的基本性能。

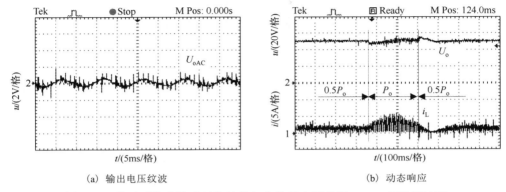

(a) 输出电压纹波　　　　　　　　　　　(b) 动态响应

图 8.21　基于反激式辅助环节的单相电流型全桥单级 APFC 变换器波形

　　图 8.22 所示为 APFC 变换器的输入电压与输入电流波形，由 8.5.2 节分析可知，
辅助环节输出功率过大时，会导致箝位电容电压低于 nU_o，影响系统的功率因数校正
效果。这里在不改变变压器漏感的前提下，增加辅助环节输出功率的条件下进行实验。

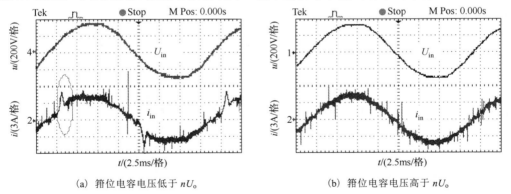

(a) 箝位电容电压低于 nU_o　　　　　　　(b) 箝位电容电压高于 nU_o

图 8.22　输入电压、电流波形

　　图 8.22 (a) 所示为 APFC 变换器的输入电压与输入电流波形。当箝位电容电压最
小值低于 nU_o 时，由变换器的输入电压、电流波形可以看出，输入电流发生畸变。
图 8.23 (a) 所示为在相同条件下利用电能质量分析仪获得的测试波形，此时箝位电容
电压最小值低于 nU_o，测得的系统功率因数为 0.971，THD 高达 24%，系统的功率
因数较低，输入电流中含有的谐波较多，其中 5 次、7 次谐波含量较大。此时，纹
波抑制策略的采用降低了变换器的功率因数校正效果。

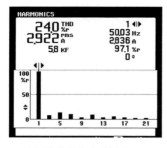 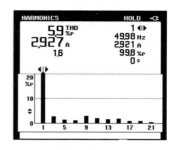

(a) 箝位电容电压低于 nU_o　　　　　　　　(b) 箝位电容电压高于 nU_o

图 8.23　输入电流谐波

　　图 8.22(b) 所示为箝位电容电压始终高于 nU_o 时的输入电压与输入电流波形，图 8.23(b) 所示为在相同条件下利用电能质量分析仪测得的系统功率因数，测得的系统功率因数为 0.998，THD 为 5.9%，此时系统能够较好地实现功率因数校正。对比图 8.22(b) 与图 8.23(b) 的实验结果可以看出，通过设计合理的辅助环节的输出功率，APFC 变换器能够较好地实现功率因数校正功能。

　　由上述实验结果可以看出，本章所提纹波抑制策略在抑制输出电压纹波的同时，不影响 APFC 变换器主电路的正常工作以及系统的动态响应特性；通过设计合理的辅助环节输出功率，辅助环节不影响变换器的功率因数校正效果，APFC 变换器同样具有较高的功率因数。

8.7　本 章 小 结

　　本章针对单相电流型全桥单级 APFC 变换器输出电压纹波较大的问题，基于反激式辅助环节的单相 APFC 变换器，介绍了一种输出电压纹波抑制策略。该纹波抑制策略利用箝位电容中的能量，通过控制反激式辅助环节输出电流的大小和相位，解决了单相电流型全桥单级 APFC 变换器输出电压纹波大的问题。在变换器工作原理分析的基础上，根据输出电压纹波抑制的需要设计了反激式辅助环节的输出电流，最大程度地利用了箝位电容中的能量来降低输出电压纹波；分析了反激式辅助环节输出功率对 APFC 变换器系统性能的影响；分析了关键参数对 APFC 变换器的影响规律，并设计了辅助环节的控制电路。最后，通过实验研究可知：①基于辅助环节的纹波抑制策略能够在不影响 APFC 变换器功率因数校正效果的前提下有效抑制输出电压纹波；②使用纹波抑制策略并没有降低 APFC 变换器的动态响应速度；③利用辅助环节同时能够抑制变压器漏感在变换器开关状态转换过程中产生的桥臂电压尖峰，降低开关管的电压应力。

参 考 文 献

[1] Pires V, Silva J. Three-phase single-stage four-switch PFC buck-boost-type rectifier. IEEE Transactions on Industrial Electronics, 2005, 52(2): 444-453.

[2] Hamdad F, Bhat A. A novel soft-switching high-frequency transformer isolated three-phase AC-to-DC converter with low harmonic distortion. IEEE Transactions on Power Electronics, 2004, 19(1): 35-45.

[3] Badin A, Barbi I. Unity power factor isolated three-phase rectifier with split DC-bus based on the scott transformer. IEEE Transactions on Power Electronics, 2008, 23(3): 1278-1287.

[4] Yang L, Liang T, Chen J. Analysis and design of a single-phase buck-boost power factor correction circuit for universal input voltage//Annul Conference of the IEEE Industrial Electronics Society, Taipei, 2007.

[5] Pires V, Silva J. A new single stage three-phase step-up/down rectifier with low effects on the mains//IEEE IAS Annual Meeting and World Conference on Industry Applications of Electrical Energy, Rome, 2000.

[6] Garcia-Gil R, Espi J, Dede E, et al. An all-digital controlled AC-DC matrix converter with high-frequency isolation and power factor correction//IEEE International Symposium on Industrial Electronics, Ajaccio, 2004.

[7] Ying J, Lu B, Zeng J. High efficiency 3-phase input quasi-single-stage PFC-DC/DC converter// IEEE Annual Power Electronics Specialists Conference, Vancouver, 2001.

[8] Rao V, Jain A, Reddy K, et al. Experimental comparison of digital implementations of single-phase PFC controllers. IEEE Transactions on Power Electronics, 2008, 55(1): 67-78.

[9] 王玉斌, 厉吉文, 田召广, 等. 一种新型的基于单周期控制的功率因数校正方法及实验研究. 电工技术学报, 2007, 22(2): 137-143.

[10] 徐德鸿. 功率因数校正专辑: 特邀主编评述. 电力电子技术, 2005, 39(6):1.

[11] 郝胜玉, 王松, 徐化龙. 电子镇流器无源功率因数校正的仿真研究. 山东理工大学学报(自然科学版), 2008, 22(2): 96-99.

[12] 耿正. 浅谈逆变电焊机的功率因数校正技术. 现代焊接, 2007, (8): 20-21.

[13] 周志敏, 周纪海, 纪爱华. 开关电源功率因数校正电路设计与应用. 北京: 人民邮电出版社, 2004.

[14] Ismail E. Bridgeless SEPIC rectifier with unity power factor and reduced conduction losses. IEEE Transactions on Industrial Electronics, 2009, 56(4): 1147-1157.

[15] Lamar D, Fernandez A, Arias M, et al. A unity power factor correction preregulator with fast dynamic response based on a low-cost microcontroller. IEEE Transactions on Power Electronics, 2008, 23(2): 635-642.

[16] Chen M, Sun J. Low-frequency input impedance modeling of boost single-phase PFC converters. IEEE Transactions on Power Electronics, 2008, 22(4): 1402-1409.

[17] 朱士海, 钱江, 钱照明. 三相 AC/DC 功率因数校正拓扑比较. 电工电能新技术, 2004, 21(2): 72-76.

[18] 赵涛, 王相綦, 尚雷, 等. 基于移相全桥的三相四线 PFC 变换器的理论和实践. 中国电机工程学报, 2005, 25(5): 55-60.

[19] Jovanovic M, Jang Y. State-of-the-art, single-phase, active power-factor-correction techniques for high-power applications-an overview. IEEE Transactions on Industrial Electronics, 2005, 52(3): 701-708.

[20] Rafael G, Espi J, Dede E, et al. A bidirectional and isolated three-phase rectifier with soft-switching operation. IEEE Transactions on Industrial Electronics, 2005, 52(3): 765-772.

[21] Li S, Qi W, Tan S, et al. A single-stage two-switch PFC rectifier with wide output voltage range and automatic AC ripple power decoupling. IEEE Transactions on Power Electronics, 2017, 32(9): 6971-6982.

[22] Qiao C, Smedley M. A general three-phase PFC controller for rectifiers with a parallel-connected dual boost topology. IEEE Transactions on Power Electronics, 2002, 17(6): 925-934.

[23] Kwon J, Choi W, Kwon B. Cost-effective boost converter with reverse-recovery reduction and power factor correction. IEEE Transactions on Industrial Electronics, 2008, 55(1): 471-473.

[24] Tsai J, Wu T, Wu C, et al. Interleaving phase shifts for critical-mode boost PFC. IEEE Transactions on Power Electronics, 2008, 23(3): 1348-1357.

[25] Chen J, Chen R, Liang T. Study and implementation of a single-stage current-fed boost PFC converter with ZCS for high voltage applications. IEEE Transactions on Power Electronics, 2008, 23(1): 379-386.

[26] Alonso J, Costa M, Ordiz C. Integrated buck-flyback converter as a high-power-factor off-line power supply. IEEE Transactions on Industrial Electronics, 2008, 55(3): 1090-1100.

[27] Garcia-Gil R, Espi R, Sanchis-Kilders E. Bi-directional three-phase rectifier with high-frequency isolation and power factor correction//Annual IEEE Power Electronics Specialists Conference, Aachen, 2004.

[28] Prasad A, Ziogas P, Manias S. An active power factor correction technique for three-phase diode rectifiers. IEEE Transactions on Power Electronics, 1991, 6(1): 83-92.

[29] Jeon S, Canales F, Barbosa P, et al. A primary-side-assisted zero-voltage and zero current Switching three-level DC-DC converter with phase-shift control//IEEE Applied Power Electronics

Conference and Exposition, Dallas, 2002.

[30] Jang Y, Jovanovic M. Fully soft-switched three-stage AC-DC converter. IEEE Transactions on Power Electronics, 2008, 23 (6): 2884-2892.

[31] Zou J, Ma X, Du C. Asymmetrical oscillations in digitally controlled power-factor-correction boost converters. IEEE Transactions on Circuits and Systems-II: Express Briefs, 2009, 56 (3): 230-234.

[32] Petersen L, Erickson R. Reduction of voltage stresses in buck-boost-type power factor correctors operating in boundary conduction mode//IEEE Applied Power Electronics Conference and Exposition, Miami, 2003.

[33] de Gusseme K, van de Sype D, van de Bossche A. Sample correction for digitally controlled boost PFC converters operating in both CCM and DCM//IEEE Applied Power Electronics Conference and Exposition, Miami, 2003.

[34] Simonetti D, Sebastian J, Uceda J. Control conditions to improve conducted EMI by switching frequency modulation of basic discontinuous PWM preregulators//Annual IEEE Power Electronics Specialists Conference, Taipei, 1994.

[35] 李玉玲, 吴健儿, 张仲超. 功率因数校正技术的控制策略综述. 通信电源技术, 2003, (6): 24-28.

[36] 闫大新, 邓孝祥, 廉士良, 等. 基于滞环控制型功率因数校正电路研究. 电力电子技术, 2008, 42 (6): 14-16.

[37] Mather B, Ramachandran B, Maksimovic D. A digital PFC controller without input voltage sensing//IEEE Applied Power Electronics Conference and Exposition, Anaheim, 2007.

[38] Bento A, Euzeli C, Edison R. Unified one-cycle controller for bidirectional boost power factor correction rectifiers//Annual Meeting of the IEEE Industry Applications Society, Tampa, 2006.

[39] Bento A, Edison R. Hybrid one-cycle controller for boost PFC rectifier//Annual Meeting of the IEEE Industry Applications Society, New Orleans, 2007.

[40] Langeslag W, Pagano R, Schetters K, et al. A high-voltage compatible BCD SoC-ASIC performing valley-switching control of AC-DC power converters based on PFC and flyback cells//Annul Conference of the IEEE Industrial Electronics Society, Paris, 2006.

[41] Jin A, Li H, Li S. An improved control strategy for the one cycle control three-phase PFC rectifier under unbalance source//Annual IEEE Power Electronics Specialists Conference, Cheju, 2006.

[42] Orabi M, Haron R, Ei-Aroudi A. Comparison between nolinear-carrier control and average-current-mode control for PFC converters//Annual IEEE Power Electronics Specialists Conference, Orlando, 2007.

[43] Diaz F, Azcondo F, Casanueva R, et al. Digital control of a low-frequency square-wave

electronics ballast with resonant ignition. IEEE Transactions on Industrial Electronics, 2008, 55(9): 3180-3191.

[44] Huber L, Irving I, Jovanovic M. Open-loop control methods for interleaved DCM/CCM boundary boost PFC converters. IEEE Transactions on Power Electronics, 2008, 23(4): 1649-1657.

[45] Jin T, Li L, Smedley K. A universal vector controller for four-quadrant three-phase power converters. IEEE Transactions on Circuits and Systems-I: Regular Papers, 2007, 54(2): 377-390.

[46] Rao V, Jain A, Reddy K, et al. Experimental comparison of digital implementations of single-phase PFC controllers. IEEE Transactions on Industrial Electronics, 2008, 55(1): 67-78.

[47] Chen M, Mathew A, Sun J. Nonlinear current control of single-phase PFC converters. IEEE Transactions on Power Electronics, 2007, 22(6): 2187-2194.

[48] Chen Y, Smedley K. Parallel operation of one-cycle controlled three-phase PFC rectifiers. IEEE Transactions on Industrial Electronics, 2007, 54(6): 3217-3224.

[49] 陈新, Wu C, Hutchings W. 基于 DCS 控制的数字功率因数校正模块应用. 电工技术学报, 2006, 21(12): 98-103.

[50] Qiao C, Smedley K. A general three-phase PFC controller for rectifiers with a parallel-connected dual boost topology. IEEE Transactions on Power Electronics, 2002, 17(6): 925-934.

[51] Ben H, Yuan S, Wang D. Implementation strategy for soft switching PFC with low output voltage. Journal of Harbin Institute of Technology (New Series), 2006, 13(6): 644-648.

[52] Meng T, Ben H, Shi G. Research on a novel three-phase single-stage soft-switching PFC converter//IEEE Conference on Industrial Electronics and Applications, Singapore, 2008.

[53] Luo F, Ye H. Investigation of DC-modulated single-stage power factor correction AC/AC converters. Transactions of China Electrotechnical Society, 2007, 22(5): 92-103.

[54] 戴栋, 李胜男, 张波, 等. 单级功率因数校正变换器中的低频不稳定现象研究. 中国电机工程学报, 2008, 28(16): 1-5.

[55] 王大庆, 贲洪奇, 孟涛. 三相单级有源功率因数校正技术拓扑比较分析//中国电源学会第十七届学术年会, 合肥, 2007.

[56] Zhang J, Jovanovic M, Lee F. Comparison between CCM single-stage and two-stage boost PFC converters//IEEE Applied Power Electronics Conference and Exposition, Dallas, 1999.

[57] Hu Y, Huber L, Jovanovic M. Single-stage, universal-input AC/DC LED driver with current-controlled variable PFC boost inductor. IEEE Transactions on Power Electronics, 2012, 27(3): 1579-1588.

[58] Cheng H, Hsieh Y, Lin C. A novel single-stage high-power-factor AC/DC converter featuring high circuit efficiency. IEEE Transactions on Industrial Electronics, 2011, 58(2): 524-532.

[59] Yang E, Jiang Y, Hua G, et al. Isolated boost circuit for power factor correction//IEEE Applied

Power Electronics Conference and Exposition, Sandiego, 1993.

[60] 李冬, 阮新波. 三种服务器电源系统的比较分析. 中国电机工程学报, 2006, 26(13): 68-73.

[61] Michihiko N. A novel one-stage forward-type power-factor-correction circuit. IEEE Transactions on Power Electronics, 2000, 15(1): 103-110.

[62] 姚凯, 阮新波. Boost-Flyback 单级 PFC 变换器. 南京航空航天大学学报, 2009, 41(4): 505-509.

[63] Zhang J, Lu D, Sun T. Flyback-based single-stage power factor correction scheme with time multiplexing control. IEEE Transactions on Industrial Electronics, 2010, 57(3): 1041-1049.

[64] 陈道炼, 汤雨, 宋海峰. 单级不间断高功率因数直流开关电源研究. 中国电机工程学报, 2005, 25(9): 135-138.

[65] Ma H, Ji Y, Xu Y. Design and analysis of single-stage power factor correction converter with a feedback winding. IEEE Transactions on Power Electronics, 2010, 25(6): 1460-1470.

[66] Lee J, Kwon J, Kim E, et al. Single-stage single-switch PFC flyback converter using a synchronous rectifier. IEEE Transactions on Industrial Electronics, 2008, 55(3): 1352-1365.

[67] Tseng C, Chen C. A novel zero-voltage-transition PWM cuk power factor corrector//IEEE Applied Power Electronics Conference and Exposition, Anaheim, 1998.

[68] Tseng C, Chen C. A novel ZVT PWM cuk power-factor corrector. IEEE Transactions on Industrial Electronics, 1999, 46(4): 780-787.

[69] Singh S, Singh B. A voltage controlled adjustable speed PMBLDCM drive using a single-stage PFC half-bridge converter//IEEE Applied Power Electronics Conference and Exposition, Palm Springs, 2010.

[70] Ou S. Hsiao H, Tien C. Analysis and design of a prototype single-stage half-bridge power converter//IEEE Conference on Industrial Electronics and Applications, Taichung, 2010.

[71] 郑昕昕, 肖岚, 王勤. 基于航空交流电网的 Boost/半桥组合式软开关谐振 PFC 变换器. 中国电机工程学报, 2011, 31(9): 50-57.

[72] Ou S, Hsiao H. Analysis and design of a novel single-stage switching power supply with half-bridge topology. IEEE Transactions on Power Electronics, 2011, 26(11): 3230-3241.

[73] Vaisanen V, Riipinen T, Silventoinen P. Effects of switching asymmetry on an isolated full-bridge boost converter. IEEE Transactions on Power Electronics, 2010, 28(5): 2033-2044.

[74] Huang N, Duan S, Fan M, et al. Novel high-power three-phase single-stage unity-power-factor AC/DC converter with soft-switching. IEEE Transactions on Power Electronics, 2005, 39: 22-24.

[75] Ribeiro H, Borges B. Analysis and design of a high-efficiency full-bridge single-stage converter with reduced auxiliary components. IEEE Transactions on Power Electronics, 2010, 25(7): 1850-1862.

[76] 苏斌, 杭丽君, 杨滔. 新型单级隔离型软开关功率因数变换器. 中国电机工程学报, 2008, 28(3): 40-46.

[77] 杭丽君, 阳岳丰, 吕征宇, 等. 5kW 全数字控制单级隔离型功率因数校正变换器的研究. 中国电机工程学报, 2007, 27(19): 68-73.

[78] Ribeiro H, Borges B. Analysis and design of a high-efficiency full-bridge single-stage converter with reduced auxiliary components. IEEE Transactions on Power Electronics, 2010, 25(7): 1850-1862.

[79] Xie Y, Fang Y, Li H. Zero-voltage-switching three-level three phase high power factor rectifier//Annual Conference of the IEEE Industrial Electronics Society, Taipei, 2007.

[80] 吴洪洋, 何湘宁. 一种新颖的三电平软开关功率因数校正电路. 中国电机工程学报, 2002, 22(10): 22-26.

[81] Li Z, Park C, Kwon J, et al. High-power-factor single-stage LCC resonant inverter for liquid crystal display backlight. IEEE Transactions on Industrial Electronics, 2011, 58(3): 1008-1015.

[82] Cheng H, Wang P. A novel single-stage high-power-factor electronic ballast for metal-halide lamps free of acoustic resonance. IEEE Transactions on Power Electronics, 2011, 26(5): 1480-1488.

[83] 贲洪奇, 金祖敏. 一种新型零电流零电压开关功率因数校正全桥变换器. 中国电机工程学报, 2004, 24(6): 162-166.

[84] Kamnarn U, Kanthaphayao Y, Chunkag V. Three-phase AC to DC converter with minimized DC bus capacitor and fast dynamic response//International Conference on Power Electronics and Drive Systems, Bangkok, 2007.

[85] Kolar J, Ertl H, Zach F. Novel three-phase single-switch discontinuous-mode AC-DC buck-boost converter with high-quality input current waveforms and isolated output. IEEE Transactions on Power Electronics, 1994, 9(2): 160-172.

[86] 黄小军, 龚剑, 黄济青. 带隔离型无损缓冲的三相单开关反激式整流器. 北京邮电大学学报, 2006, 29(1): 60-64.

[87] 黄小军, 黄济青, 龚剑. 带无损缓冲的新型三相反激式功率因数校正器的研制. 电工技术学报, 2005, 20(10): 55-59.

[88] 龚剑. 三相单开关反激式功率因数校正及其开关缓冲电路[硕士学位论文]. 北京: 北京邮电大学, 2006.

[89] Tan J, Li Y, Jiang Z, et al. A novel three-phase three-level power factor correction (PFC) converter using two single-phase PFC modules//Annual IEEE Power Electronics Specialists Conference, Orlando, 2007.

[90] Xie Y, Fang Y, Li H. Zero-voltage-switching three-level three-phase high power factor rectifier//IEEE International Symposium on Industrial Electronics, Taipei, 2007.

[91] Gules R, Martins A, Barbi I. Switched-mode three-phase three-level telecommunications

rectifier//International Telecommunications Energy Conference, Copenhagen, 1999.

[92] 刘宇, 贲洪奇, 孟涛. 三电平三相高功率因数软开关 AC/DC 变换技术的研究. 电测与仪表, 2008, (3): 55-58.

[93] 谢勇, 方宇, 周礼中. 倍流整流三电平零电压软开关三相高功率因数整流器. 电工技术学报, 2005, 20(7): 81-87.

[94] 谢勇, 周礼中, 方宇. 三相高功率因数零电压零电流 AC/DC 变换器. 电工技术学报, 2004, 19(1): 26-30.

[95] Wang D, Ben H, Meng T. A novel three-phase power factor correction converter based on active clamp technique//International Conference on Electrical Machines and Systems, Wuhan, 2008.

[96] 赵涛, 王相綦, 尚雷. 基于移相全桥技术的 PFC 三相四线 AC/DC 变换器. 电工技术学报, 2004, 19(4): 70-75.

[97] Yang L, Liang T, Chen J. Analysis and design of a novel, single-stage, three-phase AC/DC step-down converter with electrical isolation. IET Power Electronics, 2008, 1(1):154-163.

[98] Greff D, Barbi I. A single-stage high-frequency isolated three-phase AC/DC converter//IEEE International Symposium on Industrial Electronics, Paris, 2006.

[99] Hamdad F, Bhat A. A high-frequency-transformer-isolated two-switch three-phase AC-to-DC converter with lower harmonic distortion. Canadian Journal of Electrical and Computer Engineering, 2005, 30(3): 127-136.

[100] Meng T, Ben H, Wang D, et al. Research on a novel three-phase single-stage boost DCM PFC topology and the dead zone of its input current//IEEE Applied Power Electronics Conference and Exposition, Washington DC, 2009.

[101] Yang E, Jiang Y, Hua G, et al. Isolated boost circuit for power factor correction//IEEE Applied Power Electronics Conference and Exposition, Sandiego, 1993.

[102] Watson R, Lee F. A soft-switched, full-bridge boost converter employing an active-clamp circuit//Annual IEEE Power Electronics Specialists Conference, Baveno, 1996.

[103] Park E, Choi S, Lee L, et al. A soft-switching active-clamp scheme for isolated full-bridge boost converter//IEEE Applied Power Electronics Conference and Exposition, Aachen, 2004.

[104] Yakushev V, Meleshin V, Fraidlin S. Full-bridge isolated current fed converter with active clamp//IEEE Applied Power Electronics Conference and Exposition, Dallas, 1999.

[105] Zhang Q, Hu H, Osama A, et al. A snubber cell for single-stage PFC with a boost type input current shaper and isolated DC/DC converter//IEEE Energy Conversion Congress and Exposition, Phoenix, 2011.

[106] Nymand M, Andersen M. High-efficiency isolated boost DC-DC converter for high-power low-voltage fuel-cell applications. IEEE Transactions on Industrial Electronics, 2010, 57(2): 505-514.

[107] 姜雪松, 温旭辉, 许海平. 燃料电池电动车用隔离 Boost 全桥变换器的研究. 南京航空航天大学学报, 2006, 38(1): 60-65.

[108] Zhu L, Wang K, Lee F, et al. New start-up schemes for isolated full-bridge boost converters. IEEE Transactions on Power Electronics, 2003, 18(4): 946-951.

[109] Wang K, Zhu L, Qu D, et al. Design, implementation, and experimental results of bi-directional full-bridge DC/DC converter with unified soft-switching scheme and soft-starting capability// Annual IEEE Power Electronics Specialists Conference, Galway, 2000.

[110] 罗建武, 罗文杰. 偏磁的起因和消除方法. 电工技术学报, 1999, 14(16): 73-77.

[111] 郭满生, 梅桂华, 刘东升. 直流偏磁条件下电力变压器铁心 B-H 曲线及非对称励磁电流. 电工技术学报, 2009, 24(5): 46-51.

[112] Baguley C, Carsten B, Madawala U. The effect of DC bias conditions on ferrite core losses. IEEE Transactions on Magnetics, 2008, 44(2): 246-252.

[113] Bolduc L, Granger M, Pare G, et al. Development of a DC current blocking device for transformer neutrals. IEEE Transactions on Power Delivery, 2005, 20(1): 163-168.

[114] 杭丽君, 吕征宇, Guerrero J M. 中大功率单级功率因数较正变换器中的偏磁分析及其数字化抑制技术. 中国电机工程学报, 2009, 29(3): 14-22.

[115] Lu D, Lu H, Velibor P. A single-stage AC/DC converter with high power factor regulated bus voltage and output voltage. IEEE Transactions on Power Electronics, 2008, 23(1): 218-228.

[116] Ho Y, Hui S, Lee Y. Characterization of single-stage three-phase power-factor-correction circuit using modular single-phase PWM DC to DC converters. IEEE Transactions on Power Electronics, 2000, 15(1): 62-71.

[117] Lu D, Iu H, Velibor P. Single-stage AC/DC boost-forward converter with high power factor and regulated bus and output voltages. IEEE Transactions on Industrial Electronics, 2009, 56(6): 2128-2132.

[118] 杨宇, 马西奎. 输出电压纹波对电流型 Boost 变换器稳定性的影响. 中国电机工程学报, 2007, 27(28): 102-106.

[119] 王舒, 阮新波, 姚凯. 无电解电容无频闪的 LED 驱动电源. 电工技术学报, 2012, 27(4): 173-178.

[120] 徐之文, 邱瑞鑫, 赵永智. 输出纹波最小化有源箝位正激磁集成变换器. 中国电机工程学报, 2009, 29(3): 7-13.

[121] Kamnarn U, Chunkag V. Nearly unity power-factor of the modular three-phase AC to DC converter with minimized DC bus capacitor//Power Conversion Conference, Nagoya, 2007.